"十三五"普通高等教育本科系列教材

U0643241

C语言程序设计

（第二版）

主 编 郑 玲

副主编 魏振华 石 敏 陈 菲

参 编 姜力争 彭 文 胡海涛 葛 红

中国电力出版社
CHINA ELECTRIC POWER PRESS

内 容 提 要

　　本书为"十三五"普通高等教育本科规划教材，全书共 13 章，内容包括 C 语言程序设计初步、C 语言程序基础、选择结构、循环结构、数据类型和表达式、数组、函数、指针、结构体、共用体与枚举、指针的高级应用、文件、编译预处理。

　　书中全部例题均在 Visual C++ 6.0 环境下调试通过。并免费提供全部例题的程序源代码和教学用多媒体电子课件。

　　本书可作为高等学校本科、高职高专软件专业及相关专业程序设计的入门教材，也可作为全国计算机等级考试的辅导教材，也可供相关领域的工程技术人员学习参考。

图书在版编目（CIP）数据

C 语言程序设计/郑玲主编. —2 版. —北京：中国电力出版社，2018.8（2024.6 重印）
"十三五"普通高等教育本科规划教材
ISBN 978-7-5198-1556-1

Ⅰ. ①C… Ⅱ. ①郑… Ⅲ. ①C 语言－程序设计－高等学校－教材 Ⅳ. ①TP312.8

中国版本图书馆 CIP 数据核字（2017）第 308778 号

出版发行：中国电力出版社
地　　址：北京市东城区北京站西街 19 号（邮政编码 100005）
网　　址：http://www.cepp.sgcc.com.cn
责任编辑：张　旻
责任校对：太兴华
装帧设计：张　娟
责任印制：吴　迪

印　　刷：三河市百盛印装有限公司
版　　次：2009 年 9 月第一版　2018 年 8 月第二版
印　　次：2024 年 6 月北京第十八次印刷
开　　本：787 毫米×1092 毫米　16 开本
印　　张：21.5
字　　数：517 千字
定　　价：55.00 元

前　言

　　"C语言程序设计"是我国工科院校的一门必修课程，为了更好地体现高等学校培养人才的要求，围绕着高等技术应用型人才培养的主线，课程内容的改革本着突出基础理论知识的应用和实践能力培养的原则，按照突出应用性、实践性的原则重组课程结构，更新教学内容，为了适应教学要求，我们重新编写了新教材。该教材符合教学大纲要求，以培养学生程序设计能力为目标。通过该课程的学习，学生不仅要掌握高级程序设计语言的知识，更重要的是在实践中逐步掌握程序设计的思想和方法，培养问题求解和语言的应用能力。

　　C语言是一门功能强大、灵活性好、可移植性高的程序设计语言，它具有自由的书写格式、良好的表达能力、丰富的数据结构、清晰的程序结构等优势。但由于C语言涉及的概念较多，语法规则比较繁杂且使用灵活，对于缺乏计算机基础知识的初学者来说，容易引起混乱。这也是造成C语言"难学"的主要原因之一。

　　虽然目前有关C语言程序设计的教材很多，但现有的教材一般围绕语言本身的体系展开内容，以讲解语言知识为主，特别注重语法知识讲解，书中大多数例题也是围绕的语法知识展开，很容易使学生陷入繁杂的语法记忆和理解中，对C语言的学习产生畏难情绪。

　　本教材是作者多年教学经验和应用C语言体会的结晶，在内容选择和结构组织上，体现以培养程序设计能力为核心，以C语言基础知识、算法基本概念和程序基本结构为重点的教学理念。本教材具有以下几个特点：

　　在结构组织上本着学以致用的原则，内容安排循序渐进，每个知识点的介绍都以引起读者的学习热情和兴趣为出发点，每一章都通过案例和问题引入内容，以解决问题为目的介绍相关的语言知识，重点讲解程序设计的思想和方法。为了避免过多地罗列C语言的语法规则使学生难以掌握，我们将难点分散到各个章节。教材从第1章开始就教学生学写简单的应用程序，在第2章我们只是简单介绍C语言的基本语法知识、简单的数据类型和输入/输出语句，利用这些知识学生就能实现简单的程序设计了，有关数据类型、表达式、数据类型转换等烦琐的运算规则我们放在第5章，这样既便于学生理解和掌握又不乏对知识的总结和提高。同样我们将数组、函数和指针也分解成两部分，即基础部分和提高部分，在第6章介绍了数组的基本概念和编程方法，在第7章函数中介绍了函数的基本概念，重点让学生掌握模块化的程序设计思想，在第8章指针中介绍了指针的基本概念，重点让学生掌握间接寻址的概念和方法。同时将数组和函数的概念进一步延伸，介绍如何利用指针解决函数设计中的问题，介绍了指针与数组、指针与字符串等典型的应用问题。在学习完结构体后，我们进一步地学习和理解指针，在第11章中给出了指针的高级应用。

　　在写作的风格上，注重教材的可读性和可用性。在每一章都以学习目标开始，让学生首先了解本章学习的关键内容；每一章的知识点都是由一个实例引入，以语言基础知识、算法基本概念和程序基本结构为重点，以应用为主线，引入了大量应用实例，侧重实例分析，在实例选取上，既考虑了实例的典型性，又考虑了实用性和趣味性，实例分析的重点也放在了程序设计的思想方法上，力求做到引人入胜，不断增加读者的编程兴趣。对于书中的每一个例题，我们都给出了 Visual C++6.0 下的运行结果；在每一章的结尾我们都给出了小结，旨在对本章的内容做系统的概括和总结；为了便于学生学习和掌握，对于一些常用语法规则和常见错误提示我们都用简短精辟的语言进行了总结，并以醒目的方式（用边框括起来）提醒读者加强记忆。

第一版教材于 2009 年出版后，一直应用于大学本科教学。作者根据教学的应用情况，于 2017 年对原教材进行了改编和修订。增加和替换了部分实例。对原有的内容也进行了改编使之更能满足本科教学的要求。

在每一章的后面我们都给出习题，题型丰富，包括填空题、选择题、判断题和编程题。

我们还编写了与本书配套的《C 程序设计语言实验与习题指导》，提供了全部的习题解答和实验指导。

另外我们还提供了与本教材配套的多媒体教学课件、全部的例题和习题源代码都可以从 http://jc.cepp.sgcc.com.cn 上下载。

全书共分为 13 章，第 1 章和附录由葛红老师编写，第 2 章和第 3 章由郑玲老师编写，第 4 章和第 13 章由胡海涛老师编写，第 5 章和第 7 章由彭文老师编写，第 6 章由魏振华老师编写，第 8 章由姜力争老师编写，第 9 章、第 10 章和第 12 章由石敏老师编写，第 11 章由陈菲老师编写。全书由郑玲老师统稿，陈菲老师对全书进行了校对，李为老师对全书进行了审阅。

限于作者水平，书中难免存在不足之处，竭诚希望得到广大读者和同行的批评指正。

编　者

2018 年 5 月

目　　录

第1章 C语言程序设计初步

学习目标

掌握程序设计语言的基本概念，理解机器语言、汇编语言、高级语言的区别及特点；

通过阅读简单的C程序，了解C语言的结构特点；

熟悉 Visual C++6.0 编程环境，掌握C语言程序在 Visual C++6.0 环境下的开发过程。

C语言是一种高级程序设计语言，它是由贝尔实验室在20世纪70年代开发出来的。它具有高效性、灵活性以及高可移植性等特点，经过多年的发展，它已经成为在许多领域具有广泛应用的、流行的编程语言。

在我们深入学习C语言之前，我们先学习计算机程序设计语言的概念、分类及特点，了解C语言的起源和发展。通过阅读简单的C程序，掌握C语言的特点及开发过程。通过本章的学习，读者可以对C语言有一个大概的了解。

1.1 C 语 言 概 述

什么是C语言？什么是程序？怎样设计程序？这往往是计算机语言的初学者首先遇到的问题。

1.1.1 程序设计语言

什么是计算机程序设计语言？我们知道人与人交流要用人们所理解的语言，人与计算机交互，让计算机按照人的命令完成指定的工作，就必须使用计算机所能理解的语言。因此，计算机程序设计语言是计算机能够理解和识别的、具有一定格式的语言，是人与计算机交互的媒介。

什么是计算机程序？要让计算机按照人的意志完成某项任务，就必须首先制定好完成该任务的执行方案，再将其分解成计算机所能识别的并可以执行的指令序列。将该指令序列存放在内存中，当人发出执行命令后，计算机自动地依次执行该指令序列，完成人所规定的任务。因此，计算机程序就是完成某一指定任务的一组有序的指令集合。

计算机程序设计语言的发展，经历了从机器语言、汇编语言到高级语言的历程。

1. 机器语言

计算机是一个电子设备，它直接能读懂的语言是机器语言，是由"0"和"1"组成的二进制指令。使用机器语言编写程序是十分困难的，因为它难以记忆、容易出错，只有计算机专业人士才能掌握，而且每台计算机的指令系统往往各不相同。所以，在一台计算机上执行的程序，要想在另一台计算机上执行，必须重新编写程序。但是由于机器语言都是针对特定型号计算机的语言，故而运算效率是所有语言中最高的。机器语言是第一代计算机语言。

2. 汇编语言

因为机器语言难记、难读、容易出错，人们便用一些简洁的英文字母、符号串来替代一个特定的二进制指令，比如，用 "ADD" 代表加法，"MOV" 代表数据传递等。这样一来，人们很容易读懂并理解程序在干什么，纠错及维护都变得方便了。这种面向机器的符号语言就称为汇编语言，即第二代计算机语言。然而计算机是不认识这些符号的，这就需要一个专门的程序负责将这些符号翻译成二进制的机器语言，这种翻译程序被称为汇编程序。

汇编语言同样十分依赖于计算机硬件，移植性不好，但代码效率高。针对计算机特定硬件而编制的汇编语言程序，能准确发挥计算机硬件的功能和特长，程序精炼而且质量高，所以至今仍是一种常用且强有力的软件开发工具。

3．高级语言

因为机器语言和汇编语言都依赖于计算机硬件系统，具有难以掌握和可移植性差等特点，我们将它们统称为低级语言。

为了解决低级语言所面临的问题，人们意识到，应该设计一种这样的语言，这种语言接近于数学语言或人类的自然语言，同时又不依赖于计算机硬件，编写出的程序能在所有机器上运行，使得程序易读、易维护且编程效率高。这种语言就称为高级语言，即第三代计算机语言。从 1954 年第一个高级语言问世以来，高级语言发展很快，至今已达数百种，影响较大、使用较普遍的有 FORTRAN、BASIC、Pascal、C、C++、Visual C、Visual B、Delphi、Java 等。

用高级语言编写的程序称为源程序。源程序是不能在计算机中直接执行的，必须将其翻译成机器指令才能在计算机中执行。将源程序翻译成机器指令的方式有两种：编译方式和解释方式。

编译方式是通过编译程序将源程序全部翻译成机器语言程序（一般称为目标程序），然后通过连接程序将用户程序与系统提供的库函数连接在一起，形成可执行程序。可执行程序是可以在计算机中直接运行的程序。

解释方式是通过解释程序逐句翻译执行的，即翻译一条执行一条，不产生目标程序，每次执行都要重新翻译。

1.1.2　C 语言简介

C 语言是在 20 世纪 70 年代初问世的。1978 年，美国电话电报公司（AT&T）贝尔实验室正式发表了 C 语言，同时 B.W.Kernighan 和 D.M.Ritchit 合著了著名的《THE C PROGRAMMING LANGUAGE》一书，通常简称为《K&R》，也称为 "K&R 标准"。但是，《K&R》中并没有定义一个完整的标准 C 语言。后来，美国国家标准学会在此基础上制定了一个 C 语言标准，于 1983 年发表，通常称之为 ANSI C，或者称为 "标准 C"。

早期的 C 语言主要是用于 UNIX 系统。由于 C 语言的强大功能和各方面的优点逐渐为人们认识，到了 20 世纪 80 年代，C 语言开始进入其他操作系统，并很快在各类大、中、小和微型计算机上得到了广泛的使用，成为当代最优秀的程序设计语言之一。

目前，在微机上广泛使用的 C 语言编译系统有 Microsoft C、GCC、Turbo C、Borland C 等。虽然它们的基本部分都是相同的，但还是有一些差异，所以请大家注意自己所使用的 C 编译系统的特点和规定（参阅相应的手册）。

1.1.3　C++语言简介

在 C 语言的基础上，1983 年，贝尔实验室的 Bjarne Stroustrup 推出了 C++语言。C++语言进一步扩充和完善了 C 语言，成为一种面向对象的程序设计语言。C++语言目前流行的最新版本是 Borland C++、Symantec C++和 Microsoft Visual C++。

C++语言支持面向对象的程序设计方法，为程序员提供了一种与传统结构化程序设计不同的思维方式和编程方法，同时也增加了整个语言的复杂性，掌握起来有一定难度。

C 语言是 C++语言的基础，C++语言和 C 语言在很多方面是兼容的。因此，在学习 C++语言之前，最好先精通 C 语言，再进一步学习 C++语言，就能以一种熟悉的语法来学习面向对象的语言，从而达到事半功倍的目的。

1.1.4　C 语言的主要特点

C 语言之所以成为国际上广为流行的语言，是因为它有许多不同于其他语言的特点。其主要特点如下：

（1）C 语言是一种结构化语言，它层次清晰，便于按模块化方式组织程序，易于调试和维护。

（2）C 语言简洁、紧凑，使用方便、灵活，只有 32 个关键字和 9 种控制语句。

（3）C 语言的表现能力和处理能力极强。具有丰富的运算符和数据类型，便于实现各类复杂的数据结构。

（4）C 语言的库函数十分丰富，包含了数百个函数。这些函数可以用于输入/输出、数学计算、字符处理、存储分配等多种操作。

（5）C 语言可以直接对硬件进行操作，能实现汇编语言所能实现的大部分功能，还可以直接访问内存的物理地址，进行位运算。它集高级语言和低级语言的功能于一体，因此有人把它称为中级语言，既可用于系统软件的开发，也适合于应用软件的开发。

（6）C 语言生成的目标代码质量高，程序执行效率高。一般 C 语言生成的目标代码只比汇编语言低 10%～20%，是各类高级语言中最快的。

（7）C 语言的可移植性强。虽然 C 语言具有低级语言的功能，但与汇编语言相比，它不依赖于计算机硬件，在硬件结构不同的各种计算机之间不做修改或稍作修改即可实现程序的移植。

（8）C 语言语法限制不太严格，程序设计的自由度大。例如，对数组下标越界不做检查，对变量类型的使用比较灵活，整型和字符型数据在一定范围内可以通用等。大多数高级语言的编译程序对语法检查都比较严格，但 C 语言放宽了语法检查，允许程序员有较大的自由度，使程序员能编出高效灵活的程序。但同时也给初学者带来了难度，使得 C 语言难以掌握，编出来的程序容易出错。

1.2　C 语言程序简介

为了说明 C 语言源程序结构的特点，我们先学习两个简单的 C 语言程序，虽然有关内容还未介绍，但是我们可以从这些例子中了解到组成一个 C 语言源程序的基本部分和书写格式。

1.2.1　简单的 C 语言程序

【例 1-1】　在屏幕上显示 "This is a C program."。

源程序：

```
/* 在屏幕上显示"This is a C program   */
#include<stdio.h>                      /*编译预处理命令*/
void main( )                           /*主函数*/
```

```
{
    printf("This is a C program.\n");    /*printf 输出函数*/
}
```

运行结果：

```
This is a C program.
Press any key to continue
```

程序说明：

（1）在程序的第 1、2、3、5 行都有用/*和*/括起来的内容，这是程序的注释部分。程序不执行注释部分，它用来说明程序的功能，帮助程序员阅读和理解程序。注释部分可以写在程序的任意地方，但是要注意，注释是不能嵌套的。

（2）#include 是编译预处理命令[1]，其意义是把尖括号< >（也可以使用双引号""）内指定的文件（如本例中的 stdio.h）包含到本程序中，成为本程序的一部分。被包含的文件通常是由系统提供的，其扩展名为.h，因此也称为头文件。C 语言的头文件中包括了各个标准库函数的函数原型[2]。因此，凡是在程序中调用一个库函数时，都必须包含该函数原型所在的头文件。本程序中调用了 printf( )库函数，该函数由 C 语言的标准输入/输出库提供，因此必须用 include 命令将 stdio.h 头文件包含到该程序中。"stdio" 即 "standard input and output" 的缩写。此外，要注意的是，C 语句是以分号结束的，例如 printf( )函数语句后面要用分号做结尾，而预处理命令并不是 C 语句，所以不需要以分号做结尾。

（3）main( )是主函数，任何 C 语言程序都必须有且只有一个主函数，程序的运行都是从主函数开始的。主函数的函数体由一对大括号{}括起来，函数体可以由多个语句组成，这一对{}不能省略。main 前面的 void 是函数返回值类型[3]，void 表示该函数不返回任何值。

（4）printf( )是 C 语言提供的标准输入/输出函数库中的格式输出函数[4]，其功能是在屏幕上输出字符信息，输出的信息必须用双引号" "号括起来，其中的'\n'是转义字符[5]，代表换行符。

（5）输出屏幕的最后一行一般会给出类似"Press any key to continue"的提示，表示程序运行结束，按任意键将退出输出屏幕。不同的开发工具会给出不同的提示。

（6）C 语言是区分大小写的，main 和 Main 不是同一个标识符[6]，所以 Printf( )也不是由 C 语言提供的库函数，无法执行输出。

【例 1-2】 输入圆的半径，求圆的周长及面积。

源程序：

```
/*  程序的功能：求圆的周长与面积          */
#include<stdio.h>
#define  PI 3.1415926              /*宏定义：定义 PI 为圆周率,PI 为符号常量*/
/* 主函数*/
void main( )
{    float r,circum,area;          /* r 圆的半径、circum 圆的周长、area 圆的面积*/
     float get_circum(float r);    /* 声明函数 get_ circum */
```

---

[1] 见 13.3 文件包含
[2] 见附录 C
[3] 见 7.1 函数的概述
[4] 见 2.5 C 语言的格式输出 printf 函数
[5] 见 5.2.3 字符型
[6] 见 2.2.2 标识符

```
    float get_area(float r);              /*   声明函数 get_area */
    printf("请输入圆的半径:");             /*   在显示器上输出提示信息*/
    scanf("%f",&r);                        /* 从键盘上输入 r 存圆的半径*/
    circum=get_circum(r);                  /* 调用函数 get_circum 求圆的周长*/
    area=get_area(r);                      /* 调用函数 get_area 求圆的面积*/
    printf("圆的周长为%.2f,圆的面积为 %.2f\n",circum,area);   /*输出结果*/
}
/*   函数 get_circum(r)计算圆的周长      */
float get_circum(float r)
{
    return(2*PI*r);
}
/*   函数 get_area(r)计算圆的面积        */
float get_area(float r)
{
    return(PI*r*r);
}
```

运行结果:

请输入圆的半径:1.5
圆的周长为 9.42,圆的面积为 7.07
Press any key to continue

程序说明:

（1）"#define　PI　3.1415926" 为宏定义[1]，也是一个编译预处理命令，用来定义一个符号常量 PI。PI 代表圆周率 3.1415926。由于 π 在程序中不能作为标识符名[2]，所以我们用 PI 来表示。在宏定义之后，编译器在编译时会将所有的"PI"都替换成后面的字符串"3.1415926"，因此程序中的 "return(2*PI*r);" 实际上执行的是 "return(2*3.1415926*r);"。要注意的是，这是直接的字符串替换，而并非给 PI 赋值，编译后，程序中是不存在 PI 的。因此，PI 并不是变量，由于它的值已经固定了，因此我们将其视为符号常量。而替换 PI 的"3.1415926"只是个字符串，而并非数值，原则上讲，它可以是任意字符串，只要替换后的程序不会产生编译错误，都是正确的。要注意的是，宏定义和"#include"命令一样，只是个编译预处理命令，而并非 C 语言语句，因此不需要以分号结束。如果宏定义的末尾写了分号，会视为替换字符串的一部分，会一同替换符号常量。所以，在宏定义末尾写分号，经常会引发编译错误。

（2）C 语言中的函数体一般分为两部分，一部分为声明部分，另一部分为执行部分。C 语言规定程序中所有用到的变量[3]都必须先声明后使用。如果程序中未使用任何变量，则无声明部分，如 [例 1-1]。本例中使用了三个变量：r、circum 和 area，分别用来表示圆的半径、周长和面积。float 代表浮点类型，C 语言还有 int（整型）和 char（字符型）等数据类型。

（3）float get_circum(float r);和 float get_area(float r);是函数声明语句，也属于声明部分。函数 get_circum( )、get_area( )为用户自定义的子函数，这些子函数定义在主函数的后面，所以调用之前必须对它们进行声明。

---

[1] 见 13.2 宏定义
[2] 见 2.2.2 标识符
[3] 见 2.3 变量

（4）scanf( )是格式输入函数[1]，它的功能是通过键盘为变量 r 输入一个数值，它也是 C 语言标准输入/输出函数库中的函数。

（5）circum=get_circum(r);和 area=get_area(r);是赋值语句，它通过调用 get_circum( ) 和 get_area( )函数计算圆的周长和面积。这两个函数为用户自定义的子函数[2]，计算后将结果用 printf( )函数输出。

（6）主函数 main( )后是 get_circum( )和 get_area( )函数的定义。get_circum( )函数计算圆的周长，用 return 语句返回计算值；get_area( )函数计算圆的面积，也用 return 语句返回计算值。这两个函数的函数体都在一对大括号{}内。子函数在定义后，可以被多次调用。

上例程序的功能是由用户从键盘输入圆的半径，通过调用子函数计算出圆的周长和面积，然后输出结果。本程序由三个函数组成，主函数 main( )和 get_area( )、get_circum( )两个子函数。函数之间是并列关系。在主函数中调用其他函数，无论主函数写在程序的什么位置，程序都是从主函数开始执行，并且随着主函数的结束而结束，其他函数都是被主函数直接或者间接调用的。

1.2.2　C 语言源程序的结构特点

通过对以上两个程序进行分析，我们得出 C 语言源程序的结构特点为：

（1）一个 C 语言源程序由一个或多个函数组成，函数是 C 语言程序的基本单位。多个函数可以写在一个或多个文件中。

（2）一个源程序不论有多少函数，都必须有一个且只有一个 main 函数，即主函数。无论主函数在源程序中的位置如何，程序的执行总是由主函数开始，也必须在主函数中结束。

（3）源程序中可以有预处理命令，预处理命令通常放在源文件或源程序的最前面。

（4）每个函数体由两部分组成，即函数的声明部分和执行部分。函数的一般形式为

```
函数类型  函数名(形参表)
{
    函数体；
}
```

一个函数名后面必须跟一对括号( )，括号内是函数的形参。形参可以有多个，也可以没有。即使没有形参，括号也不能省略。函数体必须由一对大括号{}括起来，函数体可以有一条或多条语句，每一个语句都必须以分号结尾。

（5）在 C 语言源程序中可以包含注释信息，但注释信息必须用/*和*/括起来。程序的编译和执行对注释不起作用，它用来说明程序的功能，帮助程序员阅读和理解程序。注释部分可以写在程序的任意地方，但是不能嵌套。

（6）C 语言书写格式自由，一行可以写几个语句，一个语句也可以分开写在多行上。语句之间用分号分隔，分号标志语句结束。

虽然 C 语言书写格式自由，但从便于阅读、理解和维护的角度出发，在书写程序时应遵循以下规则：

（1）一个语句占一行。

（2）用{}括起来的部分，通常表示了程序的某一层次结构。{}一般与该结构语句的第一

---

[1] 见 2.6 C 语言的格式输入 scanf 函数
[2] 见第 7 章 函数

个字母对齐，并单独占一行。

（3）低一层次的语句或说明可比高一层次的语句或说明缩进若干格后书写，以便看起来更加清晰，增加程序的可读性。

编程人员在编程时应力求遵循这些规则，以养成良好的编程风格。

1.3　运行一个 C 语言程序

1.3.1　C 语言程序运行的基本步骤

运行一个 C 语言程序，包括以下四步：

（1）编辑：首先程序员用任一 C 语言编辑软件（编辑器）将编写好的 C 语言程序输入计算机，并以文本文件的形式保存在计算机的磁盘上。编辑的结果是建立 C 语言源程序文件。C 语言源程序文件名由用户指定，其扩展名一般为.c，在 Visual C++环境下默认为.cpp。

（2）编译：将编辑好的源文件翻译成二进制目标代码的过程。编译过程是使用 C 语言提供的编译程序（编译器）完成的。不同操作系统下的各种编译器的使用命令不完全相同。编译时，编译器首先要对源程序中的每一个语句进行语法检查，当发现语法错误时，就在屏幕上显示错误的位置和错误类型的信息。此时，编程人员应再次调用编辑器进行查错修改。然后再进行编译，直至排除所有语法和语义错误。正确的源程序文件经过编译后在磁盘上生成目标文件。目标文件的与源程序的文件名相同，扩展名为.obj。

（3）连接：编译后产生的目标文件是不能直接运行的，连接就是把目标文件和其他分别进行编译生成的目标程序模块（如果有的话）及系统提供的标准库函数连接在一起，生成可以运行的可执行文件的过程。生成的可执行文件的文件名与源程序的文件名相同，扩展名为.exe。

（4）运行：程序运行生成可执行文件后，就可以直接运行。若运行后得到正确的结果，则 C 语言程序的开发工作到此完成。否则，要进一步检查修改源程序，重复"编辑→编译→连接→运行"的过程，直到取得预期结果为止。

大部分 C 语言都提供一个独立的开发集成环境，利用该集成环境可以完成整个 C 语言程序的"编辑→编译→连接→运行"的全过程。常用的 C 语言开发环境有 Microsoft C、GCC、Turbo C、Borland C 等，本书所涉及的程序全部是在 Microsoft Visual C++ 6.0 中编译运行的。

1.3.2　Microsoft Visual C++6.0 集成环境

C++语言是在 C 语言的基础上发展而来的，它增加了面向对象的编程，成为当今最流行的一种程序设计语言。Visual C++是微软公司开发的，面向 Windows 编程的 C++语言工具。它不仅支持 C++语言的编程，也兼容 C 语言的编程。这里简要地介绍如何在 Visual C++下运行 C 语言程序。

1.　启动 Visual C++

Visual C++是一个较大的语言集成工具，经安装后将占用几百兆磁盘空间。从"开始"→"程序"→Microsoft Visual Studio 6.0→Microsoft Visual C++ 6.0，可启动 Visual C++，屏幕上将显示如图 1-1 所示的窗口。

2.　新建/打开 C 语言程序文件

选择 File 菜单的 New 菜单项，将显示如图 1-2 所示的"新建"窗口，单击 Files 标签，选中"C++Source File"，在 File 对话框输入源程序文件名，"c1-1.c"。

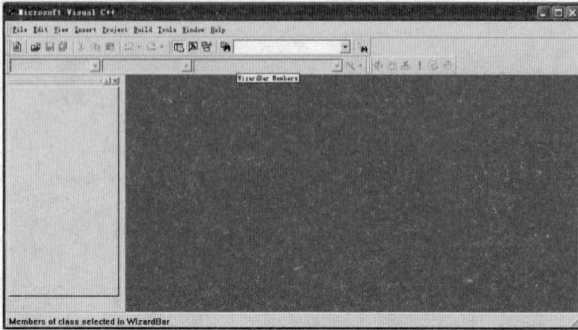

图 1-1   Visual C++窗口

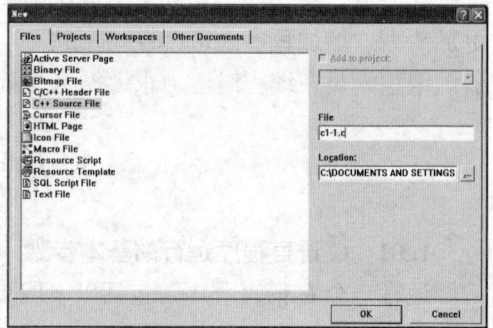

图 1-2   新建文件

假如不指定扩展名.c，Visual C++会把扩展名定义为.CPP，即 C++程序。在 Location 对话框中输入源程序文件的存储路径后，按 OK 按钮，然后在如图 1-3 所示的编辑窗口中输入程序。如果程序已经输入过，可选择 File 菜单的 Open 菜单项，并在查找范围中找到正确的文件夹，调入指定的程序文件。

3. 编译程序

单击"Build"菜单中的"Compile"菜单项，或使用快捷键 Ctrl+F7，对源程序进行编译。在编译过程中 Visual C++将保存该程序，并生成一个同名的工作区。编译后如果程序没有错误，将在如图 1-4 所示的信息窗口中显示内容：0 error(s)，0 warning(s)，表示没有任何错误。

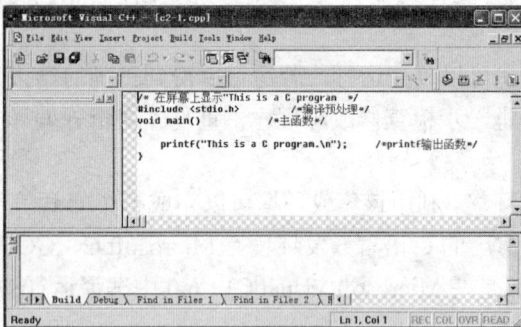

图 1-3   编辑源程序

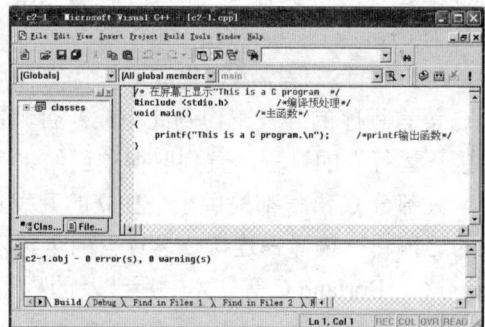

图 1-4   编译正确后的窗口显示

有时，出现几个警告性信息（warning）并不影响程序执行。假如有错误（error），双击某行出错信息，程序窗口中会指示对应出错位置，根据信息窗口的提示分别予以纠正。

4. 连接程序

单击 Build 菜单中的 Build 菜单项，或使用快捷键 F7 来进行连接。连接后的窗口如图 1-5 所示，信息窗口中显示内容：0 error(s)，0 warning(s)时，表示连接成功。连接后生成了一个扩展名为.exe 可执行程序。

5. 运行程序

单击 Build 菜单中的 Execute 菜单项，或使用快捷键 Ctrl+F5 来运行程序。C 语言程序被运行后，Visual C++将自动弹出数据输入/输出窗口，如图 1-6 所示。按任意键将关闭该窗口。

Visual C++是一个集成的开发环境，功能十分丰富，其他功能见本书配套的上机指导。

图 1-5　连接正确后的窗口显示　　　　　图 1-6　数据输入/输出窗口

1.4　小　　　结

1. 程序设计语言

计算机程序设计语言是计算机能够理解和识别的、具有一定格式的语言，是人与计算机交互的媒介。

2. 程序设计语言的分类

（1）机器语言；

（2）汇编语言；

（3）高级语言。

3. 计算机程序

计算机程序就是完成某一指定任务的一组有序的指令集合。

4. C 语言的主要特点

（1）C 语言是一种结构化语言。它层次清晰，便于按模块化方式组织程序，易于调试和维护。

（2）C 语言区分大小写，main 和 Main 不是同一个标识符。

（3）C 语言简洁、紧凑，使用方便、灵活，只有 32 个关键字和 9 种控制语句。

（4）C 语言的表现能力和处理能力极强。它具有丰富的运算符和数据类型，便于实现各类复杂的数据结构。

（5）C 语言的库函数十分丰富，包含了数百个函数。这些函数可以用于输入/输出、字符处理、存储分配以及其他的使用操作。

（6）C 语言可以直接对硬件进行操作，能实现汇编语言所能实现的大部分功能。

（7）C 语言生成目标代码质量高，程序执行效率高。

（8）C 语言的可移植性强。

（9）C 语言对语法限制不太严格，程序设计的自由度大。

5. C 语言源程序的结构特点

（1）一个源程序由一个或多个函数组成，函数是 C 语言程序的基本单位。

（2）一个源程序不论有多少函数，都必须有一个且只有一个 main 函数，程序的执行总是由 main 函数开始，也必须在 main 函数中结束。

（3）源程序中可以有预处理命令，预处理命令通常应放在源文件或源程序的最前面。

（4）每个函数体由两部分组成，即函数的声明部分和执行部分。函数的一般形式为

函数类型　函数名（形参表）
{
　　　函数体；
}

（5）在 C 语言源程序中可以包含注释信息，但注释信息必须用/*和*/括起来，且注释不能嵌套。

（6）C 语言书写格式自由，一行可以写几个语句，一个语句也可以分开写在多行上。语句之间用分号分隔，分号标志语句结束。

6．C 语言程序运行的基本步骤

运行一个 C 语言程序，包括以下四步：

（1）编辑：利用编辑软件将编写好的 C 语言程序输入计算机。

（2）编译：是指将编辑好的源文件翻译成二进制目标代码的过程。

（3）连接：把目标文件和其他分别进行编译生成的目标程序模块（如果有）及系统提供的标准库函数连接在一起，生成可以运行的可执行文件的过程。

（4）运行：生成可执行文件后就可以直接运行。

习 题 1

一、填空题

1．一个 C 语言程序至少包含一个_____，程序的执行总是由_____开始，在_____中结束。

2．一个函数由两部分组成，它们是_____和_____。

3．用 C 语言编写的程序称为_____。

4．一个 C 语言源程序由_____组成。

5．预处理命令通常应放在源文件或源程序的_____。

6．C 语言源程序中的注释信息必须用_____括起来。

二、选择题

1．C 语言规定，必须用_____作为主函数名。

    A．function   B．include   C．main   D．stdio

2．一个 C 语言源程序可以包含多个函数，但有且仅有一个_____函数。

    A．printf   B．main   C．function   D．include

3．_____是 C 语言程序的基本构成单位。

    A．函数   B．函数和过程   C．过程   D．子程序

4．C 语言是_____。

    A．机器语言   B．汇编语言   C．高级语言   D．低级语言

5．下列说法正确的是_____。

    A．C 语言程序不能在一行写多个语句

　　B．C 语言程序一行只能写一个语句

　　C．C 语言程序一个语句可以分开写在多行上

　　D．C 语言程序每个语句都必须有行号

6. 在 C 语言中，每个语句和数据定义是用_____结束。

　　A．句号　　　　　　B．逗号　　　　　　C．分号　　　　　　D．括号

7. 下列有关 C 语言程序的说法中，正确的是_____。

　　A．一个 C 语言程序中只能有一个主函数且位置任意

　　B．一个 C 语言程序中可有多个主函数且位置任意

　　C．一个 C 语言程序中只能有一个主函数且位置固定

　　D．一个 C 语言程序中可以没有主函数

8. 以下四个程序中，完全正确的是_____。

```
A. #include<stdio.h>
   void main( );
   {   /*programming*/
       printf("programming!\n");
   }
```

```
B. #include<stdio.h>
   void main( )
   {   /*/ programming /*/
       printf("programming!\n");
   }
```

```
C. #include<stdio.h>
   void main( )
   {   /*/*programming*/*/
       printf("programming!\n");
   }
```

```
D. include<stdio.h>
   void main( )
   {   /*programming*/
       printf("programming!\n");
   }
```

9. 用 C 语言编写的程序_____。

　　A．可立即执行　　　　　　　　　B．是一个源程序

　　C．经过编译即可执行　　　　　　D．经过编译解释才能执行

10. 以下叙述中正确的是_____。

　　A．C 语言的源程序不必通过编译就可以直接运行

　　B．C 语言中的每条可执行语句最终都将被转换成二进制的机器指令

　　C．C 源程序经编译形成的二进制代码可以直接运行

　　D．C 语言中的函数不可以单独进行编译

第 2 章　C 语言程序基础

学习目标

掌握 C 语言程序的基本结构及 C 语言基本语法成分；

理解 C 语言数据类型的概念，掌握整型、浮点型、字符型数据的存储形式、取值范围、表示形式及基本运算；

掌握格式输入/输出函数的使用，理解输入/输出格式字符串与输入/输出数据间的匹配关系；

通过模仿和改写例题，学习简单的程序设计方法。

在掌握复杂的程序设计方法之前，我们首先对 C 语言程序设计需要使用的语言成分有个基本的认识。本章主要介绍 C 语言的基本语法成分、数据类型、变量的声明、引用及输入/输出。

2.1　C 语言程序的基本结构

在第 1 章中，通过对两个简单的 C 语言程序分析，我们学习了 C 语言源程序的结构特点。归纳起来，C 语言程序的基本结构如下：

```
                编译预处理命令
                void main( )
                {
                    声明部分
                    执行部分
                }
                类型  子函数名(形参表)
                {
                    声明部分
                    执行部分
                }
```

声明部分主要对执行部分中引用的变量和函数进行定义，在 C 语言中所有变量必须是先声明后使用。

执行部分是函数的主体，完成主要的函数功能。其一般构成如下：

```
                数据输入
                数据处理
                数据输出
```

执行部分一般都是由三部分组成的。首先输入程序要处理的数据，其次按照程序的要求对输入数据进行计算或相应的处理，然后将处理结果输出到显示屏幕上。程序中不是必须包含三个部分，可以根据程序的功能进行选择，如［例 1-1］[1]就只有输出部分。这三个部分的顺序也不是固定的，会根据程序运行的需要调整。

---

［1］见 1.2.1 简单的 C 语言程序

2.2　C 语言基本语法成分

2.2.1　C 语言的字符集

字符是组成语言的最基本的元素。C 语言字符集由字母、数字、特殊符号和空白符组成。在字符常量、字符串常量和注释中还可以使用汉字或其他可表示的图形符号。C 语言程序中的标识符、关键字、运算符等都是由字符集中的字符构成的。

C 语言字符集包括如下字符：

1. 字母

小写字母 a～z 共 26 个，大写字母 A～Z 共 26 个。

2. 数字

0～9 共 10 个数字。

3. 特殊符号

!　#　%　^　&+−　*　/=　~　<>\　|　.,;:　?'"（）[　]{}

这些特殊符号有特殊的用途，在后面的章节中会有介绍。

4. 空白符

空格符、制表符、换行符等统称为空白符。空白符只在字符常量和字符串常量中起作用，而在其他地方出现时，只起间隔作用，编译程序对它们忽略不计。因此在程序中是否使用空白符，对程序的编译不产生影响，但在程序中适当的地方使用空白符，可增加程序的清晰性和可读性。

2.2.2　标识符

标识符用来标识变量名、符号常量名、函数名、数组名、类型名等。

在 C 语言程序中，除库函数的函数名由系统定义外，其余函数都由用户自定义。C 语言规定，标识符只能是字母（A～Z，a～z）、数字（0～9）、下画线（_）组成的字符串，其中第一个字符必须是字母或下画线，而不能是数字。

例如，a，i，sum，average，al，c_2，DAY，student，p26，_no 是合法的标识符；5a，M.D.John，$123，3D64，a−b 是不合法的标识符。

在使用标识符时还必须注意以下几点：

（1）C 语言对大小写敏感，即 C 语言认为大小写字母为不同的字符。例如 A 和 a 是两个不同的标识符，Main( )也不是主函数。

（2）ANSI C 没有限制标识符长度，但各个编译系统都有自己的规定和限制。

（3）标识符不能与关键字[1]同名，自定义的标识符也不要与系统预先定义的标准标识符同名，如 main、printf 等。

（4）标识符虽然可由用户定义，但标识符是用于标识某个量的符号。因此，命名应尽量有相应的意义，以便于阅读理解，做到"顾名思义"。如 sum、avg、area、score、name 等，尽量少使用没有意义的 a，b，c 等名称。

（5）在容易出现混淆的地方应尽量避免使用容易认错的字符。例如，数字 1 与字母 l 及

---

[1] 见 2.2.3 关键字

字母 I，数字 0 与字母 o，数字 2 与字母 Z 和字母 z，要注意区分使用，例如 lo 就容易被误认为 10。

2.2.3　关键字

关键字是由 C 语言规定的具有特定意义的字符串，通常也称为保留字。用户定义的标识符不应与关键字相同。C 语言包括 32 个关键字：

auto	break	case	char	const	continue
default	do	double	else	enum	extern
float	for	goto	if	int	long
register	return	short	signed	sizeof	static
struct	switch	typedef	union	unsigned	void
volatile	while				

C 语言的关键字都是小写，在 C 语言程序中有特殊的用途，有的是用来说明数据类型的（如 int，float，static 等），有的是执行语句（如 if，for，goto，return 等），有的用来返回一个对象所占内存的字节数（sizeof），这些内容在后续的章节中都有介绍。

要注意的是，函数名和变量名都是标识符而都不是关键字，main 虽然是主函数名，有特殊的含义，但是它并不是关键字。

2.2.4　运算符

C 语言中含有相当丰富的运算符。

运算符与变量、函数一起组成表达式，表示各种运算功能。运算符由一个或多个字符组成，如+、-、*、/、&等。可以组成如

```
a+b;
2*3.1415926*r;
```

等多种多样的表达式。C 语言中运算符种类非常多，包括算术运算符、关系运算符、逻辑运算符等[1]，除了控制语句与输入/输出语句以外，几乎所有的基本操作都由运算符处理。不同的运算符有不同的运算规则和优先级，读者可参见第 5 章的内容。

2.2.5　分隔符

就像写文章要有标点符号一样，写程序也要有一些分隔符。

C 语言中，分隔符有逗号、空格、Tab 和"回车"符等。逗号主要用于在类型说明和函数参数列表中分隔各个变量；空格、Tab 和"回车"符多用于语句和各单词之间的间隔符。在关键字或标识符之间必须要有一个以上的分隔符作间隔，否则将会出现语法错误，例如把 int a,b;写成 inta,b;C 语言编译器会把 inta 当成一个标识符处理，其结果必然出错。

2.3　C 语言数据类型

为了按不同的方式和要求处理数据，数据必须区分为不同的类型。C 语言中的每个数据都属于一个确定的、具体的数据类型。不同的数据类型在数据表示形式、取值范围、占用内存空间的大小、可参与的运算的种类等方面都有所不同。C 语言的数据类型归纳如下：

---

[1] 见 5.3 运算符与表达式

```
                                      ┌ short int
                           ┌ 整型 ─────┤ int
                           │          └ long int
              ┌ 基本类型 ───┤          ┌ float
              │            │ 浮点型 ───┤
              │            │          └ double
              │            │ 字符型 char
              │            └ 枚举型 enum
              │            ┌ 数组型
  C数据类型 ───┤ 构造类型 ───┤ 结构体型
              │            └ 共用体型
              │ 指针类型
              └ 空类型 void
```

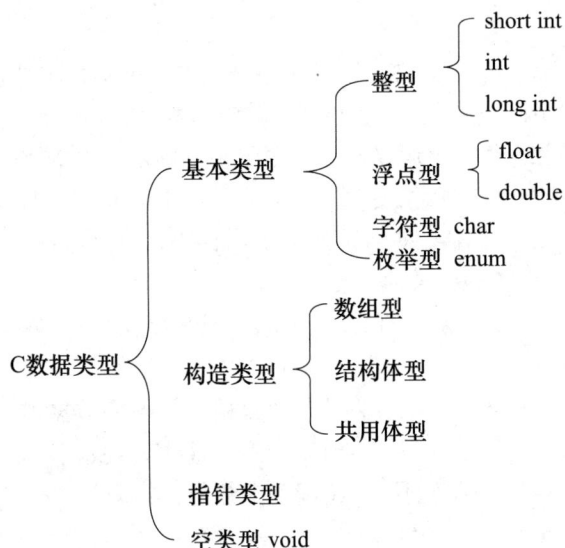

　　C 语言中的数据有常量与变量之分，它们分别属于上述类型。常量与变量的区别是，在程序执行过程中，常量的值不能由程序改变，而变量的值可以由程序改变。实际上变量对应着内存中的一个存储单元，在该存储单元中存放着变量的值。每个变量都有一个名字，如 x、sum 和 area 等。不同类型变量所占的存储单元的大小也不同，例如，char 型占 1 字节、int 型占 4 字节、double 型占 8 字节。

　　变量在使用前必须先声明，其目的是为变量在内存中申请存放数据的内存空间。本章只是简单介绍整型（int）、单精度浮点型（float）和字符型（char），使读者有个基本的认识，详细的基本数据类型[1]以及不同类型之间的转换[2]在第 5 章中介绍。

2.3.1　整型（int）数据

　　在 Visual C++ 6.0 下，整型数据占有 4 字节的存储空间（有些工具的 int 型占 2 字节，如 Turbo C），以二进制定点补码的形式存储，它的取值范围为 $-2147483648 \sim 2147483647$（即 $-2^{31} \sim 2^{31} - 1$），整型数据没有小数部分。在表达式的计算中如果出现小数，在将其存储为整型数据时，系统自动截位取整，而并非四舍五入。

【例 2-1】　整型数据的运算。

源程序：

```c
#include<stdio.h>
void main( )
{   int x,y;
    x=1/2;                /* 整型运算量的除法运算,其结果自动取整 */
    y=5%2;                /* %为求余运算,其运算量只能是整数*/
    printf("x=%d,y=%d\n",x,y);
}
```

运行结果：

```
x=0,y=1
Press any key to continue
```

---

[1] 见 5.2 基本数据类型
[2] 见 5.4 类型转换

程序说明：

（1）对于被除数和除数都是整数的除法运算，如果结果不为整数，系统自动将小数部分截位取整[1]。x=1/2;语句中，1/2 的结果为 0.5，系统取整后将 0 赋给变量 x（并非四舍五入）。

（2）运算符%为求余运算，该运算符只能用于被除数和除数都是整数的运算。y=5%2;语句的功能是将 5 除以 2 的余数 1 赋给变量 y，运行后变量 y 的值为 1。求余运算的结果，和被除数的符号相同，如 5%2 和 5%-2 的结果都是 1，而-5%2 的结果是-1。

2.3.2　单精度浮点型（float）数据

C 语言的实数类型主要有单精度浮点型（float）和双精度浮点型（double）[2]，常用的是单精度浮点型。

单精度浮点型数据占有 4 字节的存储空间（双精度类型的数据占 8 字节的存储空间），以浮点的形式存储，它的取值范围为 ±（$2.4×10^{-38}$～$2.4×10^{38}$）。我们可以看到 float 型数据的取值范围要比整型数据大得多。很多时候，在程序中数值计算表达式采用 float 型数据来取代整数，尤其是在涉及很大或很小的整数时。

在 C 语言中，浮点型常量有两种表示形式：

1. 小数形式

由正负号、数字和小数点组成，小数点前后的 0 可以省略，但小数点不能省略，如 0.、.25、32.78、-12. 等。即使如此，尽量不要使用这种省略数字 0 的方式，以免造成理解上的误会。

2. 指数形式

用科学记数法来表示浮点数，一般用来表示很大或很小的数。例如，23500000 与 $2.35×10^7$ 相等，在 C 程序中可以表示成 2.35e7 或 2.35E7，也可以写成 0.235e8、235e5。字母 e 或 E 表示"10 的幂次"。

注意指数部分必须为整数，一个浮点数不能只包含指数部分或底数部分。例如 2.5e-2.0、E+5.2.6e 都是错误的。

2.3.3　字符型（char）数据

1. 字符常量

在 C 语言中字符常量是用单引号括起来的单个字符，例如：'A'、'b' 、'0' 、'+' 等。

🔊 注　意

字符常量的特点：

（1）字符常量只能用单引号括起来，不能用双引号。

（2）字符常量只能是一个字符，不能是多个字符。

（3）字符可以是字符集中任意字符。但数字被定义为字符型之后与其本身数值是不相等的。如'0'和 0 是不同的。'0'是字符常量，0 为整数。

（4）[例 1-1] [3]中的'\n'也是一种字符常量，这种字符常量称作转义字符[4]，通过反斜杠"\"将后面的字符转换了含义，'\n'中的 n 已经不再表示字母 n 了，而是表示换行符。

---

[1] 见 5.3.2 算术表达式
[2] 见 5.2.2 实型
[3] 见 1.2.1 简单的 C 程序
[4] 见 5.2.3 字符型

2. 字符变量

每个字符变量被分配 1 个字节的内存空间，因此只能存放 1 个字符。字符值是以 ASCII 码[1]（American Standard Code for Information Interchange，美国信息交换标准代码）的形式存放在变量的内存单元之中的。字符变量的类型说明符是 char。

3. 字符型变量的运算

因为字符的存储形式是其对应的 ASCII 码，标准 ASCII 码为 0～127 之间的整数，所以 C 语言允许对整型变量赋以字符值，也允许对字符变量赋以整型值。在输出时，允许把字符变量按整型量输出，也允许把整型量按字符量输出。

在 C 语言中允许对字符变量进行 "+"、"–" 运算，相当于为字符变量的 ASCII 码加上或减去一个整数值，但注意运算后的值仍然在 ASCII 码值的表示区间内，该运算才有意义。

【例 2-2】　字符变量赋值与输出。

源程序：

```
#include<stdio.h>
void main( )
{    char c;       /* 声明字符型变量 c */
     int x;        /* 声明整型变量 x */
     c=97;         /* 97 是 a 的 ASCII 码 */
     x='b';
     printf("%c,%d\n",c,c);
     printf("%d,%c\n",x,x);
}
```

运行结果：

```
a,97
98,b
Press any key to continue
```

程序说明：

（1）在 c=97;语句中，97 是一个整型常数，它是字符'a'对应的 ASCII 码，运行时直接将 97 存入字符型变量 c 的存储单元。

（2）在 x='b';语句中，'b'是一个字符常数，它的 ASCII 码是 98，运行时将 98 存入整型变量 x 的存储单元。

（3）在 printf("%c,%d\n",c,c);语句中，格式符[2] "%c" 是以字符的形式输出变量 c 的值，格式符"%d"是以整数的形式输出变量 c 的值。所以输出结果为 "a，97"。下一个 printf 语句同理。

【例 2-3】　在键盘上输入一个小写字符，将其转换成大写字符后输出。

源程序：

```
#include<stdio.h>
void main( )
{    char c;
```

[1] 见附录 B
[2] 见 2.5 C 语言的格式输出 printf 函数

```
        c=getchar( );        /* getchar( )函数的功能为在键盘上输入一个字符赋给变量 c */
        c=c-32;              /* 将 c 存储的字符的 ASCII 码减去 32 */
        putchar(c);          /* putchar(c)函数的功能为输出变量 c 中存储的字符 */
        putchar('\n');
    }
```

运行结果：

```
a
A
Press any key to continue
```

程序说明：

（1）getchar( )函数的功能是把从输入的一个字符赋给变量 c，该函数没有参数，函数返回值为整型，即读入字符的 ASCII 码值。

（2）c=c-32;语句将 c 存储的字符的 ASCII 码减去 32，再赋值给 c。小写字母的 ASCII 码值比大写字母的 ASCII 码值大 32，例如'a'的 ASCII 码值为 97，'A'的 ASCII 码值为 65[1]。通常用这样的表达式实现小写字母向大写字母的转换，也可以使用 c=c-('a'-'A')。如果要实现大写字母向小写字母的转换，则应使用 c=c+32 或 c=c-('a'-'A')。

（3）putchar( )函数是将参数表达式的值以字符的形式输出，程序中调用的 putchar(c)函数将输出变量 c 中存储的字符。由于 putchar 函数只能输出一个字符，所以程序中只能再利用 putchar('\n');语句输出一个"回车"符换行。

（4）getchar( )函数和 putchar( )函数是对单个字符进行输入和输出的函数，如果程序中要调用它们，需在调用函数前面加入#include<stdio.h>。

2.4 C 语 言 语 句

C 语言程序的执行部分是由语句组成的，程序的功能也是由执行语句实现的。

C 语言语句可分为以下五类：

1. 表达式语句

其一般形式为

表达式；

例如：

```
x=y+z；赋值表达式语句；
i++；   自增 1 语句，i 值增 1。
```

2. 函数调用语句

其一般形式为

函数名(实际参数表)；

例如：

```
scanf("%d",&x);
```

---

[1] 见附录 B

3．控制语句

控制语句用于控制程序的流程，以实现程序的各种结构方式。C 语言有 9 种控制语句。可分成以下三类：

（1）条件判断语句：if 语句、switch 语句；

（2）循环执行语句：do~while 语句、while 语句、for 语句；

（3）转向语句：break 语句、continue 语句、return 语句、goto 语句。

4．复合语句

把多个语句用大括号{}括起来组成的一个语句称复合语句。

例如：

```
{   x=y+z;
    a=b+c;
    printf("%d%d",x,a);
}
```

是一条复合语句。

复合语句内的各条语句都必须以分号"；"结尾，在括号"}"外不用加分号。从整体上看，C 语言程序将复合语句看作一条语句来处理，在复合语句内部可以定义只有该复合语句内允许使用的局部变量[1]。

5．空语句

只有分号"；"组成的语句称为空语句，空语句也是一条语句，虽然它什么都不执行。

2.5　C 语言的格式输出 printf 函数

printf 函数称为格式输出函数，它是一个标准库函数，其功能为按用户指定的格式将内存中的数据输出到显示器上，它的函数原型在头文件"stdio.h"中。

printf 函数调用的一般形式为

printf("格式控制字符串"，输出表列)

其中格式控制字符串用于指定输出格式。格式控制字符串可由格式字符串和非格式字符串两种形式组成。格式字符串以%开始，后面跟有各种格式字符，用来指定将数据从二进制（计算机内部存储格式）形式转换成指定的格式输出，同一个数据可以用不同格式输出。非格式字符串在输出时照原样输出，在显示中起提示作用。

2.5.1　格式控制字符串

格式控制字符串，也叫作格式说明符，其一般形式为

%[标志字符] [输出最小宽度] [.精度] [长度]类型字符

其中方括号[ ]中的项为可选项。各项的意义如下：

1．类型字符

类型字符，也叫作格式字符，用以表示输出数据的类型，其格式符和意义如表 2-1 所示。

---

[1] 见 7.6.1 局部变量

表 2-1   输出格式字符及其含义

格式字符	意　　义
d,i	以十进制形式输出带符号整数（正数不输出符号）
o	以八进制形式输出无符号整数（不输出前缀 0）
x,X	以十六进制形式输出无符号整数（不输出前缀 0x）
u	以十进制形式输出无符号整数
f	以小数形式输出单、双精度实数
e,E	以指数形式输出单、双精度实数
g,G	以%f 或%e 中较短的输出宽度输出单、双精度实数
c	输出单个字符
s	输出字符串

2. 标志字符

标志字符为–、+、#和空格四种，加在%之后，其意义如表 2-2 所示。

表 2-2   格　式　标　志　及　其　含　义

标　　志	意　　义
–	结果左对齐，右边填空格
+	输出符号（正号或负号）
空格	输出值为正时冠以空格，为负时冠以负号
#	对 o 类，在输出时加前缀 0；对 x 类，在输出时加前缀 0x；对其他无影响

3. 输出最小宽度

用十进制整数来表示输出的最少位数（如%3d）。若实际位数多于定义的宽度，则按实际位数输出，若实际位数少于定义的宽度则补以空格，若在宽度前标记 0（如%03d），以补 0 替代补空格。

4. 精度

精度格式符以“.”开头，后跟十进制整数。本项的意义是：如果输出实数，则表示输出的小数的位数，若实际小数位数大于所定义的位数，则四舍五入截去超过的部分；如果输出的是字符串，则表示输出字符的个数（从前往后）。

5. 长度

长度格式符为 h 和 l 两种，为辅助说明符，不能单独使用。加在 d（或 i）的前面时，%hd 表示按短整型量输出，%ld 表示按长整型量输出。当 l 加在 f（或 e、g）前面时，%lf 表示按双精度量输出。

2.5.2　输出表列

输出表列中由各个输出项表达式构成，彼此之间用逗号隔开。

格式控制字符和输出表列中的各输出项在数量和类型上应该一一对应，如果类型不一致，以格式控制字符指定的形式输出。如果在数量上不匹配，输出列表中多出来的表达式的值将不会被输出；而多余的、没有对应表达式的格式控制字符的位置将输出随机数。

【**例 2-4**】 格式符与输出项匹配实例。

源程序：

```
#include<stdio.h>
```

```
void main( )
{    int a=97;
     float b=56.748;
     printf("a=%d,b=%f\n",a,b);
     printf("%c,%d,%o,%x,%f\n",a,a,a,a,a);
     printf("%f,%e,%d,%o,%x\n",b,b,b,b,b);
}
```

运行结果：

```
a=97,b=56.748001
a,97,141,61,0.000000
56.748001,5.674800e+001,-2147483648,10023057676,80000000
Press any key to continue
```

程序说明：

（1）第一个输出语句 `printf("a=%d,b=%f\n",a, b);`中，变量 a 按%d 的格式输出，即十进制整数形式；变量 b 按%f 的格式输出，即小数形式输出；格式字符串中的其他字符照原样输出。

（2）第二个输出语句 `printf("%c,%d,%o,%x,%f\n",a,a,a,a,a);`中，同一个变量 a 分别以字符、十进制整数、八进制整数、十六进制整数、小数形式输出。因为 ASCII 码 97 代表'a'，第一个输出为字符形式 a，第二个输出为十进制值 97，第三个输出为八进制值 141，第四个输出为十六进制值 61，第五个输出为小数形式 0.000000，我们可以看到 a 的值并不等于 0.000000，这是因为 int 型变量和 float 型变量其内部存储形式不同，int 按定点形式存储，float 按浮点形式存储，所以 int 类型的数按浮点小数的形式输出没有意义，这也是初学者常见的错误。

（3）第三个输出语句 `printf("%f,%e,%d,%o,%x\n",b,b,b,b,b);`中，第一个以小数形式输出 b 值，第二个以指数形式输出 b 的值，第三、四、五个输出为十进制、八进制、十六进制整数形式，因为 b 为 float 类型，所以后三个输出无意义。

【例 2-5】　输出宽度与精度实例。

源程序：

```
#include<stdio.h>
void main( )
{    int a=66;
     float b=12.3456789;
     double c=1234567890.1234567;
     printf("a=%d,%-5d,%5d,%05d,%5c\n",a,a,a,a,a);
     printf("b=%f,%lf,%5.4f,%.4e,%10.2f\n",b,b,b,b,b);
     printf("c=%lf,%f,%8.4lf\n",c,c,c);
}
```

运行结果：

```
a=66,66  ,   66,00066,    B
b=12.345679,12.345679,12.3457,1.2346e+001,     12.35
c=1234567890.123457,1234567890.123457,1234567890.1235
Press any key to continue
```

程序说明：

（1）第一个输出语句 `printf("a=%d,%-5d,%5d,%5c\n",a,a,a,a);` 以四种格式输出 int 型变量 a 的值，其中"%-5d"要求输出宽度为 5 且左对齐，而 a 的值为 66，只有两位，故后边补三个空格；"%5d"要求输出宽度为 5 且右对齐，故前边补三个空格；"%5c"要求输出字符形式宽度为 5 且右对齐，故输出 B 前边补四个空格。

（2）第二个输出语句 `printf("b=%f,%lf,%5.4f,%.4e,%10.2f\n",b,b,b,b,b);` 以五种格式输出 float 型变量 b 的值，其中"%f"和"%lf"格式的输出相同，说明"l"符对"f"类型无影响，因为输出无宽度和精度说明，其小数部分默认输出 6 位小数，超过的位数按 4 舍 5 入截取；"%5.4f"指定输出宽度为 5，保留 4 位小数，由于实际长度超过 5，故应该按实际位数输出，小数位数超过 4 位部分按四舍五入截取；"%.4e"指定输出形式为指数形式且底数保留 4 位小数，其整数部分只保留 1 位不为零的整数；"%10.2f"指定输出宽度为 10，保留 2 位小数，输出 6 位数值前边补 4 位空格。

（3）第三个输出语句 `printf("c=%lf,%f,%8.4lf\n",c,c,c);` 以不同格式输出 double 型变量 c 的值，%lf 为双精度值格式，%f 为单精度值格式。

注 意

（1）C 语言编译器不会检测格式符与输出项的数量是否相匹配，若输出项多于格式符，printf 函数则正确显示前面匹配的输出项，后面多余的不输出。例如 `printf("%d",i,j);` 语句，请读者自行观察运行结果。

（2）若输出项少于格式符，printf 函数则正确显示匹配的输出项，后面多余的格式符因为没有匹配的输出项，将输出没有任何意义的随机数。例如 `printf("%d,%d",i);` 语句，请读者自行观察运行结果。

（3）C 语言编译器也不会检测格式符与输出项的数据类型是否匹配，若不匹配则输出无意义的数值，见［例 2-4］。

（4）小数部分，按四舍五入截取至指定位数，默认为输出 6 位小数。

（5）输出数值位数小于输出最小宽度，用空格补齐，默认情况下为右对齐，标志字符"–"指定左对齐。

（6）当输出数值位数大于输出最小宽度时，按实际位数输出。

（7）float 类型和 double 类型变量，可以分别指定格式"%f"和"%lf"进行输出，默认输出的小数位数都是 6 位。

2.6　C 语言的格式输入 scanf 函数

scanf 函数称为格式输入函数，它是一个标准库函数，其功能为按用户指定的格式从键盘上把数据输入到指定的变量之中，它的函数原型在头文件"stdio.h"中。

scanf 函数的一般形式为

```
scanf("格式控制字符串",地址表列)
```

其中，格式控制字符串的作用与 printf 函数相同，地址表列中给出各变量的地址。地址是由

地址运算符 "&" 后跟变量名组成的。例如：&a，&b 分别表示变量 a 和变量 b 的地址[1]，有关地址的概念在第 8 章中详细介绍。

scanf 函数的功能是将键盘上输入的数据依次按格式字符串中指定的格式转化成计算机内部存储的格式（二进制形式）后，存入对应变量的存储单元。

2.6.1　格式控制字符串

格式控制字符串，也叫作格式说明符，其一般形式为

%[*][输入数据宽度]类型字符

其中方括号[ ]中的项为可选项。各项的意义如下：

1. 类型字符

类型字符，也叫格式字符，表示输入数据的类型，同 printf 函数中使用的类型字符基本一致，如表 2-3 所示。

表 2-3　　　　　　　　　　　　　　输入格式字符及其含义

格 式 字 符	字 符 意 义
d,i	输入十进制整数
o	输入八进制整数
x,X	输入十六进制整数
u	输入无符号十进制整数
f 或 e,E	输入实型数（用小数形式或指数形式）
c	输入单个字符
s	输入字符串

2. "*" 修饰符

"*" 修饰符用以表示该输入项在读入后不赋予相应的变量，即跳过该输入值。例如：

```
scanf("%d %*d %d",&a,&b);
```

当输入为

1　　2　　3

时，把 1 赋予 a，2 被跳过，3 赋予 b。

3. 宽度

宽度：用十进制整数指定输入的宽度（即字符数）。例如：

```
scanf("%2d%3d",&a,&b);
```

当输入为

12345678

时，将把 12 赋予 a，而把 345 赋予 b，其余的字符无效，所以输入后 a=12，b=345。

2.6.2　分隔符

1. 默认的分隔符

在键盘上输入整数或实数时，数据之间默认用一个或多个空格、Tab 和 "回车" 符来分隔。

---

[1] 见 8.1　认识指针

【例 2-6】 格式符与输入变量匹配实例。

源程序：

```
#include<stdio.h>
void main( )
{   int a,b,c;
    printf("请输入 a,b,c:\n");
    scanf("%d%d%d",&a,&b,&c);        /*"%d%d%d"之间无分隔符*/
    printf("a=%d,b=%d,c=%d\n",a,b,c);
}
```

运行结果：

第一组

```
请输入 a,b,c:
2 5 8
a=2,b=5,c=8
Press any key to continue
```

在本例中，由于 scanf 函数本身不能显示提示串，故先用 printf 语句在屏幕上输出提示信息，请用户输入 a、b、c 的值。用户输入"2 5 8"后，按下"回车"键，scanf 函数将这 3 个数依次读入并存放在变量 a、b、c 对应的存储单元中，也就是实现了读入变量 a、b、c 的值。在 scanf 函数的格式字符串中，由于没有非格式字符在"%d%d%d"之间作为输入时的间隔，因此在输入可以用空格作为分隔符。

第二组

```
请输入 a,b,c:
2
5
8
a=2,b=5,c=8
Press any key to continue
```

对于本程序来说，输入数据时，用户也可以用"回车"符作为分隔符。

第三组

```
请输入 a,b,c:
2       5
8
a=2,b=5,c=8
Press any key to continue
```

对于本程序来说，输入数据时，用户也可以 Tab 作为分隔符。

第四组

```
请输入 a,b,c:
2,5,8
a=2,b=-858993460,c=-858993460
Press any key to continue
```

在本组运行中，当用户输入数据时以逗号","作为分隔符。首先 2 被正确地读入 a 中，而当遇到字符","时，由于在格式字符串中找不到匹配的字符，输入终止。所以变量 b 和 c

的值为读取前的随机值。如果想正确读入这样输入的数据，应该使用 scanf("%d,%d,%d",&a, &b,&c)，才能正确匹配分隔符。

2. 格式字符串中的普通字符

空白符[1]：在输入整数或实数时，当在格式控制字符串遇到一个或多个空白符（如空格、Tab、换行符）时，scanf 函数从输入数据中重复读空白符直到遇到一个非空白字符为止。

其他字符：当在格式控制字符串中遇到一个非空字符时，scanf 函数将它与输入字符进行匹配，若两个字符相等，继续下一个输入，否则终止 scanf 函数的执行。

【例 2-7】　其他分隔符实例。

源程序：

```
#include<stdio.h>
void main( )
{    int a,b,c;
     printf("请输入a,b,c:\n");
     scanf("%d,%d,%d",&a,&b,&c);       /*以逗号作分隔符*/
     printf("a=%d,b=%d,c=%d\n",a,b,c);
}
```

运行结果：

第一组

```
请输入a,b,c:
2,6,4
a=2,b=6,c=4
Press any key to continue
```

运行时，用户以"，"作为分隔，程序正确执行。

第二组

```
请输入a,b,c:
2 6 4
a=2,b=-858993460,c=-858993460
Press any key to continue
```

运行时，用户以空格作为分隔符。程序将 2 正确地读入 a 中后，遇到空格时，将空格与"，"匹配，因为不相等，输入终止。所以变量 b 和 c 的值为读取前的随机值。

3. 输入字符时的分隔符

在输入字符数据时，若格式控制串中无非格式字符，则认为所有输入的字符均为有效字符。例如：

scanf("%c%c%c",&a,&b,&c);

当输入为

d e f

时，把'd'赋予 a，空格赋予 b，'e'赋予 c。只有当输入为

def

---

[1] 见 2.2.1 C 语言的字符集

时，才能把'd'赋于 a，'e'赋予 b，'f'赋予 c。

注 意

使用 scanf 函数还必须注意以下几点：

（1）scanf 函数中没有精度控制，如：scanf("%5.2f",&a); 是非法的，不要试图用此语句输入小数为 2 位的实数。

（2）scanf 中要求给出变量地址，如只给出变量名则会出错。如 scanf("%d",a); 是非法的，应改为 scnaf("%d",&a); 才是合法的。但是当变量为指针[1]变量时，情况有所不同。

（3）在输入多个数值数据时，若格式控制串中没有非格式字符作为输入数据之间的间隔，则可用空格、TAB 或回车作为间隔。输入时遇到空格、TAB、回车或非法数据时即认为该数据结束。例如对"%d"输入"12A"时，A 即为非法数据，只能读入 12。

（4）在输入字符数据时，若格式控制串中无非格式字符，则认为所有输入的字符均为有效字符。

（5）在使用 double 型数据输入时，一定要注意格式控制说明是%lf，如果写成%f，那么将导致输入错误。

2.7 小   结

1. C 语言程序的基本结构：

```
编译预处理命令
void main( )
{
        声明部分
        执行部分
}
类型 子函数名(形参表)
{
        声明部分
        执行部分
}
```

2. 语言基本语法成分

（1）C 语言的字符集：C 语言字符集由字母、数字、空格、标点和特殊字符组成。

（2）标识符：C 规定标识符只能是字母（A~Z，a~z）、数字（0~9）、下画线（_）组成的字符串，并且其第一个字符必须是字母或下画线。标识符不允许是关键字。

（3）关键字：关键字是由 C 语言规定的具有特定意义的字符串，通常也称为保留字。

（4）运算符：C 语言中含有相当丰富的运算符。运算符与变量、函数一起组成表达式，表示各种运算功能。

---

[1] 见 8.1 认识指针

（5）分隔符：C 语言分隔符有逗号、空格、Tab 和"回车"符等。

3．C 语言的数据类型

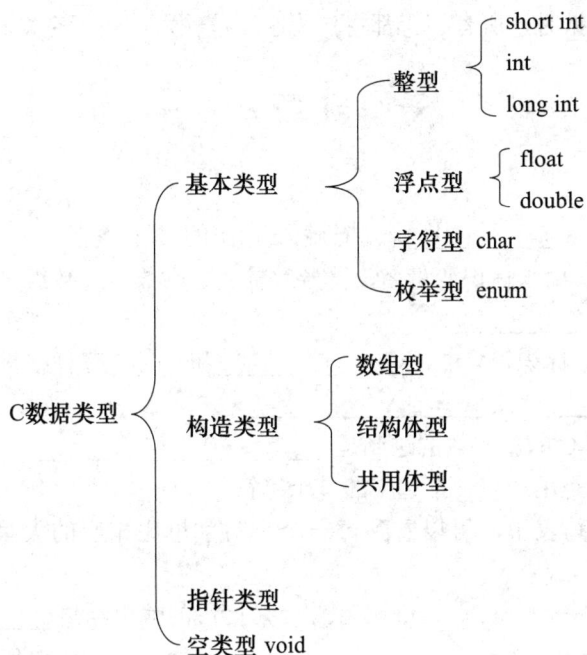

```
                                               ┌ short int
                                        整型 ┤ int
                                               └ long int
                           基本类型 ┤           ┌ float
                                        浮点型 ┤
                                               └ double
                                        字符型  char
                                        枚举型  enum

C数据类型 ┤                                ┌ 数组型
                           构造类型 ┤ 结构体型
                                               └ 共用体型

                           指针类型
                           空类型 void
```

4．C 语句

C 语句可分为以下五类：

（1）表达式语句；

（2）函数调用语句；

（3）控制语句；

（4）复合语句；

（5）空语句。

5．C 语言的格式输出 printf 函数

（1）printf 函数调用的一般形式为

> printf("格式控制字符串",输出表列)

（2）格式字符串的一般形式为

> % [标志字符] [输出最小宽度] [.精度] [长度] 类型字符

6．C 语言的格式输入 scanf 函数

（1）scanf 函数的一般形式为

> scanf("格式控制字符串",地址表列)

（2）格式字符串的一般形式为

> %[*] [输入数据宽度] 类型字符

（3）输入数据间的分隔符

➢ 默认的分隔符：数据之间用一个或多个空格、Tab 和"回车"符来分隔。

➢ 显示的指定分隔符：输入数据时，当在格式控制字符串中遇到一个非空字符时，scanf

函数将它与输入字符进行比较，若两个字符相等，继续下一个输入，否则终止 scanf 函数的执行。

➢ 在输入字符数据时，所有字符都将作为字符被输入，包括空格和换行符。

习题 2

一、填空题

1．C 语言是通过_____来进行输入/输出的。

2．在 C 语言中，用来标识变量名、符号常量名、函数名、数组名、类型名和文件名的有效字符序列称为_____。

3．在 C 语言中，标识符只能由_____、_____和_____三种字符组成，且第一个字符必须是_____或_____。

4．可以用来表示 C 的整常数的进制是_____、_____、_____。

5．C 的字符常量是用_____括起来的一个字符。

6．在 ASCII 代码表中，可以看到每一个小写字母比相应的大写字母的 ASCII 代码大_____。

7．写出语句 printf("%d,%o,%x",0x12,12,012);的输出结果_____。

8．变量声明为 int x;float y;执行 scanf("%3d%f",&x,&y);语句时，如果输入的数据为 12345678，则 x 的值是_____，y 的值是_____。

9．已知字母 A 的 ASCII 码为 65。以下程序运行后的输出结果是_____。

```
#include<stdio.h>
void main( )
{   char a,b;
    a='A'+'5'-'3';
    b=a+'6'-'2';
    printf("%d,%c\n",a,b);
}
```

10．以下程序运行时若从键盘输入：10 20 30<回车>。输出结果是_____。

```
#include<stdio.h>
void main( )
{   int i=0,j=0,k=0;
    scanf("%d%*d%d",&i,&j,&k);
    printf("%d,%d,%d\n",i,j,k);
}
```

11．以下程序运行后的输出结果是_____。

```
#include<stdio.h>
void main( )
{   int a,b,c;
    a=25;
    b=025;
    c=0x25;
    printf("%d %d %d\n",a,b,c);
}
```

12．有以下语句段

```
int  n1=10,n2=20;
printf("_____",n1,n2);
```

要求按以下格式输出 n1 和 n2 的值，每个输出行从第一列开始，请填空。

```
n1=10
n2=20
```

二、选择题

1．C 语言提供的合法关键字是_____。

  A．continue   B．procedure   C．begin   D．end

2．下列标识符正确的是_____。

  A．_AD   B．9s   C．for   D．$NAME

3．以下错误的标识符是_____。

  A．j2_KEY   B．Print   C．4d   D．_8_

4．以下不合法的数值常量是_____。

  A．011   B．1e1   C．8.0E0.5   D．0xabcd

5．以下合法的实型常数是_____。

  A．5E2.0   B．E–3   C．2E0   D．1.3E

6．已知 ch 是字符型变量，下面不正确的赋值语句是_____。

  A．ch='\n'   B．ch='a+b' C．ch='7'+'9' D．ch=7+9

7．C 语言中，运算对象必须是整型数的运算符是_____。

  A．%   B．\   C．% 和 \   D．+

8．表达式 3.6–5/2+1.2+5%2 的值是_____。

  A．4.3   B．4.8   C．3.3   D．3.8

9．已知大写字母 A 的 ASCII 码是 65，小写字母 a 的 ASCII 码是 97，则用八进制表示的字符常量'\101'是_____。

  A．字符 A   B．字符 a   C．字符 e   D．非法的常量

10．以下叙述中错误的是_____。

  A．用户所定义的标识符允许使用关键字

  B．用户所定义的标识符应尽量做到"见名知意"

  C．用户所定义的标识符必须以字母或下画线开头

  D．用户定义的标识符中，大、小写字母代表不同标识符

11．以下程序的功能是：给 r 输入数据后计算半径为 r 的圆面积 s。程序在编译时出错。

```
#include<stdio.h>
void main( )
/* Beginning */
{    int r;float s;
     scanf("%d",&r);
     s=*p*r*r;
     printf("s=%f\n",s);
}
```

出错的原因是_____。

A．注释语句书写位置错误　　　　B．存放圆半径的变量 r 不应该定义为整型

C．输出语句中格式描述符非法　　D．计算圆面积的赋值语句错误

12．有以下程序

```
#include<stdio.h>
void main( )
{    char c1,c2,c3,c4;
     scanf("%c%c%c%c",&c1,&c2,&c3,&c4);
     printf("%c%c\n",c3,c4);
}
```

程序运行后，若从键盘输入（从第 1 列开始）

12<回车>

34<回车>

则输出结果是_____。

A．12　　　　　　B．34　　　　　　C．4　　　　　　D．3

13．数字字符 0 的 ASCII 值为 48，若有以下程序

```
#include<stdio.h>
void main( )
{    char a='1',b='2';
     printf("%c,",b++);
     printf("%d\n",b);
}
```

程序运行后的输出结果是_____。

A．3，2　　　　B．2，3　　　　C．2，2　　　　D．2，51

14．有以下程序

```
#include<stdio.h>
void main( )
{    int m,n,p;
     scanf("m=%dn=%dp=%d",&m,&n,&p);
}
```

若想从键盘上输入数据，使变量 m 中的值为 123，n 中的值为 456，p 中的值为 789，则正确的输入是_____。

A．m=123n=456p=789　　　　B．m=123 n=456 p=789

C．m=123,n=456,p=789　　　　D．123 456 789

15．已知 i、j、k 为 int 型变量，若从键盘输入：1,2,3<回车>，使 i 的值为 1、j 的值为 2、k 的值为 3，以下选项中正确的输入语句是_____。

A．scanf ("%2d%2d%2d",&i,&j,&k);

B．scanf ("%d %d %d",&i,&j,&k);

C．scanf ("%d,%d,%d",&i,&j,&k);

D．scanf ("i=%d,j=%d,k=%d",&i,&j,&k);

第 3 章 选 择 结 构

学习目标

掌握关系运算与逻辑运算的规律及规则；
掌握 if 语句的语法规则、执行过程和使用方法；
理解 if 语句的嵌套；
掌握 switch 语句的语法规则和用法；
掌握条件运算符和条件表达式；
掌握选择结构程序设计方法及技巧。

在前两章中我们学习了简单的 C 语言程序设计，程序的执行是从上至下顺序执行的，这种结构称为顺序结构。然而，在进行程序设计时，经常需要根据不同的条件选择不同的程序的执行流程，这种程序的控制结构即为选择结构。

在 C 语言中，选择条件一般用关系表达式和逻辑表达式来实现，用 if 语句和 switch 语句来实现选择结构。

3.1 问 题 的 引 出

在前面的学习中我们知道，C 语言程序是语句的集合。计算机在执行程序时，一般按语句出现的先后顺序执行。但在实际应用中，我们经常需要根据运行的条件选择所要执行的语句。

【例 3-1】 输入 x 的值，求分段函数 $y=f(x)$ 的值，函数表示如下：

$$y=\begin{cases} x^2 & x>0 \\ 0 & x\leqslant 0 \end{cases}$$

因为 x 在不同的取值范围下，对应 y 值的输出不同，此时利用顺序结构的语句是不能完成该运算的。这就需要一种判定条件，在不同的情况下执行不同的语句，这就是选择结构。其程序如下：

源程序：

```
#include<stdio.h>
void main( )
{    int x,y;                        /*定义变量 x 和 y*/
     printf("请输入 x 的值:");
     scanf("%d",&x);                 /*从键盘上输入 x*/
     if(x>0)                         /*判断 x 的值是否大于 0*/
         y=x*x;                      /*如果 x>0,则 y=x²*/
     else                            /*如果 x 不大 0,即 x 小于等于 0*/
         y=0;                        /*如果 x<=0,则 y=0*/
     printf("y=%d\n",y);             /*输出 y 的值*/
}
```

运行结果：

第一组

请输入 x 的值:5
y=25
Press any key to continue

第二组

请输入 x 的值:-5
y=0
Press any key to continue

程序说明：

（1）程序中的

```
                if(条件)
                      语句1;
                else
                      语句2;
```

即为选择结构。当程序执行到 if（条件）时，根据括号内的条件作出判断，如果条件成立执行语句1，否则执行语句2，由于程序根据条件执行不同分支的语句，故选择结构也称为分支结构。

（2）if(x>0)中，x>0 为选择条件，其中 ">" 为关系运算符[1]，判断两个值的大小关系是否成立。

（3）程序中，当 x 的输入为 5 时，条件 x>0 成立，因此执行分支 y=x*x;，此时 y 的值为 25；当 x 的输入为-5 时，条件 x>0 不成立，因此执行分支 y=0;，此时 y 的值为 0。

（4）在这种选择结构中，给出了条件成立或不成立时的不同分支，程序会而且只会选择其中的一条分支执行，而跳过另一条分支。

（5）C 语言提供了两种选择结构，二路分支结构(if~else~)和多路分支结构(switch~case)。

选择结构中的条件是执行哪一路分支的决定因素，而在条件中，最常用到的就是关系运算（如上例中的>）和逻辑运算，因此下面先介绍这两种运算。

3.2　关系运算与逻辑运算

在 if 语句中给出了"条件"判断。"条件"也是一个表达式，通常它的值为 1 或 0。1 则表示"真"，即条件成立；0 则表示"假"，即条件不成立。但是条件表达式其实可以是任意表达式，它的值也可能是任何值。C 语言中规定，表达式作为条件时，其值如果是 0 则视为"假"，而其他全部非零值全部视为"真"。例如 if(5)中，表达式 5 的值为整数 5，作为条件，被视为永真式。

在 C 语言中的"条件"一般由关系表达式或逻辑表达式构成，关系表达式或逻辑表达式的值只有 0 和 1。

3.2.1　关系运算

在程序中经常需要比较两个量的大小关系，以决定程序下一步的工作。进行两个量的比

---

[1] 见 3.2.1 关系运算

较运算的表达式即为关系表达式[1]。

例如，a>b 是一个关系表达式，其中 ">" 是一个关系运算符，其功能是比较 a、b 两个变量的大小，若 a 的值大于 b 的值，则关系表达式的值为 1（真）；否则为 0（假）。

如果 a 的值是 5，b 的值是 3，则大于关系运算>的结果为 1，即为 "真"，也就是条件成立；如果 a 的值是 2，b 的值是 3，则大于关系运算>的结果为 0，即为 "假"，也就是条件不成立。

1. 关系运算符

比较两个量的运算符称为关系运算符。表 3-1 给出了 C 语言提供的关系运算符（设变量 x 的值为 −2）。

表 3-1 关 系 运 算 符

运算符	含义	举例	值
<	小于	x<0	1
<=	小于或等于	x<=0	1
>	大于	x>−2	0
>=	大于或等于	x>=−2	1
==	等于	x==0	0
!=	不等于	x !=0	1

注意

在 C 语言中，"等于" 关系运算符是双等号 "=="，而不是单等号 "="（赋值运算符[2]）。

2. 优先级

C 语言中，规定了所有的运算符不同的优先级[3]，确保表达式可以按照规则进行计算。

（1）在关系运算符中，<、<=、>、>=这 4 个运算符的优先级相同。

（2）==和!=这 2 个运算符的优先级也相同，但比上述 4 个运算符优先级低。

（3）关系运算符的优先级低于算术运算符，但高于赋值运算符。

例如：表达式 x+y>x*y 等价于(x+y)>(x*y)。

（4）关系运算符都是二元运算符，也叫双目运算符，具有左结合性。

3. 关系表达式

关系表达式的一般形式为

表达式　关系运算符　表达式

例如：

a+b>c−d
x>3/2
0<=x<=5

都是合法的关系表达式。

---

[1] 见 5.3.4 关系表达式
[2] 见 5.3.2 赋值表达式
[3] 见 5.3 运算符与表达式中的表 5-3

> **注 意**
>
> 　　关系运算符是二元运算，表达式计算的时候会依据运算符的优先级和结合方向依次计算。对于表达式 0<=x<=5，它等价于(0<=x)<=5。若 x=10，则 0<=x 的值为 1，因此表达式（1）<=5 的值为 1。但在数学上，0<=x<=5 其数学含义为 x 在[0，5]区间上，但我们都知道 x=10 不在[0，5]区间，但 C 语言的表达式却为 1（真），我们得到了一个与数学相违背的结论，原因是程序中表达式与数学计算中表达式的求值原则不一样。

　　我们如何表达 x 在[0，5]区间这一数学关系呢？实际上需要表达的是 0<=x 并且 x<=5，这时仅用关系运算符是不能表达复杂逻辑的数学关系的，我们必须使用别的运算符来表示"并且"这样的逻辑关系，也就是逻辑运算符。逻辑表达式就是用来表示复杂的逻辑关系的。

3.2.2　逻辑运算

1．逻辑运算符

表 3-2 给出了 C 语言中提供的三种逻辑运算符：

表 3-2   逻 辑 运 算 符

运算符	含义	举例	值
!	逻辑非	!x	x 为 0 则 !x 为 1； x 为 1 则 !x 为 0
&&	逻辑与	x&&y	当 x 和 y 都为 1 时 x&&y 的值为 1； 否则 x&&y 的值为 0
||	逻辑或	x||y	x 或 y 的值只要有一个为 1 时，x||y 值就为 1； x 和 y 都为 0 时，x||y 的值为 0

2．运算规则

（1）逻辑与 &&：当且仅当两个运算量的值都为"真"时，运算结果为"真"，否则为"假"。

（2）逻辑或 ||：参与运算的两个量只要有一个为真，结果就为真；两个量都为假时，结果为假。

（3）逻辑非 !：当运算量的值为"真"时，运算结果为"假"；当运算量的值为"假"时，运算结果为"真"。

3．优先级

（1）逻辑非 ! 的优先级最高，逻辑与 && 次之，逻辑或 || 最低，即：! → && → ||。

（2）与其他种类运算符的优先关系为：! → 算术运算 → 关系运算 → && → || → 赋值运算。

（3）逻辑与 && 和逻辑或 || 均为双目运算符，具有左结合性；逻辑非 ! 为单目运算符，具有右结合性。

4．逻辑表达式

逻辑表达式的值只有"真"和"假"两种，用"1"和"0"来表示。其求值规则如下：

（1）非运算 !：

参与运算量为真时，结果为假；参与运算量为假时，结果为真。

（2）与运算 &&：

参与运算的两个量都为真时，结果才为真，否则为假。

例如：

$$x>=0 \ \&\& \ x<=5$$

当 x=10 时，由于 x>=0 为 1（真），x<=5 为 0（假），则 x>=0 && x<=5 的值为 0（假）；

当 x=3 时，由于 x>=0 为 1（真），x<=5 也为 1（真），则 x>=0 && x<=5 的值为 1（真）；

当 x=−5 时，由于 x>=0 为 0（假），则 x>=0 && x<=5 的值为 0（假）。

逻辑表达式 x>=0 && x<=5，表达了 x 在[0, 5]区间这一数学关系。

（3）或运算 ||：

参与运算的两个量只要有一个为真，结果就为真；两个量都为假时，结果为假。

例如：

$$x<0 \ || \ x>5$$

当 x=10 时，由于 x<0 为 0（假），x>5 为 0（真），则 x<0||x>5 的值为 1（真）；

当 x=3 时，由于 x<0 为 0（假），x>5 也为 0（假），则 x<0||x>5 的值为 0（假）；

当 x=−5 时，由于 x<0 为 1（真），则 x<0 || x>5 的值为 1（真）。

我们可以看到，逻辑表达式 x<0 || x>5 的数学含义为：x∉[0, 5]区间，与逻辑表达式 x>=0 && x<=5 值正好相反，以下公式是等价的：

> ！（表达式 1||表达式 2）与（！表达式 1）&&（！表达式 2）等价
>
> ！（表达式 1&&表达式 2）与（！表达式 1）||（！表达式 2）等价

例如：

$$！(x<0 \ || \ x>5) 与 x>=0 \ \&\& \ x<=5 等价$$
$$！(x>=0 \ \&\& \ x<=5) 与 x<0 \ || \ x>5 等价$$

5. 逻辑量的真假判定——0 和非 0

C 语言用整数"1"表示"逻辑真"、用"0"表示"逻辑假"。但在判断一个数据的"真"或"假"时，却以 0 和非 0 为根据：如果为 0，则判定为"逻辑假"；如果为非 0，则判定为"逻辑真"。

例如：由于 5 和 3 均为非 0，因此 5 && 3 实际上求的是"真&&真"，其值为"真"，即为 1。又如：−5 || 0 的值为"真"，即为 1。

6. 逻辑运算的短路特性

在 C 语言中，计算"表达式 1 && 表达式 2"或"表达式 1 || 表达式 2"这样的逻辑表达式时，为了提高计算效率，计算总是从左到右进行，一旦能确定结果就终止计算，而只有必须通过表达式 2 才能确定逻辑表达式的值时，才会去求解表达式 2 的值，也就是说：

（1）对于逻辑与 && 运算，如果第一个操作数被判定为"假"，系统不再判定或求解第二操作数。

（2）对于逻辑或 || 运算，如果第一个操作数被判定为"真"，系统不再判定或求解第二操作数。

这种特性称为逻辑运算的短路特性。

【例 3-2】 逻辑运算举例。

源程序：

```
#include<stdio.h>
void main( )
{    int c,x=0,y=-5;
     printf("!x*y=%d,x&&y=%d\n",!x*y,x&&y);    /*第一个输出语句*/
```

```
        c=(x=1)||(y=1);
        printf("x=%d,y=%d,c=%d\n",x,y,c);              /*第二个输出语句*/
        c=(x=0)&&(y=0);
        printf("x=%d,y=%d,c=%d \n",x,y,c);             /*第三个输出语句*/
}
```

运行结果：

```
!x*y=-5,x&&y=0
x=1,y=-5,c=1
x=0,y=-5,c=0
Press any key to continue
```

程序说明：

（1）第一个输出语句中，表达式"!x*y"中！的优先级高于 *，!x 的值为 1，!x*y 的值为-5。在表达式 x&&y 中，由于 x 为 0（即为"假"），依据与运算的短路特性，无论 y 的值为何，表达式 x && y 的值都为 0。故其输出值为"!x*y=-5，x&&y=0"。

（2）表达式语句"c=(x=1)||(y=1)；"将逻辑表达式"(x=1)||(y=1)"的值赋予变量 c。首先执行"(x=1)"，那么该逻辑表达式就相当于"x ||(y=1)"，而 x 此时的值为 1，依据或运算的短路特性，该逻辑表达式的值就是 1，没有必要再执行 || 之后的表达式的计算，因此"(y=1)"根本被没有执行，也就是说 y 没有被重新赋值，y 的值仍然是-5。所以，第二个输出语句输出结果为"x=1，y=-5，c=1"。

（3）同理，表达式语句"c=(x=0)&&(y=0)；"将逻辑表达式"(x=0)&&(y=0)"的值赋予变量 c。在执行完"(x=0)"之后，该逻辑表达式就相当于"x &&(y=0)"，而此时 x 的值是 0，依据与运算的短路特性，该逻辑表达式的值就是 0，没有必要再执行 && 之后的表达式的计算，也就是说 y 没有被重新赋值，y 的值仍然是-5。所以，第三个输出语句输出结果为"x=0，y=-5，c=0"。

程序中常用的条件判断表达式：

（1）x 是 int 型的变量，判断 x 是偶数：`x%2==0`；

（2）c 是 char 型的变量，判断 c 是否为数字：`c>='0' && c<='9'`；

判断 c 是否为英文字母：`c>='A' && c<='Z'||c>='a' && c<='z'`；

（3）x，y 是 float 或 double 型的变量，判断 x==y：`fabs(x-y)<=1e-6`；

判断 x !=y：`fabs(x-y)<=1e-6`；

对于实数来说，无论 double 型还是 float 型的变量，都有精度限制，因此一般来说实数在内存中的存放是有误差的。所以一定要避免将实数变量用==或 !=进行等值比较，如果直接将浮点数进行==或 !=比较，由于误差可能会导致错误的判断。例如：对于实数 x，表达式 (x/3*3)==x 并不能确保是总为真。因此，例如，x==y 表达式应当写成 if(fabs(x-y)<=e)，e 是程序允许的误差，上例中使用的误差是 1e-6。其中，fabs( )是一个数学函数，用途是求参数的绝对值，如果程序中要调用数学函数，需要包含头文件"math.h" [1]。

【例 3-3】 x 是 float 型变量，判断 x 是否等于 1/3。

源程序：

```
#include<stdio.h>
void main( )
```

---

[1] 见附录 C

```
{    float x;
     x=1/3.0;
     if(x==1/3.0)
          printf("x 等于 1/3\n");
     else
          printf("x 不等于 1/3\n");
}
```

运行结果：

```
x 不等于 1/3
Press any key to continue
```

由于浮点运算的精度的误差，得到了一个相反的结论"x 不等于 1/3"。将程序改写成如下形式后，重新运行。

```
#include<stdio.h>
#include<math.h>
void main( )
{    float x;
     x=1/3.0;
     if(fabs(x-1/3.0)<=1e-6)
          printf("x 等于 1/3\n");
     else
          printf("x 不等于 1/3\n");
}
```

运行结果：

```
x 等于 1/3
Press any key to continue
```

程序说明：

程序中使用"x=1/3.0;"为 float 型变量 x 赋值，这里要注意的是，不能写作"x=1/3;"。C 语言中规定，做除法运算时，如果被除数和除数都是整数，那么所求的商也是整数，其小数部分被截位取整[1]，因此 1/3 的值为 0。

> **注 意**
>
> 常见的编程错误：
>
> （1）将关系运算符==误写为=。
>
> 例如 if(x==5)误写为 if(x=5)，这相当于 x=5; if(x)。因 x=5 是合法的为赋值运算表达式，所以编译器不会产生警告和错误信息。为了避免这类错误发生，在编写程序时，建议将所有等于判断条件表达式写成常数在左边。例如：if(5==x)，这样如果你误写成 if(5=x)，编译器将产生一个错误，从而防止了这类错误的发生。
>
> （2）对于区间判断。
>
> 例如：x 在[0，5]区间上，经常会写成 if(0<=x<=5)。根据左结合性，它等价于 (0<=x)<=5。若 x=10，则 0<=x 的值为 1，表达式 1<=5 的值为 1。但我们都知道 x=10 不在[0，5]区间。正确的表达方法为 if(x>=0&&x<=5)。

---

[1] 见 5.3.2 算术表达式

（3）对于浮点数直接进行==和 !=等值判断。

例如：对于 float 型的变量 x1 和 x2，使用 if(x1==x2)，由于舍入误差可能会导致错误的判断。在编写程序时，建议将所有 x1==x2 写成如 fabs(x1−x2)<=1e−6 的形式，将所有 x1!=x2 写成如 fabs(x1−x2)>1e−6 的形式。

3.3   二 路 分 支 的 if 语 句

用 if 语句可以构成分支结构。它根据给定的条件进行判断，以决定执行某个分支程序段。C 语言的 if 语句有三种基本形式：

（1）二路分支：if ～ else ～；

（2）单路分支：if ～ ；

（3）多路分支：if ～ else if ～ else if ～ else ～。

其中，二路分支是选择结构的基本形式。

3.3.1   if～else～语句的基本形式

if ～ else ～ 语句的基本形式为

```
if(表达式)
    语句1;
else
    语句2;
```

其语义是：如果表达式的值为真，则执行语句 1，否则执行语句 2。其执行过程如图 3-1 所示。

要说明的是，分支结构中的分支语句必须是单个语句，而不能是语句组，例如：

```
if(条件)
    语句1;
    语句2;
else
    语句3;
```

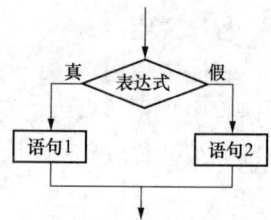

图 3-1   if～else～语句流程图

就会产生编译错误，编译器会将语句 2 理解为 if 语句结束后的另外的语句，与 if 语句无关。如果想表达上述结构，需要用一对大括号将语句 1 和语句 2 括起来：

```
if(条件)
{   语句1;
    语句2;
}
else
    语句3;
```

在 C 语言中，用大括号括起来的语句{……}称为复合语句，从程序的整体看来，相当于一条语句。

3.3.2   if～else～语句示例

【例 3-4】 随机的输入两个数，输出其中的大数。

源程序：

```
#include<stdio.h>
void main( )
{    int a,b;
     printf("请输入两个整数:");
     scanf("%d%d",&a,&b);
     if(a>b)
         printf("%d 是较大数\n",a);
     else
         printf("%d 是较大数\n",b);
}
```

运行结果：

```
请输入两个整数:0  3
3 是较大数
Press any key to continue
```

程序说明：

（1）首先从键盘输入两个整数 a 和 b。

（2）用 if 语句判别 a>b 是否为真，如果为真，则输出 a；否则输出 b。

【例 3-5】　输入三角形的三边的边长，输出三角形的面积。

源程序：

```
#include<stdio.h>
#include<math.h>
void main( )
{    float a,b,c,s,area;
     printf("请输入三角形的三边:\n");
     scanf("%f%f%f",&a,&b,&c);
     if(a+b>c && fabs(a-b)<c)
     {    s=(a+b+c)/2;
          area=sqrt(s*(s-a)*(s-b)*(s-c));
          printf("area=%f\n",area);
     }
     else
          printf("输入数据错误! \n");
}
```

运行结果：

第一组数

```
请输入三角形的三边:
3  4  5
area=6.000000
Press any key to continue
```

第二组数

```
请输入三角形的三边:
1  2  3
输入数据错误!
Press any key to continue
```

程序说明：

（1）首先从键盘输入三角形的三个边长。

（2）判断输入数据的有效性，即 a，b，c 是否能构成三角形。我们利用公式任意两边之和大于第三边，任意两边之差小于第三边。if 语句的判定条件为 a+b>c && fabs(a–b)<c。其中 fabs( )[1]为 C 语言的库函数，其功能为求参数的绝对值。在程序中要调用数学函数，需要在主调函数前面加上"#include<math.h>"。对输入数据的有效性进行校验，是计算机编程经常使用的技术，其目的是减少输入的错误。当 if 语句的判定条件为假时，执行 `printf("输入数据错误！\n");`，第二组输入就是这种情况。

（3）当 if 语句的判定条件为真时（第一组输入的情况），执行 if 后面的复合语句。虽然复合语句内部包含了其他的语句，但是从整体上看，该复合语句相当于一条语句。在该复合语句中，求了三角形的面积，其中使用了另一个数学库函数 sqrt( )[2]，其功能为求参数的平方根。同 fabs( )函数一样，sqrt( )函数也在头文件 math.h 中声明。由于求三角形面积及输出，使用了多条语句，而 if 语句的分支都只能有一条语句，所以将这几条语句用一对大括号括起来，组成一条复合语句。

思考：语句 s=(a+b+c)/2 与 s=1/2*(a+b+c)是否等价？

如果将 s=(a+b+c)/2 换成 s=1/2*(a+b+c)，程序是否能得到正确的输出结果？将 s=(a+b+c)/2 换成 s=1/2*(a+b+c)后，当输入 3 4 5 时，程序的输出结果为 area=0.000000。实际上无论边长是什么，输出都为 0。

这是因为在求(a+b+c)/2 的值时，首先计算的是被除数(a+b+c)，由于 a、b 和 c 都是 float 型变量，所以所求的被除数也是 float 型值，从而与 2 做除法所得的商也是 float 型，小数被保留下来了，因此能得到正确结果。而在求 1/2*(a+b+c)的值时，首先计算的是 1/2，其值为 0，因此表达式的结果为 0，在程序设计中要特别注意这类错误。

3.4　单路分支的 if 语句

单路分支的 if 语句是选择结构省略 else 分支的一种特殊情况。也就是当表达式为假时，不执行任何语句而直接结束 if 语句，则可以简化成 if～形式。

3.4.1　if～语句的基本形式

if～语句的基本形式为

```
if(表达式)
    语句1;
```

其语义是：如果表达式的值为真，则执行其后的语句 1，否则跳过语句 1 直接结束 if 语句。其执行过程如图 3-2 所示。

3.4.2　if～语句示例

【例 3-6】　从键盘上随机的输入三个数，输出最大数。

源程序：

---

[1] 见附录 C
[2] 见附录 C

```
#include<stdio.h>
void main( )
{    int a,b,c,max;
     printf("请输入三个数:");
     scanf("%d%d%d",&a,&b,&c);
     max=a;
     if(b>max)
          max=b;
     if(c>max)
          max=c;
     printf("%d 是最大数\n",max);
}
```

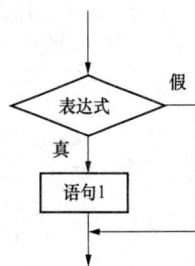

图 3-2   if～语句流程图

运行结果:

请输入三个数:3 5 8
8 是最大数
Press any key to continue

程序说明:

（1）用变量 max 来存放最大数。

（2）首先输入三个数 a，b，c。

（3）初始状态下，假设 a 就是最大数，执行 max=a;。

（4）接着用 if 语句判别 max 和 b 的大小，如果 b 大于 max，则把 b 赋予 max。此时 max 中存放的是 a，b 中的较大数。

（5）然后再用 if 语句判别 c 和 max 的大小，也就是将 c 和 a，b 中的较大数比较。如果 c 大于 max，则把 c 赋予 max。因此 max 中总是 a，b，c 中的最大数，最后输出 max 的值。

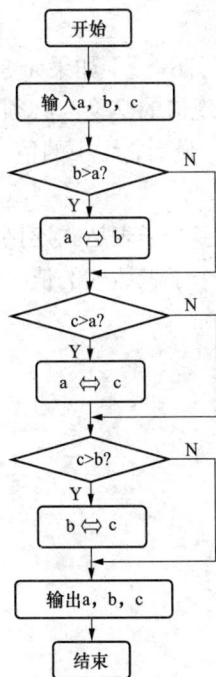

图 3-3   ［例 3-7］流程图

【例 3-7】 从键盘上随机输入三个数，从大到小输出三个数。

题目分析:

本程序的思路是：设 a 中存放最大的数，b 中存放第二大的数，c 中存放最小的数。由于 a，b，c 是从键盘上随机输入的数，不满足我们定义的存储规则，所以不断地调整 a，b，c 中存放的数，直到满足条件为止。具体步骤如下:

➤ 第一个 if 语句先比较 a 和 b，如果 b>a 则交换 a，b 中的数。该 if 语句结束后，a 的值大于等于 b。

➤ 第二个 if 语句先比较 a 和 c，如果 c>a，则交换 a，c 中的数。该 if 语句结束后，a 是三个数中最大的，而 b 和 c 中存放的是另外两个数，大小并不确定。

➤ 第三个 if 语句比较 b 和 c，如果 c>b，则交换 b，c 中的数。该 if 语句结束后，b 的值大于等于 c。

这样就实现了对三个数进行由大到小排序，即 a≥b≥c。程序流程图如图 3-3 所示。

源程序:

```
#include<stdio.h>
void main( )
{    int a,b,c,t;
     printf("请输入三个数:");
     scanf("%d%d%d",&a,&b,&c);
     if(b>a)      /*第一个if语句*/
     {     t=a;
           a=b;
           b=t;
     }
     if(c>a)      /*第二个if语句*/
     {     t=a;
           a=c;
           c=t;
     }
     if(c>b)      /*第三个if语句*/
     {     t=b;
           b=c;
           c=t;
     }
     printf("三个数由大到小:%d,%d,%d\n",a,b,c);
}
```

运行结果：

请输入三个数:3　5　7
三个数由大到小:7,5,3
Press any key to continue

程序说明：

（1）在程序中，将 a 和 b 中的数进行交换时，初学者经常会写成 a=b;b=a;。如果 a=3，b=5，执行 a=b 语句后，a 和 b 的值都为 5，a 的原值就丢失了。若想实现值的交换，必须借助第三个变量 t。先将 a 的原值存放到 t 中，再将 b 中的值存放到 a 中，最后将 t 中的值（a 的原值）再存入 b 中。

（2）在 C 语言中："，"也是运算符，称作逗号运算符[1]，它可以把多个子表达式连接成一个大表达式，计算的顺序是由左至右，整个逗号表达式的值是最后一个子表达式的值。逗号运算符的优先级是所有运算符里最低的。语句

```
if(b>a)
{    t=a;
     a=b;
     b=t;
}
```

可以改写成

```
if(b>a)
     t=a,a=b,b=t;
```

其中 t=a,a=b,b=t;是一条语句，因此不需要写成复合语句的形式。

---

[1] 见 5.3.7 逗号表达式

3.5 多路分支的 if 语句

当有多个分支选择时，C 语言提供给我们一种多分支的选择结构，实质上是 if 语句的嵌套。

3.5.1 if～else if～语句的基本形式

if～else if～语句的基本形式为

```
if(表达式 1)
    语句 1;
else  if(表达式 2)
        语句 2;
    else  if(表达式 3)
            语句 3
    ...
        else  if(表达式 n)
                语句 n;
            else
                语句 n+1;
```

其语义是：依次判断表达式的值，当出现某个值为真时，则执行其对应的语句，然后跳到整个 if 语句之外继续执行程序。如果某表达式为假，则执行对应的 else 分支后的语句，如果该分支仍然是 if 语句，那么就继续判断。直到所有的表达式均为假，则执行语句 n+1，然后继续执行后续程序。

if～else if～语句的执行过程如图 3-4 所示，从图中可以看出多路分支语句执行的过程。

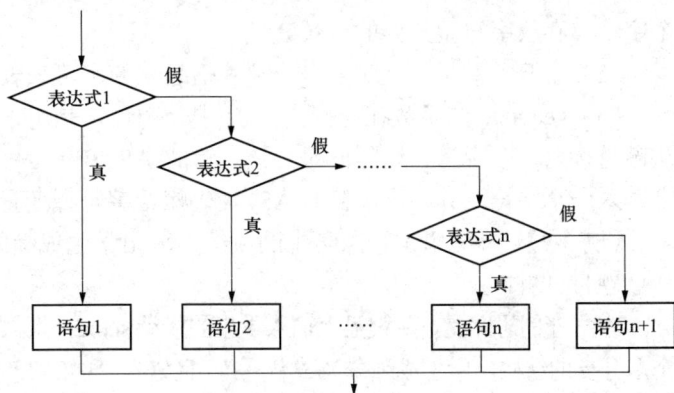

图 3-4 if～else if～语句流程图

3.5.2 if～else if～语句示例

【例 3-8】 从键盘上输入一个字符，判断该字符是数字、大写字母、小写字母或其他字符。
题目分析：

本程序的思路是，从键盘上输入一个字符后，可以根据输入字符的 ASCII 码来判别类型。由 ASCII 码表[1]可知在'0'和'9'之间为数字，在'A'和'Z'之间为大写字母，在'a'和'z'之间为小写字母，其余则为其他字符。这是一个多分支选择的问题，用 if～else if～结构编程，判断输入字符 ASCII 码所在的范围，分别给出不同的输出。例如输入为"b"，输出显示它是个小写字母。

源程序：

```
#include<stdio.h>
void main( )
```

[1] 见附录 B

```
{    char c;
     printf("请输入一个字符:");
     c=getchar( );
     if(c>='0' && c<='9')
         printf("%c 是数字\n",c);
     else  if(c>='A' && c<='Z')
               printf("%c 是大写字母\n",c);
           else  if(c>='a' && c<='z')
                     printf("%c 是小写字母\n",c);
                 else
                     printf("%c 是其他字符\n",c);
}
```

运行结果：

请输入一个字符:b
b 是小写字母
Press any key to continue

程序说明：

（1）程序中用 char c;语句声明 c 为字符型[1]变量，在 C 语言中字符型数据的长度为一个字节，存放字符型数据的 ASCII 码。

（2）字符型常量用一对单引号及其括起来的字符来表示。例如：'A'、'a', '1'、'#'等。

（3）getchar( )[2]函数在［例 2-3］[3]中介绍过，是用来读入单个字符的库函数，其功能是从键盘读入一个字符，返回值即为该字符的 ASCII 码。c=getchar( );语句的功能为从键盘上读入一个字符，并将该字符的 ASCII 码赋给字符型变量 c。

【例 3-9】　从键盘上输入学生的成绩，输出学生成绩的等级。

题目分析：

本程序的思路是，从键盘上输入学生的成绩 score，根据学生的成绩判断所属的等级。这是一个多分支的结构，学生成绩分为"优秀""良好""中等""及格"和"不及格"五个等级。判断规则为：成绩在 90≤score≤100 之间为"优秀"；成绩在 80≤score<90 之间为"良好"；成绩在 70≤score<80 之间为"中等"；成绩在 60≤score<70 之间为"及格"；60 分以下为"不及格"。

源程序：

```
#include<stdio.h>
void main( )
{    float score;
     printf("请输入学生的成绩:");
     scanf("%f",&score);
     if(score>=90)
         printf("优秀\n");
     else if(score>=80)
               printf("良好\n");
           else if(score>=70)
                     printf("中等\n");
```

---

[1] 见 5.2.3 字符型

[2] 见附录 C

[3] 见 2.3.3 字符型（char）数据

```
        else if(score>=60)
                printf("及格\n");
            else
                printf("不及格\n");
}
```

运行结果：

```
请输入学生的成绩:88
良好
Press any key to continue
```

程序说明：

（1）成绩 score 一般定义为实型变量，这样输入整数和实数都不会有错误。

（2）if～else if～语句的多个分支，如果是多个连续的区间，按照从小到大或从大到小的顺序依次判断时，可以省略一个关系表达式。例如，在执行 if(score>=70) 判断时，已经确定 score 小于 80 了。

（3）在该程序中没有考虑 score>100 和 score<0 的情况，在这两种情况下，都可以认为是输入数据错误。请思考一下，如果考虑以上两种情况，程序将如何改写。

注 意

if 语句的语法规则：

（1）在 if 语句中，条件判断表达式必须用括号括起来。

（2）在三种形式的 if 语句中，条件判断表达式通常是逻辑表达式或关系表达式，但也可以是其他表达式，如算术表达式、赋值表达式等，甚至也可以是一个变量。只要其值非 0 即为"真"，0 则为"假"。

（3）else 子句（可选）是 if 语句的一部分，必须与 if 配对使用，不能单独使用。

（4）在 if 语句的三种形式中，所有的语句应为单个语句，如果要想在满足条件时执行一组（多个）语句，则必须把这一组语句用 {} 括起来组成一个复合语句。但要注意的是在 {} 之后不能再加分号，否则会将分号视为另一个独立的空语句。

if 语句常见的编程错误：

（1）在不该出现分号的地方加了分号。

例如：   if(x>y);
         printf("x is larger than y.\n");

（2）复合语句的花括号后不应再加分号，否则将会画蛇添足。

例如：   if(b>a){t=a;a=b;b=t;};
         else printf("b is not larger than a.\n");

（3）对于复合语句，忘记加花括号。

3.6 if 语 句 的 嵌 套

C 语言允许 if 语句嵌套，即在 if 语句的内嵌语句中又包含一个或多个 if 语句，这种形式即为 if 语句的嵌套。

其一般形式可表示如下：

```
if(表达式1)
        if(表达式2)
            语句1;
        else
            语句2;
    else
        if(表达式3)
            语句3;
        else
            语句4;
```

可以看出来，if～else if～语句本质上就是 if 语句的嵌套。

由于 if 语句有多种形式，所以其嵌套形式也有多种形式。这时要特别注意 if 和 else 的配对问题。

例如：

```
if(表达式1)
if(表达式2)
        语句1;
    else
        语句2;
```

其中的 else 究竟是与哪一个 if 配对呢？

应该理解为

```
if(表达式1)
{   if(表达式2)
        语句1;
    else
        语句2;        }
```

还是应理解为

```
if(表达式1)
{   if(表达式2)
        语句1;      }
else
    语句2;
```

为了避免这种二义性，C 语言规定，else 总是与它前面最近的、等待与 else 配对的 if 配对，因此对本例实际上对应的是前一种情况。如果想表达后面的情况，可以写为

```
if(表达式1)
{   if(表达式2)
        语句1;
}
else
    语句2;
```

此时 if(表达式2)语句在复合语句中结束了，不再和任何 else 配对，因此这里的 else 与 if(表达式1)配对。

> **注 意**
>
> else 与 if 语句的配对规则：
> else 总是与它前面最近的、等待与 else 配对的 if 配对。

例：计算 y=a/b 的值：程序如下：

```
y=0;
if(b!=0)
      if(a!=0)
          y=a/b;
      else
          printf("数据错误 b=0!");
```

上面的 else 子句究竟与哪一个 if 语句配对呢？缩进格式显示 else 语句似乎是与外层的 if 语句配对的，我们设计的本意也是如此。然而，C 语言语法规则为 else 子句总是与离它最近的、等待与 else 配对的 if 语句配对。上例程序实质上被计算机理解为

```
y=0;
if(b!=0)
    if(a!=0)
        y=a/b;
    else
        printf("数据错误 b=0!");
```

因此，当 b 不是 0 而 a 是 0 的时候，运行时将得到一个错误的运行结果。

为了使 else 子句与外层的 if 语句配对，可以将内层的 if 语句用大括号括起来。程序改写如下：

```
y=0;
if(b!=0)
{    if(a!=0)
        y=a/b;
}
else
    printf("数据错误 b=0!");
```

这样就达到了我们预期的设计目的。

当使用控制结构时，应尽量使用缩排方式来书写程序，这样可以使程序结构清晰易读，便于程序的维护。使用缩排方式编程时，应遵循以下规则：

> **注 意**
>
> 缩排规则：
> （1）缩排的语句要缩进一个和多个空格。同一级别的语句要对齐。
> （2）else 语句应与其配对的 if 语句垂直对齐。
> （3）大括号放在单独的一行中，以表明其包含的语句是一个语句块。
> （4）每行只放一条语句。

3.7　switch　语　句

3.7.1　switch 语句的基本结构

我们知道，当选择多个条件中的一个时，可以使用多路分支 if～else if～语句来实现。在 if～else if～语句中，每个分支的选择是通过条件表达式来判断的。然而随着可选项的增多，程序也变得冗长，而且可读性也随之降低。对此，C 语言提供了另一种用于多分支选择的 switch 语句，可以方便、直观地处理多分支的选择。

switch 语句其一般形式为

```
switch(表达式)
{    case 常量表达式 1: 语句组 1;
     case 常量表达式 2: 语句组 2;
          …
     case 常量表达式 n: 语句组 n;
     default: 语句组 n+1;
}
```

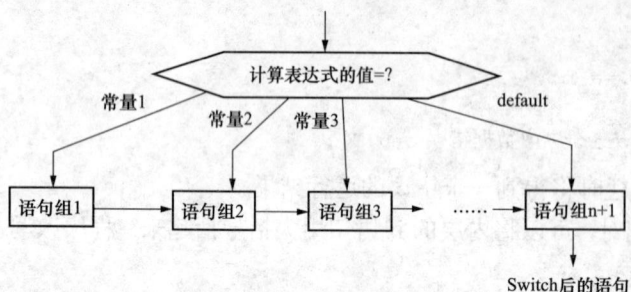

图 3-5　switch 语句流程图

其语义是：计算 switch（表达式）的括号中表达式的值，并逐个与其后的常量表达式值相比较，当表达式的值与某个常量表达式的值相等时，即执行其后的语句组，然后不再进行判断，继续执行后面所有 case 冒号之后的语句。如表达式的值与所有 case 后的常量表达式都不相同时，则执行 default 后的语句。其过程如图 3-5 所示。

3.7.2　switch 语句示例

【例 3-10】　输入数字（1-7），输出对应的英文单词 Monday…Sunday。其程序如下：

源程序：

```c
#include<stdio.h>
void main( )
{    int a;
     printf("请输入一个整数(1-7):");
     scanf("%d",&a);
     switch(a)
     {    case 1:  printf("Monday\n");
          case 2:  printf("Tuesday\n");
          case 3:  printf("Wednesday\n");
          case 4:  printf("Thursday\n");
          case 5:  printf("Friday\n");
          case 6:  printf("Saturday\n");
          case 7:  printf("Sunday\n");
          default:  printf("Error\n");
     }
}
```

运行结果：

```
请输入一个整数(1-7):5
Friday
Saturday
Sunday
Error
Press any key to continue
```

程序说明：

本程序要求输入一个数字，输出一个对应的英文单词。但是当输入 5 之后，却执行了 case 5 以及后面的所有语句，输出了 Friday、Saturday、Sunday 和 Error。这当然不是我们所希望的。为什么会出现这种情况呢？这恰恰反映了 switch 语句的一个特点。在 switch 语句中，"case 常量表达式"，只相当于一个语句标号。若表达式的值和某标号相等，则转向该标号执行，但不能在执行完该标号的语句后自动跳出整个 switch 语句，所以出现了继续执行后面所有 case 语句的情况。这是与前面介绍的 if 语句完全不同的，应特别注意。为了避免上述情况，C 语言提供了 break 语句，用于跳出它所在的 switch 语句。

修改例题的程序，增加 break 语句，使每一次执行之后均可跳出 switch 语句，从而避免输出不应有的结果。其程序如下：

源程序：

```c
#include<stdio.h>
void main( )
{   int a;
    printf("请输入一个整数(1-7):");
    scanf("%d",&a);
    switch(a)
    { case 1:  printf("Monday\n");break;
      case 2:  printf("Tuesday\n");break;
      case 3:  printf("Wednesday\n");break;
      case 4:  printf("Thursday\n");break;
      case 5:  printf("Friday\n");break;
      case 6:  printf("Saturday\n");break;
      case 7:  printf("Sunday\n");break;
      default:  printf("Error\n");
    }
}
```

运行结果：

```
请输入一个整数(1-7):5
Friday
Press any key to continue
```

程序说明：

switch 语句中经常使用 break 语句，这是个辅助执行语句，不能单独使用，必须在 switch 语句和循环语句[1]中使用，作用是终止并跳出该 break 语句所在的 switch 语句或循环语句结构。

[1] 见 4.6.1 break 语句

注意

switch 语句的使用规则:

（1）switch 后的表达式应当是整型或字符型的，如果是实型表达式，会强行截位取整作为整型数据。

（2）case 后的常量表达式必须是整型或字符型的，并且该表达式中不能有变量。

（3）case 后的各常量表达式的值必须是唯一的，即不允许两个常量表达式的值相同，即使形式不同。例如: "case 2:" 和 "case 1+1:" 是不能同时存在的。

（4）在 case 后，允许有多个语句，并且可以不用{}括起来。

（5）break 语句是可选的。

（6）各 case 和 default 子句的先后顺序可以变动，不需要按照某种顺序排列，default 子句也不一定要出现在最后，但有时不同的位置会影响程序执行结果。

（7）default 子句可以省略不用。

注意

常见的编程错误:

（1）在 switch 语句的各分支中未正确使用 break 语句。

（2）switch 后的表达式和 case 后的常量表达式的类型不是整型或字符型。

【例 3-11】 计算器程序。用户输入两个运算数和一个四则运算符，输出计算结果。

题目分析:

本程序的思路是: 从键盘上输入表达式形式如下: 运算数<运算符>运算数，运算符为+、−、*、/，两个运算数输入到 float 型的变量 a 和 b 中，运算符输入到 char 型变量 c 中。然后用 switch 语句判断输入的运算符，根据运算符的不同做出相应的运算。

源程序:

```c
#include<stdio.h>
#include<math.h>
void main( )
{   float a,b;
    char c;
    printf("输入表达式(运算数<运算符>运算数):");
    scanf("%f%c%f",&a,&c,&b);
    switch(c)
    {   case '+':  printf("%f\n",a+b);break;
        case '-':  printf("%f\n",a-b);break;
        case '*':  printf("%f\n",a*b);break;
        case '/':  if(fabs(b)<=1e-6)
                        printf("数据错误,除数不能为 0! \n");
                   else
                        printf("%f\n",a/b);
                   break;
        default:printf("运算符只能是+,-,*,/! \n");
    }
}
```

运算结果:

第一组

```
输入表达式(运算数<运算符>运算数):3.5+5.6
9.100000
Press any key to continue
```

第二组

```
输入表达式(运算数<运算符>运算数):10%3
运算符只能是+,-,*,/ !
Press any key to continue
```

第三组

```
输入表达式(运算数<运算符>运算数):2.5/0
数据错误,除数不能为 0!
Press any key to continue
```

第四组

```
输入表达式(运算数<运算符>运算数):5/2.5
2.000000
Press any key to continue
```

程序说明:

（1）当运算符为"/"时，因为除数不能为零，所以应该用 if 语句判断 b 是否为 0，若 b 为 0，输出"数据错误，除数不能为 0!"。

（2）break 语句只能跳出 switch 结构和循环结构[1]，不能用于结束 if 语句。

【例 3-12】 从键盘上输入百分制的学生成绩，输出学生成绩的等级（优秀、良好、中等、及格、不及格）。

源程序:

```
#include<stdio.h>
void main( )
{    float score;
     printf("请输入学生的成绩:");
     scanf("%f",&score);
     if(score>=0 && score<=100)
         switch((int)score/10)
         {    default:printf("不及格\n");break;
              case 10:
              case 9:  printf("优秀\n");break;
              case 8:  printf("良好\n");break;
              case 7:  printf("中等\n");break;
              case 6:  printf("及格\n");
         }
     else
         printf("数据错误! \n");
}
```

---

[1] 见 4.6.1 break 语句

运算结果：

第一组

请输入学生的成绩：95
优秀
Press any key to continue

第二组

请输入学生的成绩：59
不及格
Press any key to continue

程序说明：

（1）[例 3-9] 中采用 if～else if～语句编程实现了本例题，本程序使用 switch 语句来编程。采用 switch 语句编程的关键是根据输入的整数判断选择不同的 case 分支。但有效的成绩为 0～100，用 101 个 case 分支显然不现实。分析成绩的等级分布情况：90～100：优秀；80～89：良好；70～79：中等；60～69：及格；0～59：不及格。这种情况下，我们只要考虑十位数就可以了。

（2）程序在 switch 语句中使用 score/10 表达式来求成绩的十位数（可以理解为：小于 10 分的成绩，十位数为零；100 分的十位数为 10）。而 score 是个 float 型的变量，所以 score/10 的值也是实数，并不是成绩的十位数。因此使用强制类型转换[1](int)score/10，首先将 float 型的 score 转换成 int 型，再和 10 做除法，两个 int 型的数据相除，商截位取整保留整数，那么求的也就是成绩的十位数了。不过由于 switch 语句判断表达式必须是整型值的特性，即使使用 "switch(score/10)"，系统也会自动将 score/10 的商截位取整为整数使用的，所以不写强制类型转换(int)，程序也不会出错。

（3）本例中，default 分支写在了其他所有 case 分支之前，当表达式的值与所有的 case 后的表达式都不匹配时，会选择执行 default 分支后的内容。所有的分支，包括 case 分支和 default 分支，都可以任意排放，不需要按顺序。不过一般来说，是把 default 分支放在最后的。

（4）本例中，default 分支后出现了连续的两个 case 分支：

```
case 10:
case 9: printf("优秀\n");break;
```

case 实际上是一个入口，当表达式的值匹配上时，执行后面的程序段。因此在这里，当表达式的值等于 10 的时候，与表达式的值为 9 时，执行的是同一段代码。这就是说，90 分以上的（包括 100 分）都是 "优秀"。这两个分支相当于：

```
case 10:printf("优秀\n");break;
case 9: printf("优秀\n");break;
```

（5）最后一个分支（case 6：）后面没有使用 break，这里是否加入 break 效果都一样，因为如果程序执行到了 case 6 分支后的输出语句，执行完毕后，switch 语句也就随之结束了，不需要使用 break 强行跳出。

（6）本程序在判断输入成绩等级前，首先判断了成绩的有效性，当 $0 \leqslant score \leqslant 100$ 时，才输出成绩的等级；否则输出 "数据错误！"。这一点比 [例 3-9] 有改进。

---

[1] 见 5.4.3 强制类型转换

3.8 小　　结

1. 关系运算符和关系表达式

（1）关系运算符和关系表达式。

- ➢ >, <, >=, <=, ==, !=
- ➢ 结合方向：从左至右
- ➢ 运算结果：逻辑值（0 为假，1 为真）

（2）关系运算的优先级。

- ➢ 关系运算符中，>, <, >=, <=的优先级高于==和 !=
- ➢ 和其他运算符比较（由高到低）：算术运算符 → 关系运算符 → 赋值运算符

2. 逻辑运算符和逻辑表达式

（1）逻辑运算符和逻辑表达式。

- ➢ &&, ||, !
- ➢ 结合方向：&& 和 ||从左至右，! 从右至左
- ➢ 运算结果：逻辑值（0 为假，1 为真）

（2）逻辑运算的优先级。

- ➢ 逻辑运算符中，! 的优先级最高，其次是&&，|| 的优先级最低
- ➢ 和其他运算符比较（由高到低）：!→算术运算符→关系运算符→&&→||→赋值运算符

3. if 语句

（1）单分支 if 语句：

```
if(表达式)
    语句1;
```

（2）双分支 if 语句：

```
if(表达式)
    语句1;
else
    语句2;
```

（3）多分支 if 语句：

```
if(表达式1)
    语句1;
else if(表达式2)
    语句2;
    ……
        else if(表达式n)
                语句n;
            else
                语句n+1;
```

（4）if 语句的语法规则。

- ➢ 在 if 语句中，条件判断表达式必须用括号括起来，在语句之后必须加分号。
- ➢ 在三种形式的 if 语句中，条件判断表达式通常是逻辑表达式或关系表达式，但也可

以是其他表达式，如算术表达式、赋值表达式等，甚至也可以是一个变量。只要其值非 0 即为"真"，0 则为"假"。

➤ else 子句（可选）是 if 语句的一部分，必须与 if 配对使用，不能单独使用。

➤ 在 if 语句的三种形式中，所有的语句应为单个语句，如果想在满足条件时执行一组（多个）语句，则必须把这一组语句用{}括起来组成一个复合语句。但要注意的是在{}之后不能再加分号。

➤ if 语句可以嵌套，但 else 总是与它前面最近的、等待与 else 配对的 if 配对使用。

4. switch 语句

（1）switch 语句的一般形式：

```
switch(表达式)
{    case 常量1:语句组1;
     case 常量2:语句组2;
     ……
     case 常量n:语句组n;
     default:语句组n+1;
}
```

（2）switch 语句的使用规则：

➤ switch 后的表达式及 case 后的常量表达式的值必须是整型或字符型的。

➤ case 后的各常量表达式的值必须是唯一的，即不允许两个常量的值相同。

➤ 在 case 后，允许有多个语句，可以不用{}括起来。

➤ break 语句是可选的。

➤ 各 case 和 default 子句的先后顺序可以变动，有时影响程序执行结果。

➤ default 子句可以省略不用。

习 题 3

一、填空题

1. 在 C 语言中，表示逻辑"假"值用_____表示，表示逻辑"真"值用_____表示。

2. 在 C 语言中，对于 if 语句，else 子句与 if 子句的配对约定是_____。

3. 将下列条件写成 C 语言的逻辑表达式：

（1）点（x，y）在 2、3 象限：_____。

（2）x 是 3 和 7 倍数：_____。

（3）a，b，c 中至少一个小于 0：_____。

（4）0<x<=10：_____。

（5）判断变量 ch 中存放的是英文字母：_____。

4. 以下程序运行后的输出结果是_____。

```
#include<stdio.h>
void main( )
{    int x=1,y=0,a=0,b=0;
     switch(x)
```

```
{   case 1:  switch(y)
                {   case 0:a++;break;
                    case 1:b++;break;
                }
        case 2: a++;b++;break;
    }
    printf("%d %d\n",a,b);
}
```

5. 以下程序运行后的输出结果是＿＿＿＿＿＿＿＿。

```
#include<stdio.h>
void main( )
{   int a=5,b=4,t=0;
    if(a<b)
            t=a;a=b;b=t;
    printf("%d,%d \n",a,b);
}
```

6. 以下程序运行后的输出结果是＿＿＿＿＿＿＿＿。

```
#include<stdio.h>
void main( )
{   int n=0,m=1,x=2;
    if(!n)x=x - 1;
    if(m) x=x - 2;
    if(x) x=x - 3;
    printf("%d\n",x);
}
```

二、选择题

1. 下列运算符中优先级最高的是＿＿＿＿＿。

    A. >　　　　　　B. +　　　　　　C. &&　　　　　　D. !=

2. 判断字符型变量 ch 为大写字母的表达式是＿＿＿＿＿。

    A. 'A'<=ch<='Z'　　　　　　B. (ch>=A)&&(ch<=Z)

    C. (ch>='A')&&(ch<='Z')　　　　　　D. (ch>='A')||(ch<='Z')

3. 下面能正确表示变量 a 在区间[0，3]或（6，10）内的表达式为＿＿＿＿＿。

    A. 0<=a || a<=3 || 6<a || a<10

    B. 0<=a && a<=3 || 6<a && a<10

    C. (0<=a || a<=3)&&(6<a || a<10)

    D. 0<=a && a<3 && 6<a && a<10

4. 为了表示关系 x>=y>=z，应使用 C 语言表达式＿＿＿＿＿。

    A. (x>=y)&&(y>=z)　　　　　　B. (x>=y)AND(y>=z)

    C. (x>=y>=z)　　　　　　D. (x>=y)&(y>=z)

5. 以下 if 语句书写完全正确的是＿＿＿＿＿。

    A. if(x=0;)　　　　　　　　　　B. if(x>0)
           printf("%f",x);　　　　　　{   x=x+1;
         else printf("%f",-x);　　　　　　printf("%f",x);}
    　　　　　　　　　　　　　　　　　　else printf("%f" -x);

```
C. if(x>0);                          D. if(x>0)
   {   x=x+1;                            {   x=x+1;
       printf("%f" x);}                     printf("%f",x)}
    else  printf("%f",-x);          else  printf("%f",-x);
```

6. 若有定义：float x=1.5；int a=1，b=3，c=2；则正确的 switch 语句是＿＿＿＿。

```
A. switch(x)                         B. switch((int)x)
   {   case 1.0:  printf("*\n");        {   case 1:  printf("*\n");
       case 2.0:  printf("**\n");}          case 2:  printf("**\n");}
```

```
C. switch(a+b)                       D. switch(a+b)
   {   case 1+1:  printf("*\n");         {   case 1:  printf("*\n");
       case 2:  printf("**\n"); }            case c:  printf("**\n");}
```

7. 有以下程序

```
#include<stdio.h>
void main( )
{    int a=0,b=0,c=0,d=0;
     if(a=1)
            b=1;c=2;
     else d=3;
     printf("%d,%d,%d,%d\n",a,b,c,d);
}
```

程序输出＿＿＿＿。

    A. 0,1,2,0　　　　B. 0,0,0,3　　　　C. 1,1,2,0　　　　D. 编译时有错

8. 有以下程序

```
#include<stdio.h>
void main( )
{    int i=1,j=2,k=3;
     if(i++==1 &&(++j==3||k++==3))
          printf("%d %d %d\n",i,j,k);
}
```

程序运行后的输出结果是＿＿＿＿。

    A. 1 2 3　　　　B. 2 3 4　　　　C. 2 2 3　　　　D. 2 3 3

9. 当把以下四个表达式用作 if 语句的控制表达式时，有一个选项与其他三个选项含义不同，这个选项是＿＿＿＿。

    A. k%2　　　　B. k%2==1　　　　C. (k%2)!=0　　　　D. !k%2==0

10. 设有定义：int a=2,b=3,c=4;，则以下选项中值为 0 的表达式是＿＿＿＿。

    A. (!a==1)&&(!b==0)　　　　　　　　B. (a<b)&& !c||1

    C. a && b　　　　　　　　　　　　　D. a||(b+b)&&(c-a)

11. 若 x 和 y 代表整型数，以下表达式中不能正确表示数学关系|x-y|<10 的是＿＿＿＿。

    A. abs(x-y)<10　　　　　　　　　　B. x-y>-10 && x-y<10

    C. (x-y)<10||(y-x)>10　　　　　　　D. (x-y)*(x-y)<100

12. 有以下程序

```
#include<stdio.h>
```

```
void main( )
{    int a=5,b=4,c=3,d=2;
     if(a>b>c)
         printf("%d\n",d);
     else if((c-1>=d)==1)
             printf("%d\n",d+1);
         else
             printf("%d\n",d+2);
}
```

执行后输出的结果是_____。

    A．2   B．3   C．4   D．编译时有错

三、编程题

1．编写一个程序，从键盘输入三角形三条边的边长，求三角形的面积。

2．输入圆的半径 r 和一个整型数 k，当 k=1 时，计算圆的面积；当 k=2 时，计算圆的周长；当 k=3 时，既要求圆的周长也要求出圆的面积。编程实现以上功能。

3．从键盘上输入一个年份，判断该年是否是为闰年。闰年的条件是：年份能被 4 整除但不能被 100 整除，或者能被 400 整除。

4．有一函数，其函数关系如下，试编程求对应于每一自变量的函数值。

$$y\begin{cases} x^2 & (x<0) \\ -0.5x+10 & (0 \leqslant x<10) \\ x-\sqrt{x} & (x \geqslant 10) \end{cases}$$

5．编一程序，对于给定的一个百分制成绩（整数），输出相应的等级。设：90～100 分为"优秀"；80～89 分为"良好"；70～79 分为"中等"；60～69 分为"及格"；60 分以下为"不及格"，其他输出"数据错误"。

6．输入一个不多于 4 位的整数，求出它是几位数，并逆序输出各位数字。

7．从键盘上随机输入三个英文字母，要求按从小到大的顺序输出这三个字母。

8．计算一元二次方程的根。设方程为：$ax^2+bx+c=0$，要求从键盘上输入 a、b、c 的值，根据 a、b、c 的值求出方程的根。求解规则如下：

（1）若 a 和 b 的值为 0，方程无解。

（2）若 a=0，则方程只有一个实根。

（3）若 $b^2-4ac>=0$，则方程有两个实根。

（4）若 $b^2-4ac<0$，则方程有两个复根。

第4章 循 环 结 构

学习目标

掌握 while 语句的语法规则、执行过程和使用方法；
掌握 do～while 语句的语法规则、执行过程和使用方法；
掌握 for 语句的语法规则、执行过程和使用方法；
理解循环结构的嵌套；
掌握循环的中途退出的表示方法；
掌握循环结构程序设计方法及典型算法。

在前面的章节中，我们学习了简单的 C 语言程序设计的顺序结构和选择结构。然而在进行程序设计时，经常需要在给定条件成立时，反复执行某程序段，直到条件不成立为止。这种程序的控制结构称为循环结构。

在 C 语言中，一般用 while、do～while 和 for 语句实现循环结构。

4.1 循 环 结 构 概 述

循环结构是结构化程序设计中一种很重要的结构，它和顺序结构、选择结构共同作为各种复杂程序的基本结构。其特点是：在给定条件成立时，反复执行某程序段，直到条件不成立为止。给定的条件称为循环条件，反复执行的程序段称为循环体。C 语言提供了多种循环语句，可以组成各种不同形式的循环结构。

【例 4-1】 从键盘上随机输入 10 个数，输出其中最大数。

源程序：

```
#include<stdio.h>
void main( )
{   int  x,max,n=1;   /*变量 max 中存放最大数,n 记录读入数据的个数*/
    scanf("%d",&x);
    max=x;
    while(n<10)
    {  scanf("%d",&x);
       n++;
       if(x>max)max=x;
    }
    printf("max=%d\n",max);
}
```

运行结果：

```
1 29 3 9 45 7 -12 66 0 2
max=66
Press any key to continue
```

程序说明：

（1）［例 3-6］[1]中给出了求三个数中的最大数的算法。利用该算法我们同样可以求得 10 个数中的最大数，但 if(b>max)max=b;要重复 10 次。若求 100 个数中的最大数呢？该语句就要重复 100 次。我们经常要在程序中将相同的语句重复多次执行，在计算机程序设计中通常是采用循环结构（如本例中的 while 语句）来实现语句的重复执行的。

（2）程序中用变量 x 来存放输入的数据，变量 max 存放已读入数据中的最大数，变量 n 记录读入数据的个数。首先从键盘上读入一个数，因为只读入一个数据，因此令 max=x，即最大数就是 x 本身。

（3）程序中 while(n<10){…}即为循环结构。功能为当条件表达式 n<10 为"真"时，执行一次循环体，即{…}中的语句，然后再回到 while 语句的最初，重新判断条件表达式 n<10 是否为真。直到某一次条件表达式 n<10 为"假"时，结束循环，继续执行 while 结构后的语句：printf("max=%d\n",max);。

（4）{…}中的语句是重复执行的部分，称为循环体。在本程序中循环体重复执行了 9 次。while(n<10){…}是依据循环条件 n<10 是否为真来决定是否执行循环体的，最初 n 的值是 1，此时读了 1 个数（循环之前的那个 scanf 语句），在循环体中，每读入一个数，就给 n 的值加 1（n++;），然后判断这个新读入的数据是否比当前最大值（max）还大。如果是，则将当前最大值设为新读入的数，这样就保证每次循环体执行一次之后，max 总是当前读入数据中的最大数。而一次循环体结束时，n 的值就是读入数据的总数。当读入 10 个数据后，n 的值就等于 10 了，此时循环条件 n<10 不再满足，循环结束。

（5）循环体中有一个语句：

$$n++;$$

其中++是自增运算符[2]，作用是使作用的变量值加 1。要注意的是，这个一元运算符的运算对象只能是变量，而不能是别的表达式。有关自增和自减运算符的运算规则，参阅第 5 章内容。

C 语言提供了 3 条实现循环结构的语句，以简化并规范循环结构程序设计。它们是：

（1）while 语句；

（2）do～while 语句；

（3）for 语句。

本章下面将详细介绍循环结构以及实现循环结构的语句。

4.2 while 循 环 语 句

循环结构可分为"当……"型循环和"直到……"型循环两种，分别用 while 语句和 do～while 语句实现。

4.2.1 while 循环语句概述

while 语句用来实现"当……"型循环结构。其语句的一般形式为

---

[1] 见 3.4.2 if～语句示例
[2] 见 5.3.3 自增、自减运算符

> while(表达式)
> 　循环体语句；

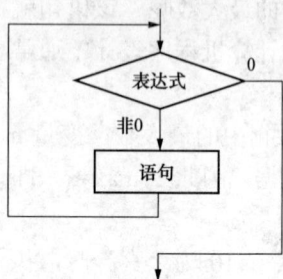

图 4-1　while 循环

其中，表达式是循环条件，语句为循环体。while 语句的语义是：计算表达式的值，当表达式的值为 0 值时，则不执行循环体，退出循环，转到循环外的下一语句执行；当表达式的值为非 0 值时，执行循环体语句，然后再次计算表达式的值。重复上述过程，直到表达式值为 0 退出循环。其流程如图 4-1 所示，特点是：先判断表达式，后执行语句。

下面我们通过一个实例讲解 while 语句的具体使用。

【例 4-2】 求前 n 个数的平方和：$\sum_{i=1}^{n} i^2$。

题目分析：

本程序的思路是：对于这种累加求和的程序，用 while 循环来实现。首先设置一个累计器 sum，其初值为 0；设置 i 的初值置为 1，依次取 1、2、……、n，n 由程序输入；利用 sum=sum+i*i 进行循环计算累加平方和，然后给 i 的值增加 1（i++）；当 i 的值增到 n 时，停止计算。循环结束后，sum 的值就是前 n 个数的平方和。

源程序：

```c
/* 用 while 循环计算前 n 个数的平方和 */
#include<stdio.h>
void main( )
{    int i=1,sum=0,n;
     printf("输入一个整数 n:");
     scanf("%d",&n);
     while(i<=n)
     {    sum=sum+i*i;
          i++;
     }
     printf("i=%d,n=%d,sum=%d\n",i,n,sum);
}
```

运行结果：

第一组

```
输入一个整数 n:5
i=6,n=5,sum=55
Press any key to continue
```

第二组

```
输入一个整数 n:10
i=11,n=10,sum=385
Press any key to continue
```

程序说明：

（1）while 循环是通过变量 i 的值控制的，当 i>n 时循环停止。i 初值为 1，这一点很重要，它保证循环正常开始。在循环体内，每次循环都执行 i++；语句，以保证每循环一次后 i 的值增加 1，当 i 的值大于 n 时循环结束。我们看到如果没有该语句，i 的值不会发生变化，循环将无限执行下去，这种情况称为死循环，结构化程序设计中是不允许发生的，这一点非常重要。

（2）累加求和时有一个经常被忽略的问题，就是和变量的初始值必须是 0（sum=0）。如果不对 sum 赋初值，那么 sum 一开始就是一个随机数，后面无论怎么求解都没有意义。同理，累乘求积的时候，要注意将积变量的初始值设置为 1。

（3）i 的值可以从 1 到 n，也可以从 n 到 1，该例可以写成如下程序：

源程序：

```
/* 用 while 循环计算前 n 个数的平方和 */
#include<stdio.h>
void main( )
{    int   sum=0,n;
     printf("输入一个整数 n:");
     scanf("%d",&n);
     while(n>0)
     {   sum=sum+n*n;
         n--;
     }
     printf("n=%d,sum=%d\n",n,sum);
}
```

运行结果：

第一组

```
输入一个整数 n:5
n=0,sum=55
Press any key to continue
```

第二组

```
输入一个整数 n:0
n=0,sum=0
Press any key to continue
```

程序说明：

在程序中，无论 n 的初值为多少，循环结束条件都是 n>0 为假。因此，无需再设立变量 i，而直接使用变量 n。请比较这两种程序的第一组运行结果有何不同。

注 意

while 语句的使用规则：

（1）while 语句中的表达式一般是关系表达式或逻辑表达式，只要表达式的值为真（非 0）即可继续循环。

（2）循环体如果由多条语句构成，则必须用 {} 括起来，组成复合语句。

（3）注意循环条件的定义，以避免死循环。

4.2.2 while 语句示例

【例 4-3】 猴子吃桃子问题：猴子第一天摘下若干个桃子，当即吃了一半，还不过瘾，又多吃了一个。第二天早上又将剩下的桃子吃掉一半，又多吃了一个。以后每天早上都吃了前一天剩下的一半零一个。到第 10 天早上想再吃时，见只剩下一个桃子了。求第一天共摘了多少个桃子。

题目分析：

（1）这是一个递推问题，猴子第一天摘下桃子个数是一个未知数，但我们知道第 10 天剩下的桃子数，每天吃掉桃子的方法相同，即每天都吃掉前一天剩下的桃子的一半零一个。

（2）设 x1 表示前一天的桃子数，x2 表示后一天的桃子数，则 x1=(x2+1)*2，我们知道第 10 天只剩一个桃子设 x2=1，由此我们得到第 9 天的桃子数 x1=(1+1)*2=4。我们再由第 9 天的桃子数，推出第 8 天的桃子数，即 x2=x1，继续求 x1。

（3）该过程重复 9 次，即从第 10 天开始往前递推了 9 天，即求得了第一天猴子摘下的桃子数。

源程序：

```c
/* 计算猴子第一天摘的桃子的个数 */
#include<stdio.h>
void main( )
{    int  day,x1,x2;          /* x1 表示前一天的桃子数,x2 表示后一天的桃子数 */
     day=9;
     x2=1;
     while(day>0)
     {    x1=(x2+1)*2;        /* 第一天的桃子数是第 2 天桃子数加 1 后的 2 倍 */
          x2=x1;
          day--;
     }
     printf("第一天共摘了%d 个桃子。\n",x1);
}
```

运行结果：

```
第一天共摘了 1534 个桃子。
Press any key to continue
```

程序说明：

（1）循环的初值：要保证循环能得到一个正确的结果，需要给循环一个正确的开始。如果循环的初值错误，结果必然错误。在本程序中初始条件涉及两个变量 x2 和 day，其初始化语句为 day=9；x2=1;这两条语句即定义了循环的初值。

（2）循环体：是循环程序设计的主体。我们首先分析题目找出要反复执行的部分，在该程序中猴子吃桃子的规律即是对数据反复处理的过程，具体为：

➢ 每次循环都根据当天的桃子数反推出前一天的桃子数,在这里利用两个变量 x1 和 x2，x2 代表当天的桃子数，x1 代表前一天的桃子数。x2 为已知值，通过 x1=(x2+1)*2 求得 x1。

➢ 我们再把求得的 x1 作为已知值继续求前一天的桃子数。其具体做法为：将 x1 作为 x2，即新的当天桃子数，继续求新的 x1，即前一天的桃子数。

➢ 我们可以看到 x1 和 x2 这两个变量是交替变化、反复使用，这正是循环程序设计的关键，要正确地设计循环体就是要找到这样的数学关系。

（3）循环的结束条件：在结构化程序设计中，任何循环都必须是有限的循环，绝不允许出现死循环，因此循环的结束条件很重要。在该程序中猴子第 10 天只剩下一个桃子，我们要反推 9 天，最后求得第一天猴子摘下的桃子数。设计过程中要把握好以下两个方面：

> 设变量 day 代表前一天的天数，程序开始时，我们首先求得第 9 天的桃子数；直到循环到最后，求得第 1 天的桃子数，因此循环控制条件为 day>0。通常我们将 day 称为循环控制变量，因为该值的大小将决定循环是否继续执行。

> 在循环体中要有修改循环控制变量的值的语句，这一点很重要。如果没有该语句，循环控制条件的值不会发生变化，循环将无限执行下去，导致死循环，这也是初学者常犯的错误。在该程序中，day--;即为修改循环控制变量的语句。

通过对本程序的分析，希望读者能够掌握循环程序的设计方法。

> **注 意**
>
> 循环程序设计的三要素：
> （1）循环体；
> （2）循环的结束条件；
> （3）循环的初值。

【例 4-4】 输入两个正整数 a 和 b，求其最大公约数。

题目分析：

若已知整数 a 和 b 的最大公约数为 k。下面介绍求两个整数最大公约数的两种方法。

1. 辗转相除法

用较大的数作被除数 m，用较小的数作除数 n，求 m 除以 n 的余数 r，若余数 r 为 0，则除数 n 就是这两个数的最大公约数。若余数 r 不为 0，则以除数作为新的被除数，以余数作为新的除数，继续相除，……直到余数为 0，除数即为两数的最大公约数。

具体步骤：设有 m 和 n 两个正整数，m>=n。

（1）求 n 除以 m 的余数 r，r=m%n；若 r==0，n 就是这两个数的最大公约数；否则执行（2）。

（2）除数作为新的被除数，即把 n 赋给 m，m=n。

（3）以余数作为新的除数，即把 r 赋给 n，n=r。

（4）重复（1）～（3）直到 r 为 0 为止。

例如：求 m=32 与 n=12 的最大公约数，计算过程如下。

（1）循环 1：r=32%12=8，r≠0，则 m=n=12；n=r=8。

（2）循环 2：r=12%8=4，r≠0，则 m=n=8；n=r=4。

（3）循环 3：r=8%4=0，r=0，运算结束，此时 n=4，m 和 n 的最大公约数就是 4。

用辗转相除法设计的源程序如下：

源程序：

```
/* 利用辗转相除法求解正整数最大公约数 */
#include<stdio.h>
void main( )
{    int m,n,r;
     printf("请输入两个正整数:");
     scanf("%d%d",&m,&n);
```

```
    printf("%d 和%d 的最大公约数为:",m,n);
                            /* 因为 m 和 n 在程序中其值发生改变,所以先输出 */
    if(m<n)
    {    r=m;
         m=n;
         n=r;
    }                       /* m 是较大的数作为被除数,n 是较小的数作为除数 */
    r=m%n;
    while(r!=0)             /* 利用辗除法,直到 r 为 0 为止 */
    {    m=n;
         n=r;
         r=m%n;
    }
    printf("%d\n",n);
}
```

运行结果：

```
请输入两个正整数:32  12
32 和 12 的最大公约数为:4
Press any key to continue
```

程序说明：

（1）首先在键盘上随机输入两个数 m 和 n，因为 m 和 n 在程序中其值发生改变，所以先输出 m 和 n 的值，本题读入 32 12；则执行 printf("%d 和%d 的最大公约数为:",m,n);语句后输出"32 和 12 的最大公约数为："。

（2）因为 m 和 n 的值是从键盘上随机读入，程序中 m 存放被除数，是两个数中的较大数，n 存放除数，是两个数中的较小数。因此程序的第一步首先比较两个数的大小，如果 m<n，则对调 m 和 n 的值。

（3）请读者思考一下，如果 m<n，没有经过对调，程序是否能正确开始，并得到正确的结果？请删除程序中相应的语句，观察运行结果，并分析为什么。

2. 定义法

两个自然数公有的约数，叫作公约数，其中最大的就是最大公约数。为求最大公约数，首先用两个数中的最小数作为除数去除这两个数，如果能整除这两个数，该除数即为最大公约数；否则将除数减 1，继续除两个数，直到能整除两个数为止。

具体步骤：

（1）从键盘上输入 m，n，求 k=m<n? m: n；该语句的功能是将 m 和 n 中的较小的数赋值给 k，"m<n? m: n"是条件表达式[1]，规则是当 m<n 成立时，表达式的值为 m，否则为 n。

（2）如果 m%k==0 且 n%k==0，则 k 为最大公约数。

（3）否则，k=k-1，继续步骤（2）直到满足条件为止。

用定义法设计的源程序如下：

源程序：

---

[1] 见 5.3.6 条件表达式

```
/* 利用定义法求解正整数求解最大公约数 */
#include<stdio.h>
void main( )
{    int k,m,n;
     printf("请输入两个正整数:");
     scanf("%d%d",&m,&n);
     printf("%d 和%d 的最大公约数为:",m,n);
     k=m<n?m:n;
     while(m%k!=0||n%k!=0)
         k--;
     printf("%d\n",k);
}
```

运行结果:

```
请输入两个正整数:32  12
32 和 12 的最大公约数为:4
Press any key to continue
```

上述介绍了两种方法，从运行效率上看，定义法耗费时间较多，要进行多次循环。

【例 4-5】 将一个大于 1 的正整数分解成质因数。例如：输入 90，打印出 90=2*3*3*5。

题目分析:

为了将 n 分解成质因数，应先找到一个最小的质数 k，然后按下述步骤完成：

（1）如果这个质数恰等于 n，则说明分解质因数的过程已经结束，输出即可。

（2）如果 n!=k，但 n 能被 k 整除，则应打印出 k 的值，并用 n 除以 k 的商作为新的正整数 n，重复执行第一步。

（3）如果 n 不能被 k 整除，则用 k+1 作为新的 k，重复执行第一步。

源程序:

```
/* 将正整数分解成质因数 */
#include<stdio.h>
void main( )
{    int n,i=2;
     printf("请输入一个整数:");
     scanf("%d",&n);
     printf("%d=",n);
     while(n!=i)
     {    if(n%i==0)
          {    printf("%d*",i);
               n=n/i;
          }
          else  i++;
     }
     printf("%d\n",n);
}
```

运行结果:

```
请输入一个整数:90
90=2*3*3*5
Press any key to continue
```

4.3　do～while 循环语句

4.3.1　do～while 循环语句概述

do～while 语句是实现"直到……"型循环结构的语句，其一般形式为

```
        do
            循环体语句;
        while(表达式);
```

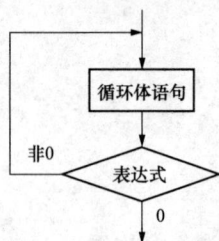

其中，do 后面的语句是循环体，( )中的表达式是循环条件。

do～while 语句的语义是：先执行循环体语句，再判别表达式的值，若为真（非 0）则继续循环，否则终止循环。do～while 语句和 while 语句的区别在于 do～while 是先执行后判断，因此 do～while 至少要执行一次循环体。而 while 是先判断后执行，如果条件不满足，则一次循环体语句也不执行。do～while 语句执行流程如图 4-2 所示。

while 语句和 do～while 语句一般都可以相互替换。如［例 4-2］可以改写为如下程序：

图 4-2　do～while 循环

源程序：

```c
/* 用 while 循环计算前 n 个数的平方和 */
#include<stdio.h>
void main( )
{    int i=1,sum=0,n;
    printf("输入一个整数 n:");
    scanf("%d",&n);
    do
    {    sum=sum+n*n;
        n--;
    }while(n>0);
    printf("n=%d,sum=%d\n",n,sum);
}
```

运行结果：

第一组

```
输入一个整数 n:5
n=0,sum=55
Press any key to continue
```

第二组

```
输入一个整数 n:0
n=-1,sum=0
Press any key to continue
```

程序说明：

（1）可以看到，当 n 等于 5 时，使用 while 循环和 do～while 循环，其运行结果相同。

（2）当 n 等于 0 时，因为 while 循环是先判断循环条件是否成立，若不成立则循环一次

也不执行，所以程序的执行结果为 n=0, sum=0；而 do～while 循环是先执行循环体，然后再判断循环条件，所以在循环条件不满足时，至少也要执行一次循环体，故程序的执行结果为 n=−1, sum=0（请比较［例 4-2］中程序的运行结果）。

（3）要想两个程序完全等价，即在任何情况下都得到相同的结果，可以在本程序的 do～while 语句之前增加一条 if 语句，事先判断循环条件是否成立。请读者自行改写本程序。

（4）do～while 语句是一条完整的语句，所以在语句末尾要加分号。

注 意

do～while 语句的使用规则：

（1）在 while 语句中，while（表达式）后面不用加分号，而在 do～while 语句的 while （表达式）后面则必须加分号。

（2）在 do 和 while 之间的循环体由多个语句组成时，也必须用 {} 括起来组成一个复合语句。

（3）do～while 和 while 语句相互替换时，要注意修改循环控制条件。

下面我们通过几个实例讲解 do～while 语句的具体使用。

4.3.2　do～while 语句示例

【例 4-6】　从键盘输入一个整数，计算它的位数。例如输入 12345，输出 5；输入−123，输出 3，输入 0，输出 1。

题目分析：

一个整数由多位数字组成，计算位数的过程需要一位一位地进行，因此是一个循环的过程，循环次数由整数本身的位数决定。由于需要计算的整数有待输入，故无法事先知道循环的次数，但任何一个整数至少是一位的，也就是说至少需要循环一次。因此可选用 do～while 循环来处理。

源程序：

```
/* 计算一个整数的位数 */
#include<stdio.h>
void main( )
{    long number;
     int count=0;                   /* count 记录整数 number 的位数 */
     printf("请输入一个整数:");
     scanf("%ld",&number);
     if(number<0)
         number=-number;            /* 将输入的负数转为正数 */
     do
     {  number=number/10;
        count++;
     }while(number!=0);
     printf("该数字是 %d 位数。 \n",count);
}
```

运行结果：

第一组

请输入一个整数:12340
该数字是 5 位数。
Press any key to continue

第二组

请输入一个整数:-123
该数字是 3 位数。
Press any key to continue

程序说明：

（1）由于负数和相应的正数的位数是一样的，所以首先用 if 语句把输入的负数转换为正数后再做处理。

（2）将输入的整数不断地整除 10（实际上就是削减了最后一位数），直到该数最后变成了 0。例如，123 整除 10 的商为 12，12 再整除 10 商为 1，1 再整除 10 商为 0，此时结束循环，一共循环了 3 次，故 123 的位数为 3。

【例 4-7】 使用格里高利公式求 π 的近似值，要求精确到最后一项的绝对值小于 1e-5。格里高利公式为

$$\frac{\pi}{4} = 1 - \frac{1}{3} + \frac{1}{5} - \frac{1}{7} + \cdots$$

题目分析：

这是一个典型的 do～while 循环问题，每次循环累加上一个数据项，判断累加上的数据项是否满足精度要求，即其绝对值是否小于 1e-5，若满足条件，则循环停止。其程序如下：

源程序：

```c
/* 用格里高利公式求 π 的近似值 */
#include<stdio.h>
#include<math.h>
#define  E  1e-5
void main( )
{    double pi=0,item;
     int a=1,flag=1;
     do
     {    item=flag*1.0/a;
          pi=pi+item;
          a=a+2;
          flag=-flag;
     }while(fabs(item)>E);
     pi=pi*4;
     printf("pi=%lf\n",pi);
}
```

运行结果：

```
pi=3.141613
Press any key to continue
```

程序说明：

（1）程序在开始处用宏定义[1]"#define E 1e-5"定义了表示误差的符号常量 E，在程序中，E 会被替换成"1e-5"。在宏定义中修改 E 的值，就会有不同的误差参与计算，从而提高或降低求解 π 的精度。

（2）变量 flag 用于存放第 i 项的符号，每次循环体执行的最后，令 flag=-flag，都会给 flag 变换正负号，由此实现累加项第一项为+，第二项为-，第三项为+，第四项为- ……

（3）item=flag*1.0/a，如果写成 item=flag/a，程序将得到错误的结果，这是因为 a 和 flag 都是整型变量，flag/a 的结果为取整，a>1 时该项永远为 0。但 flag*1.0 运算时，系统自动将 flag 转换成 double 类型再与 1.0 进行运算，然后再除以 a，其表达式结果也是 double 型。该语句也可以用强制类型转换[2]的方式改写成 item=(double)flag/a，此时先强行将 flag 的值转为 double 型再除以 a。需要注意的是，强制类型转换是一种运算，只是把表达式的值转换类型，而并非改变变量本身的类型。在这里，只是被除数的值为 double 型，而并非把 flag 变量转变为 double 型。

4.4　for 循 环 语 句

C 语言中，除了 while 和 do～while 语句表示循环结构外，还有一种功能更强、使用更灵活的循环语句，即 for 语句。for 语句是数组操作中最常用的循环语句，也是 C 语言的主要循环语句。

4.4.1　for 循环语句基本形式

for 语句是 C 语言所提供的功能更强、使用更广泛的一种循环语句。其一般形式为

```
for([表达式 1];[表达式 2];[表达式 3])
      循环体语句；
```

其中：

（1）表达式 1：通常用来给循环变量赋初值，一般是赋值表达式。也允许在 for 语句外给循环变量赋初值，此时可以省略该表达式。

（2）表达式 2：通常是循环条件，一般为关系表达式或逻辑表达式。当表达式 2 省略时，默认为循环条件为永真式，此时循环体内必须有通过 break、goto 或 return 语句结束循环的方式，否则将陷入死循环。

（3）表达式 3：循环体结束后执行的迭代语句，通常可用来修改循环变量的值，一般是赋值语句。

这三个表达式都可以是逗号表达式，即每个表达式都可由多个表达式组成。三个表达式都是任选项，都可以省略。

for 语句的语义是：

（1）首先计算表达式 1 的值；

（2）再计算表达式 2 的值，若值为真（非 0）则执行循环体一次，否则跳出循环；

---

[1] 见 1.2.1 简单的 C 程序
[2] 见 5.4.3 强制类型转换

（3）执行完循环体后，再计算表达式3的值，转回第2步重复循环判断。在整个for循环过程中，表达式1只计算一次，表达式2和表达式3则每次循环都计算一次。循环体可能多次执行，也可能一次都不执行。for语句的执行过程如图4-3所示。

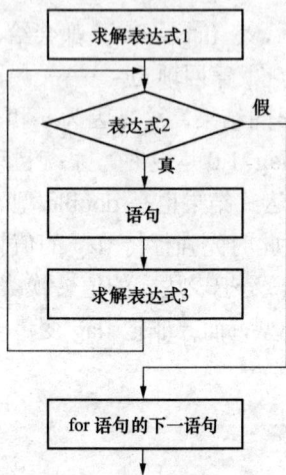

图4-3 for语句的执行过程

【例4-8】 计算s=1+2+3+…+99+100。

程序分析：

该题目也是一个累加求和的问题，其算法如下：

（1）循环初值：和变量s的初始值为0，累加第一项i的初始值为1；

（2）循环体：s=s+i；i=i+1；

（3）循环控制条件：i<=100，当i的值为101时结束循环。

源程序：

```c
#include<stdio.h>
void main( )
{     int i,s=0;
      for(i=1;i<=100;i++)
          s=s+i;
      printf("s=%d,n=%d\n",s,i);
}
```

运行结果：

```
s=5050,n=101
Press any key to continue
```

for循环适合于循环控制变量的初值、终值、步长都已知的循环。

【例4-9】 用for语句实现，从0开始，输出n个连续的偶数。

源程序：

```c
#include<stdio.h>
void main( )
{     int a=0,n;
      printf("n=");
      scanf("%d",&n);
      for(;n>0;a++,n--)
          printf("%d ",a*2);
      printf("\n");
}
```

运行结果：

```
n=5
0 2 4 6 8
Press any key to continue
```

程序说明：

（1）在本例的for语句中，表达式1已省去，循环变量的初值在for语句之前由scanf语句取得。

（2）表达式3是一个逗号表达式，由a++, n-- 两个表达式组成。每循环一次a自增1，

n 自减 1。a 的变化使输出的偶数递增，n 的变化控制循环次数，即输出连续的 n 个偶数。这个循环也可以改为

```
for(;n>0;a=a+2,n--)
        printf("%d ",a);
```

（3）考虑：如果使用如下 for 语句，程序会输出什么？请读者思考后自己验证。

```
for(;n>0;n--)
        printf("%d ",a=a+2);
```

在使用 for 语句中，要注意以下几点：

（1）for 语句中的各表达式都可省略，但分号不能少。如：for(; 表达式 2; 表达式 3)省去了表达式 1。for(表达式 1; ; 表达式 3)省去了表达式 2。for(表达式 1; 表达式 2;)省去了表达式 3。for(; ;)省去了全部表达式。

（2）在循环变量已赋初值时，可省去表达式 1。如省去表达式 2 或表达式 3，有时会造成死循环，这时应在循环体内设法结束循环。可以将上例中的 for 语句改为

```
for(;;)
{    a++;
     n--;
     printf("%d ",a*2);
     if(n==0)
          break;
}
```

该 for 语句中的表达式全部省去，由循环体中的语句实现循环变量的递减和循环条件的判断。当 n 值为 0 时，由 break 语句中止循环，转去执行 for 后面的语句。在此情况下，for 语句已等效于 while(1)语句。如在循环体中没有相应的控制手段，则造成死循环。

（3）循环体可以是空语句，可以将上例中的 for 语句改为

```
for(;n>0;printf("%d ",a*2),a++,n--)
        ;
```

本 for 语句是将原循环体全部写入表达式 3，而循环体则是一条什么都不执行的空语句。这里要注意的是，人们经常无意中在 for(; ;)后面加上一个分号，此时该分号作为一个空语句就充当了循环体，而真正的循环体则作为 for 循环后面的普通语句了，而这种做法是没有编译错误的，很难被检测出来，编程时一定要注意这个问题。

【例 4-10】 统计输入字符串包含的字符个数。

源程序：

```
#include<stdio.h>
void main( )
{    int n=0;
     printf("请输入一个字符串:");
     for(;getchar( )!='\n';n++);
     printf("该字符串有%d 个字符\n",n);
}
```

运行结果：

请输入一个字符串:Hello world!
该字符串有 12 个字符
Press any key to continue

程序说明：

（1）本例中，省去了 for 语句的表达式 1。表达式 3 并不用来修改循环变量，而是用于统计输入字符的计数。这样，就把本应在循环体中完成的计数放在表达式 3 中完成了，因此循环体是空语句。应注意的是，空语句的分号不可少，如缺少此分号，则把后面的 printf 语句当成循环体来执行。

（2）循环体不为空语句时，不能在表达式的括号后加分号，这样又会认为循环体是空语句。这些都是编程中常见的错误，要十分注意。例如：

```
for(i=0;i<5;i++);
{   scanf("%d",&x);
    s=s+x;
}
```

本意是输入 5 个数，求它们的和。由于 for( )后多加了一个分号，使循环体变为空语句，此时只能输入一个数，而大括号里的内容只是 for 循环之后的一个复合语句而已。

4.4.2　for 语句示例

【例 4-11】　打印出所有的"水仙花数"。所谓"水仙花数"是指一个三位数，其各位数字立方和等于该数本身。例如：153 是一个"水仙花数"，因为 $153=1^3+5^3+3^3$。

题目分析：

利用 for 循环检验 100～999，对于每个数首先分解出个位、十位、百位数，然后判断它是否为"水仙花数"。

源程序：

```
/* 打印所有的"水仙花数" */
#include<stdio.h>
void main( )
{   int i,j,k,n;
    printf("水仙花数是:");
    for(n=100;n<1000;n++)
    {   i=n/100;                /* 分解出百位数 */
        j=n/10%10;              /* 分解出十位数 */
        k=n%10;                 /* 分解出个位数 */
        if(n==i*i*i+j*j*j+k*k*k)
            printf("%-5d",n);
    }
    printf("\n");
}
```

运行结果：

水仙花数是:153　370　371　407
Press any key to continue

程序说明：

（1）程序利用 for 循环验证 100～999 之间的数；

（2）对于每一个数整除 100，求得百位数；

（3）整除 10，再将结果除以 10 取余，得到十位数；

（4）直接将这个数除以 10 取余，即为个位数；

（5）根据水仙花数的定义，判断各位数字立方和是否等于该数本身。

【例 4-12】　有一分数序列：2/1，3/2，5/3，8/5，13/8，…，求出这个数列的前 20 项之和。

题目分析：

分数序列中后一项的分母恰好是前一项的分子，并且后一项的分子恰好是前一项的分子和分母的和。

源程序：

```
/* 分数序列 2/1,3/2,5/3,8/5,13/8,21/13…的前 20 项之和 */
#include<stdio.h>
void main( )
{    int  n,t,number=20;
     float  a=2,b=1,s=0;
     for(n=1;n<=number;n++)
     {    s=s+a/b;
          t=a;a=a+b;b=t;
     }
     printf("数列的和是:%9.6f\n",s);
}
```

运行结果：

```
数列的和是:32.660259
Press any key to continue
```

程序说明：

（1）观察分数序列的特点，后一项的分母恰好是前一项的分子，而且后一项的分子恰好是前一项的分子和分母的和；

（2）设两个变量 a 和 b，分别保存分数序列中每一个数的分子和分母；

（3）将分数序列中的前一项加到变量 s 中后，通过替换，得到分数序列的后一项，依次加入，直到加满 20 项。

4.4.3　三种循环的比较

C 语言提供了三种实现循环的结构，其异同如下：

（1）三种循环都可以用来处理同一个问题，一般可以互相代替。

（2）while 和 do～while 循环，循环体中应包括使循环趋于结束的语句。

（3）用 while 和 do～while 循环时，循环变量初始化的操作应在 while 和 do～while 语句之前完成，而 for 语句可以在表达式 1 中实现循环变量的初始化。

【例 4-13】　求 s=1+2+3+…+10，分别用三种循环语句实现，比较它们的异同。

（1）用 while 循环语句。

```
#include<stdio.h>
void main( )
{    int s=0,i=1;
```

```
    while(i<=10)
    {     s=s+i;
          i++;
    }
    printf("s=%d\n",s);
}
```

（2）用 do～while 循环语句。

```
#include<stdio.h>
void main( )
{     int s=0,i=1;
      do
      {     s=s+i;
            i++;
      }
      while(i<=10);
      printf("s=%d\n",s);
}
```

（3）用 for 循环语句。

```
#include<stdio.h>
void main( )
{     int s=0,i;
      for(i=1;i<=10;i++)
            s=s+i;
      printf("s=%d\n",s);
}
```

可以看到，当输入 i 的初值小于或等于 10 时，while 循环和 do～while 循环二者得到的结果相同。当 i 的初值大于 10 时，二者结果就不同了。因为 while 循环是先判断后执行，而 do～while 循环是先执行后判断。对于大于 10 的数 while 循环一次也不执行循环体，而 do～while 语句则要执行一次循环体。

在 while 循环和 do～while 循环中在循环开始之前必须对变量 i 和 s 赋初值，在循环体内必须有改变循环控制变量的语句，在本例中为 i++；而 for 循环可以在 for 语句中给出循环控制变量的初值、步长和结束条件，所以对于循环次数已知的循环用 for 语句更简洁、更直观。

对于问题的求解，for 语句、while 语句和 do～while 语句从功能上说都可以实现程序的功能，只是写法上不同，对于不同的问题，可能利用某种循环语句更容易实现。

4.5 循 环 嵌 套

4.5.1 循环嵌套概述

循环嵌套是在一个循环结构的循环体内，又包含另一个完整的循环结构。内嵌的循环中还可以再嵌套循环，从而构成多层循环。C 语言的 for 语句、while 语句、do～while 语句都允许循环嵌套。例如，下面几种都是合法的形式：

(1) for( ){
　　…
　　while( )
　　{…}
　　…
　}

(2) do{
　　…
　　for( )
　　{…}
　　…
　}while( );

(3) while( ){
　　…
　　for( )
　　{…}
　　…
　}

(4) while( ){
　　…
　　while( )
　　{…}
　　…
　}

(5) for( ){
　　…
　　for( ){
　　　…
　　}
　}

(6) do{
　　…
　　do
　　{…}
　　while( );
　　…
　}while( );

多层循环执行的过程是外层循环每执行一次，内层循环就完整地执行一遍。

【例 4-14】 运行以下程序，分析运行结果。

源程序：

```c
#include<stdio.h>
void main( )
{    int i,j,k;
    printf("i j k\n");
    for(i=0;i<2;i++)
        for(j=0;j<2;j++)
            for(k=0;k<2;k++)
                printf("%d %d %d\n",i,j,k);
}
```

运行结果：

```
i j k
0 0 0
0 0 1
0 1 0
0 1 1
1 0 0
1 0 1
1 1 0
1 1 1
Press any key to continue
```

程序说明：

这是一个三层循环，最外层循环每给定一个 i 值时，第二层循环的 j 从 0～1 执行 2 次循环；第二层循环的循环控制变量 j 每给定一个值时，第三层循环的 k 从 0～1 执行 2 次循环，第三层循环的循环体"printf("%d %d %d\n",i,j,k);"总共执行了 2×2×2=8 次。通过运行结果，我们可以非常清楚地了解循环执行的过程。

4.5.2 循环嵌套示例

【例4-15】 打印乘法口诀表。

题目分析：

分行与列考虑，共9行9列，用i控制行，j控制列，需要两层循环结构。

源程序：

```
/* 打印乘法口诀表 */
#include<stdio.h>
void main( )
{    int i,j;
     for(i=1;i<10;i++)
     {    for(j=1;j<=i;j++)
               printf("%d*%d=%-3d",j,i,i*j);      /*-3d 表示左对齐,占 3 位*/
          printf("\n");                            /*每一行后换行*/
     }
}
```

运行结果：

```
1*1=1
1*2=2  2*2=4
1*3=3  2*3=6  3*3=9
1*4=4  2*4=8  3*4=12 4*4=16
1*5=5  2*5=10 3*5=15 4*5=20 5*5=25
1*6=6  2*6=12 3*6=18 4*6=24 5*6=30 6*6=36
1*7=7  2*7=14 3*7=21 4*7=28 5*7=35 6*7=42 7*7=49
1*8=8  2*8=16 3*8=24 4*8=32 5*8=40 6*8=48 7*8=56 8*8=64
1*9=9  2*9=18 3*9=27 4*9=36 5*9=45 6*9=54 7*9=63 8*9=72 9*9=81
Press any key to continue
```

【例4-16】 两个乒乓球队进行比赛，各出三人。甲队为 a、b、c 三人，乙队为 x、y、z 三人，以抽签决定比赛名单。有人向队员打听比赛的名单。a 说他不和 x 比，c 说他不和 x、z 比，请编程序找出三对比赛选手的名单。

题目分析：

分别用三个字符变量 i、j、k 表示甲队 a、b、c 三人的对手，用穷举法把所有的情况列出来，把 a、b、c 三人对手是同一个人的情况排除，再把 a 的对手是 x，c 的对手是 x 和 z 的情况排除。

源程序：

```
/* 乒乓球比赛抽签问题 */
#include<stdio.h>
void main( )
{    char i,j,k;                         /*i 是 a 的对手,j 是 b 的对手,k 是 c 的对手*/
     for(i='x';i<='z';i++)
        for(j='x';j<='z';j++)
           if(i!=j)                      /*a 和 b 的对手不能是同一个人*/
              for(k='x';k<='z';k++)
                 if(i!=k&&j!=k)          /*a 和 c,b 和 c 的对手不能是同一个人*/
                    if(i!='x'&&k!='x'&&k!='z')
                                         /*a 的对手不是 x,c 的对手不是 x 和 z*/
                       printf("选手配对情况是:a-%c\tb-%c\tc-%c\n",i,j,k);
}
```

运行结果：

选手配对情况是:a-z　　b-x　　c-y
Press any key to continue

4.6　循环的辅助语句

为了使循环控制更加灵活，C 语言提供了 break 和 continue 两个辅助语句。

4.6.1　break 语句

break 语句通常用在循环语句和 switch 语句中。当 break 用于 switch 语句中时，可使程序跳出 switch 执行 switch 以后的语句，此用法已在上一章中介绍。

当 break 语句用于 do～while、for、while 循环语句中时，可使程序终止循环而执行循环后面的语句。通常 break 语句总是与 if 语句联在一起，即满足条件时便跳出循环。

【例 4-17】 从键盘上输入一个正整数 n，判断 n 是否为素数。

程序分析：

素数就是只能被 1 和自身整除的数。判断 n 是否是素数的算法是：

用 i=2，3，…，n–1，去除 n。如果 i 能整除 n，说明 n 不是素数，停止检验，打印 n 不是素数。否则执行 i++，继续检验，如果用 2～n–1 个数都不能整除 n，则输出 n 是素数。

源程序：

```
/*   判断 n 是否为素数   */
#include<stdio.h>
void main( )
{    int n,i;
     printf("请输入一个整数:");
     scanf("%d",&n);
     for(i=2;i<=n-1;i++)
         if(n%i==0)break;
     if(i>n-1)
         printf("%d 是素数! \n",n);
     else
         printf("%d 不是素数! \n",n);
}
```

运行结果：

请输入一个整数:13
13 是素数!
Press any key to continue

程序说明：

（1）用 i=2，3，…，n–1，去除 n，如果某一个 i 能整除 n，则说明已经找到一个能整除 n 的整数，已证明 n 不是素数了，所以循环没有必要再执行下去，用 break 语句结束循环，直接跳到循环后面的语句。

（2）循环结束后，我们如何判断 n 是否为素数？因为循环的结束有两种情况，一是正常结束，循环结束后 i 的值为 n，说明没有找到一个能整除 n 的数。在这种情况下，n 就是素数；二是循环由 break 语句结束，即非正常结束，break 与 if 配合使用，当表达式 n%i==0 为真时，执行 break 语句。循环结束后，i 的值一定是小于等于 n–1，即找到了一个能整除 n 的数，此时说明 n 不是素数。

（3）为了提高程序的执行效率，我们可以用 i=2，3，…，n/2 去检验，其检验区间缩小一半，这是因为能够整除 n 的最大的整数即为 n/2。实际上，检验区间还可以继续缩小，因为整数相乘满足交换律，例如 2×6=12，同样 6×2=12，所以只需用 i=2，3，…，$\sqrt{n}$ 去检验，即可验证 n 是否为素数。

源程序：

```
/*    判断 n 是否为素数    */
#include<stdio.h>
#include<math.h>
void main( )
{    int n,i;
     printf("请输入一个整数:");
     scanf("%d",&n);
     for(i=2;i<=sqrt(n);i++)
         if(n%i==0)
              break;
     if(i>sqrt(n))
         printf("%d是素数!\n",n);
     else
         printf("%d不是素数!\n",n);
}
```

程序说明：

for 循环中的表达式 2 中使用了 sqrt( )[1]函数，这个是求平方根的数学函数，返回的值是参数的正平方根（double 型）。

注 意

break 语句的使用规则：

（1）break 语句不能用于结束循环语句和 switch 语句之外的任何其他语句。

（2）break 语句在循环体中，一般与 if 语句配合使用。

（3）在多层循环中，一个 break 语句只向外跳一层。如果需要跳转到最外层，则需要多次设置 break。

break 在三种循环中的跳转流程，如图 4-4 所示。

4.6.2 continue 语句

continue 语句的作用是：跳过循环体中剩余的语句而强行执行下一次循环。continue 语句只用在 for、while、do～while 等循环体中，通常与 if 条件语句一起使用，用来加速循环。continue 语句和 break 语句的区别是：continue 语句只结束本次循环，继续进行下一次循环，而不是终止整个循环的执行；而 break 语句则是结束整个循环的执行。如果有以下两个循环结构：

---

[1] 见附录 C

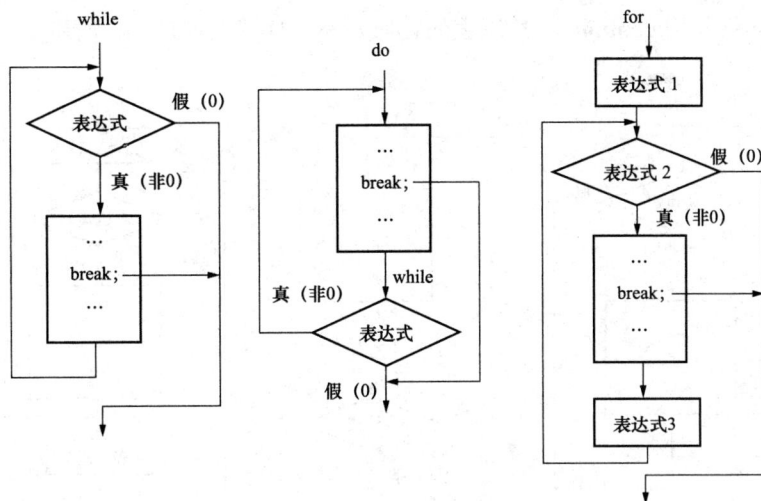

图 4-4　break 在三种循环中的跳转流程

（1）　while(表达式1)
　　{ ……
　　　if(表达式2)　break; ———————————┐
　　　…… 　　　　　　　　　　　　　　　│
　　} 　　　　　　　　　　　　　　　　　│
　　　　　　　　　　　　　　　　　　　　│
　◀─────────────────────────────────┘

（2）　while(表达式1) ◀────────────────┐
　　{ …… 　　　　　　　　　　　　　　　│
　　　if(表达式2) continue; ──────────┘
　　　……
　　}

　　程序（1）的执行流程如图 4-5 所示，而程序（2）的执行流程如图 4-6 所示。请注意图 4-5 和图 4-6 中当"表达式 2"为真时流程的转向。

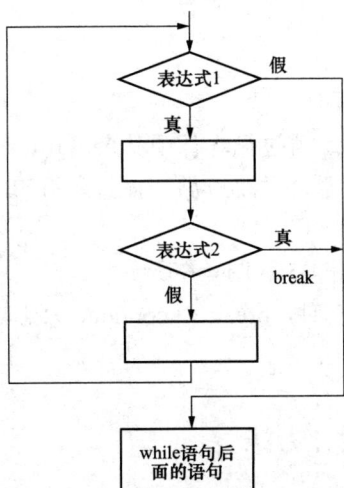

图 4-5　break 终止整个循环　　　　　　　图 4-6　continue 终止本次循环

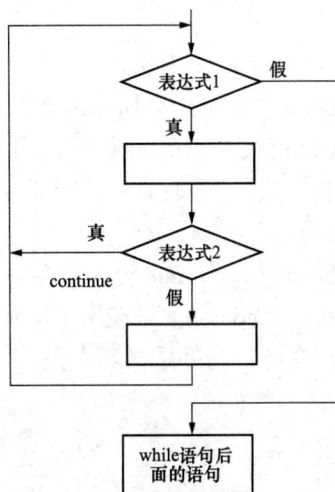

在三种循环中使用 continue，其流程的转向是不一样的，如图 4-7 所示。

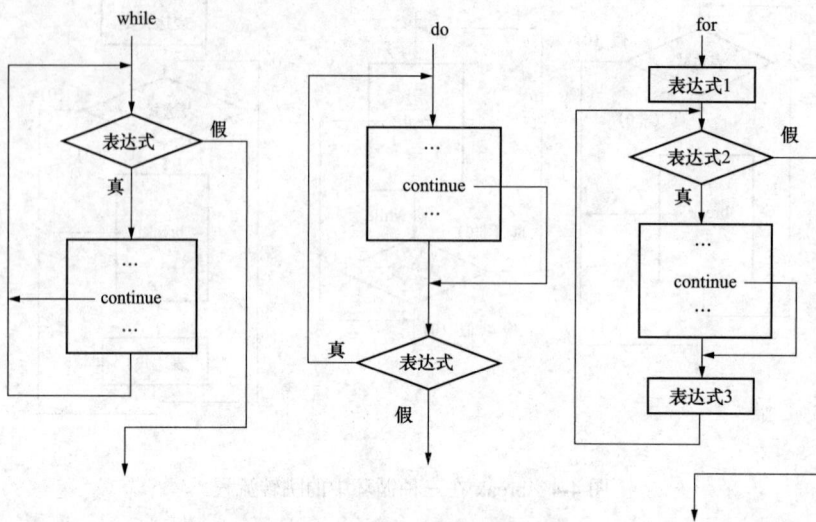

图 4-7   continue 在三种循环中的作用

【**例 4-18**】 输出能被 3 和 7 整除的三位正整数。

源程序：

```
/* 输出能被 3 和 7 整除的三位正整数 */
#include<stdio.h>
void main( )
{    int i;
     for(i=100;i<1000;i++)
     {    if(i%3!=0)continue;
          if(i%7!=0)continue;
          printf(" %d",i);
     }
     printf("\n");
}
```

break 与 continue 比较：

（1）break：强行结束循环，转去执行循环之后的语句。

（2）continue：对于 for 循环，遇到 continue 语句后，跳过循环体中其余语句，转向循环变量增量表达式 3，进行计算；对于 while 和 do～while 循环，跳过循环体其余语句，转向循环条件的判定。

（3）break 和 continue 语句对循环控制的影响，如图 4-5 和图 4-6 所示。

（4）说明：continue 只能用于循环语句中。循环嵌套时，break 和 continue 只影响包含它们的最内层循环，与外层循环无关。

4.7   常用的循环程序设计方法

在循环结构程序中，有一些常用的算法，如穷举法、递推法和迭代法。为了便于读者掌握，我们分别介绍几种算法，并给出典型例题，供读者学习。

4.7.1　穷举法

穷举法也称枚举法，它的基本思想是，首先依据题目的条件确定答案的大致范围，然后在此范围内对所有可能的情况逐一验证，直到全部情况验证完毕。若某个情况验证符合题目的条件，则为本题的一个答案；若全部情况验证均不符合题目的条件，则问题无解。枚举算法可以解决许多实际应用问题。

【例 4-19】　百钱买百鸡，这是一个经典的不定方程的求解问题。其问题如下：公鸡 5 元一只；母鸡 3 元一只；小鸡一元 3 只。问：用 100 元钱买 100 只鸡，公鸡、母鸡、小鸡各买多少只？

题目分析：

设：要买 x 只公鸡，y 只母鸡，z 只小鸡。求解方程为。

$$x+y+z=100$$
$$5x+3y+z/3=100$$

取值范围：　　　　　　　　　$0 \leqslant x \leqslant 20$

$0 \leqslant y \leqslant 33$

$0 \leqslant z \leqslant 100(z$ 必须是 3 的倍数)

可以采用穷举法求解。

源程序：

```
/* 用穷举法求解百钱买百鸡 */
#include<stdio.h>
void main( )
{    int x,y,z,n=0;
     printf("序号 公鸡 母鸡 小鸡\n");
     for(x=0;x<=20;x++)
        for(y=0;y<=33;y++)
        {    z=100-x-y;
             if(15*x+9*y+z==300)
                 printf("%4d %4d %4d %4d\n",++n,x,y,z);
        }
}
```

运行结果：

```
序号 公鸡 母鸡 小鸡
  1    0   25   75
  2    4   18   78
  3    8   11   81
  4   12    4   84
Press any key to continue
```

程序说明：

（1）100 元钱最多买 20 只公鸡，买 33 只母鸡，所以 x 的取值范围为[0, 20]，y 的取值范围为[0, 33]，对于选定的一组 x，y 值，由方程 x+y+z=100 导出 z=100−x−y。所以在循环中只要验证第二个方程即可。

（2）在 C 语言中，整数运算"/"会对运算结果进行自动取整处理，所以将方程

5x+3y+z/3=100 转化成 15*x+9*y+z=300 后再验算。

4.7.2　递推法

已知的初始条件出发,逐步推出题目所要求的各中间结果和最后结果的算法即为递推法。下面我们给出两个递推法的例题。

【例 4-20】　求 $n!$

题目分析:

$$n! =1×2×3×\cdots×n=n×(n-1)!;$$

我们首先求出 $1!$;计算 $2×1!$,则推出 $2!$;进一步推出 $3!$、$4!$ …$n!$。

源程序:

```c
/* 求n! */
#include<stdio.h>
void main( )
{    int i,fact,n;
     printf("请输入 n:");
     scanf("%d",&n);
     for(fact=1,i=1;i<=n;i++)
          fact=fact*i;
     printf("%d!=%d\n",n,fact);
}
```

运行结果:

```
请输入 n:5
5!=120
Press any key to continue
```

【例 4-21】　求 Fibonacci 数列的前 20 项,这个数列有如下特点:第 1 个数和第 2 个数分别为 1,1,从第 3 个数开始,每个数是前两个数之和。其数列为 1,1,2,3,5,8,13,…。

题目分析:

如何求 Fibonacci 数列的前 20 个数呢?根据数列的特点,得到下式:

$$f1=1 \qquad (n=1) \qquad (式 1)$$
$$f2=1 \qquad (n=2) \qquad (式 2)$$
$$f3=f1+f2 \qquad (n>=3) \qquad (式 3)$$

我们由已知的前两项推导出以后的各项。其程序如下:

源程序:

```c
/* 输出斐波那契序列的前 20 项 */
#include<stdio.h>
void main( )
{    int f1=1,f2=1,f3,i;
     printf("%10d%10d",f1,f2);
     for(i=3;i<=20;i++)
     {    f3=f1+f2;                /* 每一项等于前两项值和 */
          printf("%10d",f3);
          if(i%5==0)
               printf("\n");      /* 控制输出,每行输出五个数 */
          f1=f2;
```

```
         f2=f3;
     }
}
```

运行结果：

```
     1        1        2        3        5
     8       13       21       34       55
    89      144      233      377      610
   987     1597     2584     4181     6765
Press any key to continue
```

4.7.3　迭代法

迭代法是常用的数值计算方法。所谓的迭代，是指重复执行一组语句，在每次执行这组语句时，都从变量的原值推出它的一个新值。

在科学计算领域，时常会遇到代数方程 $f(x)=0$ 或微分方程的求解问题。有很多方程很难或无法用类似于一元二次方程求根公式那样的解析法（又称直接求解法）去求解。因此，只能用数值计算方法求出问题的近似解。若近似解的误差可以估计和控制，且迭代的次数也可以接受，它就是一种好的数值求解算法。数值计算法将一个复杂问题的求解过程转化为相对简单的迭代算式的重复执行过程，它既可以用来求解代数方程，也可以用来求解微分方程。

下面通过一个例题学习迭代法。

【例 4-22】　利用牛顿迭代法求方程 $2x^3-4x^2+3x-6=0$ 在 1.5 附近的根。

题目分析：

牛顿迭代法又称为牛顿切线法，该方法是在曲线上取一个初始点 $(x_0,f(x_0))$，过点 $(x_0,f(x_0))$ 作函数 $f(x)$ 曲线的切线与 x 轴交于 x_1，则切线的斜率为

$$f'(x_0)=f(x_0)/(x_0-x_1)$$
$$x1=x_0-f(x_0)/f'(x_0)$$

显然，所得到的 x_1 更接近于方程的根。

继续过点 $(x_1,f(x_1))$ 作 $f(x)$ 曲线的切线，与 x 轴相交于 x_2，则 $x_2=x_1-f(x_1)/f'(x_1)$。重复上述过程，可得迭代公式：

$$x_{k+1}=x_k-f(x_k)/f'(x_k)。$$

当给定根的初始值 x_0 和允许误差 ε 后，就可以根据以上迭代公式得到一个符合误差要求的近似实根。

具体步骤：

（1）已知 x_0，求

$$x_1=x_0-f(x_0)/f'(x_0)$$
$$f(x_0)=2x_0^3-4x_0^2+3x_0-6$$
$$f'(x_0)=6x_0^2-8x_0+3$$

（2）如果 x_0 和 x_1 之间的误差小于或等于我们指定的误差范围 1e-5，则认为 x_1 就是方程的根；否则，继续迭代，把新求得的 x_1 作为 x_0，用此新的 x_0 再去求出一个新的 x_1。

源程序：

```
/*用牛顿法求方程的根*/
#include<stdio.h>
```

```
#include<math.h>
void main( )
{    double x0,x1=1.5,f0,f1;
     do
     {   x0=x1;
         f0=2*x0*x0*x0-4*x0*x0+3*x0-6;        /* f0 为 f(x0)*/
         f1=6*x0*x0-8*x0+3;                    /* f1 为 f'(x0)*/
         x1=x0-f0/f1;
     } while(fabs(x0-x1)>1e-5);
     printf("x=%f\n",x1);
}
```

运行结果：

```
x=2.000000
Press any key to continue
```

4.8　小　　　结

1. 循环语句的基本形式

C 语言提供了三种循环语句：while、do～while 和 for 语句。三者的基本形式如下：

（1）while 语句

```
while(表达式)
        循环体语句;
```

（2）do～while 语句

```
do
        循环体语句;
while(表达式);
```

（3）for 语句

```
for(表达式 1;表达式 2;表达式 3)
        循环体语句;
```

2. 循环语句的使用规则

（1）while 语句和 for 语句属于"当型"循环，即"先判断，后执行"；而 do～while 语句属于"直到型"循环，即"先执行，后判断"。

（2）建立循环常见以下几种情况。

1）循环次数未知的，即循环次数及控制条件要在循环过程中才能确定。此种情况适合用 while 和 do～while 语句来编程。

2）循环次数已知的，即在循环之前就能确定循环控制变量的初值、步长以及循环次数。此种情况适合用 for 语句来编程。

（3）for 语句的三个表达式有多种变化，例如省略部分表达式或全部表达式，甚至可以把循环体也写进表达式 3 中，循环体也可以是空语句。

（4）三种循环语句可以相互嵌套组成多重循环。循环之间可以并列但不能交叉。

（5）在循环程序中应避免出现死循环，即应保证循环变量的值在运行过程中可以得到修改，并使循环条件逐步变为假，从而结束循环。

（6）在循环体中出现的 break 语句和 continue 语句能改变循环的执行流程。它们的区别在于：break 语句将终止整个循环的执行，跳出循环结构；而 continue 语句只能结束本次循环，继续执行新一轮的循环。

（7）循环程序设计常用的算法为：穷举法、递推法和迭代法。

习题 4

一、填空题

1．设 i，j，k 均为 int 型变量，则执行完下面的 for 循环后，k 的值为_____。

```
for(i=0,k=0,j=10;i<=j;i++,j--)
    k=i+j;
```

2．执行下面程序段后，k 的值是_____。

```
k=1;n=263;
do
{   k*=n%10;
    n/=10;
}while(n);
```

3．下面程序段中循环体的执行次数是_____。

```
a=10;b=0;
do
{   b=b+2;
    a=a-(2+b);
}while(a>=0);
```

4．设 k=0，以下 while 循环是_____循环。如果循环条件表达式改成 k==10，则循环执行次数是_____。

```
while(k=10)
    k=k+1;
```

5．执行以下程序后，输出"#"号的个数是_____。（putchar 函数用来输出单个字符。）

```
#include<stdio.h>
void main( )
{   int i,j;
    for(i=1;i<5;i++)
    for(j=2;j<=i;j++)
        putchar('#');
}
```

6．下面程序的功能是输出以下形式的金字塔图案，填空完成程序。

```
      *
     ***
    *****
   *******
```

```
#include<stdio.h>
void main( )
{    int i,j,k;
     for(i=1;i<=4;i++)
     {    for(j=1;j<=4-i;j++)
               printf("  ");
          for(k=1;k<=_____;k++)
               printf("*");
          _____;
     }
}
```

7. 下面程序的功能是完成用 100 元人民币换成 1 元，2 元，5 元的所有兑换方案。请填空。

```
#include<stdio.h>
void main( )
{    int i,j,k,n=1;
     for(i=0;i<=20;i++)
     for(j=0;j<=50;j++)
     {    k=_____;
          if(_____)
          {    printf(" %2d %2d %2d",i,j,k);
               n=n+1;
               if(n%5==0)
                    printf("\n");
          }
     }
}
```

8. 设以下程序，如果运行时从键盘上输入 1234，则输出结果为_____。

```
#include<stdio.h>
void main( )
{    int n1,n2;
     scanf("%d",&n2);
     while(n2!=0)
     {    n1=n2%10;
          n2=n2/10;
          printf("%d",n1);
     }
}
```

9. 以下程序输出的结果是_____。

```
#include<stdio.h>
# include<math.h>
void main( )
{    float x,y,z;
     x=3.6;y=2.4;z=x/y;
     while(1)
          if(fabs(z)>1)
          {    x=y;
               y=x;
               z=x/y;
```

```
        }
        else
            break;
    printf("%f\n",y);
}
```

10．以下程序输出的结果是_____。

```
#include<stdio.h>
void main( )
{    int i;
    for(i=1;i<=5;i++)
    {    if(i%2)
            printf("*");
        else
            continue;
        printf("#");
    }
    printf("$\n");
}
```

二、选择题

1．设有程序段：

```
                    int k=10;
                    while(k=0)
                        k=k-1;
```

则下面描述正确的是_____。

　　A．while 循环执行 10 次

　　B．循环是无限循环

　　C．循环体语句一次也不执行

　　D．循环体语句执行一次

2．语句 while(!E)；中的表达式!E 等价于_____。

　　A．E==0　　　　　B．E!=1　　　　　C．E!=0　　　　　D．E==1

3．设 x 和 y 均为 int 型变量，则执行下面的循环后，y 值为_____。

```
            for(y=1,x=1;y<=50;y++)
            {    if(x==10)
                    break;
                if(x%2==1)
                {    x+=5;
                    continue;
                }
                x-=3;
            }
```

　　A．2　　　　　　　B．4　　　　　　　C．6　　　　　　　D．8

4．假定 a 和 b 为 int 型变量，则执行以下程序段后 b 的值为_____。

```
                    a=1;b=10;
                    do
```

```
{        b-=a;
         a++;
}while(b--<0);
```

A．9　　　　　　B．-2　　　　　　C．-1　　　　　　D．8

5. 设有说明语句：int i，j；则以下程序段中语句 A 被执行的次数是_____。

```
for(i=5;i;i--)
for(j=-5;j;j++)
       语句A；
```

A．20　　　　　　B．25　　　　　　C．24　　　　　　D．30

6. 以下不正确的描述是_____。

A．使用 while 和 do～while 循环时，循环变量初始化的操作应在循环语句之前完成

B．while 循环是先判断表达式，后执行循环语句

C．do～while 和 for 循环均是先执行循环语句，后判断表达式

D．while、do～while 和 for 循环中的循环体均可以由复合语句完成

7. 下列程序段的执行结果是_____。

```
a=1;b=2;c=3;
while(a<b<c)
{        t=a;a=b;b=t;c--;
}
printf("%d,%d,%d",a,b,c);
```

A．1，2，0　　　B．2，1，0　　　C．1，2，1　　　D．2，1，1

8. 下列程序段的执行结果是_____。

```
x=3;
do
{        y=x--;
         if(!y)
         {   printf("x");
             continue;
         }
         printf("#");
}while(1<=x<=2);
```

A．输出 ##　　　B．输出 ##x　　　C．是死循环　　　D．有语法错误

9. 以下描述中正确的是_____。

A．while、do～while、for 循环中的循环体语句都至少被执行一次

B．do～while 循环中，while(表达式)后面的分号可以省略

C．while 循环体中，一定要有能使 while 后面表达式的值变为"假"的操作

D．do～while 循环中，根据情况可以省略 while 后的表达式

10. 下面有关 for 循环的正确描述是_____。

A．for 循环只能用于循环次数已经确定的情况

B．for 循环是先执行循环体语句，后判断表达式

C．在 for 循环中，不能用 break 语句跳出循环体

D．for 循环的循环体语句，可以包含多条语句，但必须用花括号括起来

11. 若 i 为整型变量，则 for(i=5;i;i--) i--; 循环执行次数是_____。

    A. 无限次　　　　　B. 0 次　　　　　　C. 1 次　　　　　　D. 2 次

12. 以下正确的描述是_____。

    A. continue 语句的作用是结束整个循环的执行

    B. 只能在循环体内和 switch 语句体内使用 break 语句

    C. 在循环体内使用 break 语句和使用 continue 语句的作用相同

    D. 从多层循环嵌套中退出时，只能使用 continue 语句

13. 有以下程序

```
#include<stdio.h>
void main( )
{    int i,s=0;
     for(i=1;i<10;i+=2)
          s+=i+1;
     printf("%d\n",s);
}
```

程序执行后的输出结果是_____。

    A. 自然数 1～9 的累加和　　　　　　B. 自然数 1～10 的累加和

    C. 自然数 1～9 中的奇数和　　　　　D. 自然数 1～10 中的偶数和

14. 指出程序结束之时，i、j、k 的值分别是_____。

```
#include<stdio.h>
void main( )
{    int a=10,b=5,c=5,d=5,i=0,j=0,k=0;
     for(;a>b;++b)
          i++;
     while(a>++c)
          j++;
     do
          k++;
     while(a>d++);
}
```

    A. i=4，j=5，k=6　　　　　　B. i=5，j=4，k=6

    C. i=5，j=6，k=7　　　　　　D. i=4，j=6，k=6

15. 下面程序的输出结果是_____。

```
#include<stdio.h>
void main( )
{    int i,j;float s;
     for(i=6;i>4;i--)
     {    s=0.0;
          for(j=1;j>3;j--)
               s=s+i*j;
     }
     printf("%f\n",s);
}
```

    A. 15.000000　　　B. 30.000000　　　　C. 0.000000　　　　D. 60.000000

16．下面程序的输出结果是_____。

```c
#include<stdio.h>
void main( )
{    int a,b;
     for(a=1,b=1;a<=100;a++)
     {    if(b>=10)
              break;
          if(b%3==1)
          {    b+=3;
               continue;
          }
     }
     printf("%d\n",a);
}
```

　　A．101　　　　　B．6　　　　　　　C．5　　　　　　　D．4

17．有以下程序，程序运行后的输出结果是_____。

```c
#include<stdio.h>
void main( )
{    int k=4,n=0;
     for(;n;)
     {    n++;
          if(n%3!=0)
              continue;
          k--;
     }
     printf("%d, %d\n",k,n);
}
```

　　A．1,1　　　　　B．2,2　　　　　　C．3,3　　　　　　D．4,0

18．要求以下程序的功能是计算：s=1+1/2+1/3+…+1/10

```c
#include<stdio.h>
void main( )
{    int n;float s;
     s=1.0;
     for(n=10;n>1;n--)
         s=s+1/n;
     printf("%6.4f\n",s);
}
```

程序运行后输出结果错误，导致错误结果的程序是_____。

　　A．s=1.0;　　　　　　　　　　　B．for(n=10;n>1;n--);
　　C．s=s+1/n;　　　　　　　　　　D．printf("%6.4f\n",s);

19．下面程序的功能是把 316 表示为两个加数的和，使两个加数分别能被 13 和 11 整除，请选择正确答案填空。

```c
#include<stdio.h>
void main( )
{    int i=0,j,k;
```

```
        do
        {       i++;
                k=316-13*i;
        }while(_____);
        j=k/11;
        printf("316=13 * %d+11 * %d",i,j );
}
```

  A．k/11   B．k%11   C．k/11==0   D．k/11=0

20．下面程序的运行结果是_____。

```
#include<stdio.h>
void main( )
{   int i,j,a=0;
    for(i=0;i<2;i++)
    {   for(j=0;j<4;j++)
        {   if(j%2)
                  break;
            a++;
        }
        a++;
    }
    printf("%d\n",a);
}
```

  A．4   B．5   C．6   D．7

三、编程题

1．有数字 1、2、3、4，能组成多少个互不相同且无重复数字的三位数？各是什么？

2．编写程序，求两个整数的最小公倍数。

3．把输入的整数（最多不超过 5 位）按输入顺序的反方向输出，例如，输入数是 12345，要求输出结果是 54321，编程实现此功能。

4．求 s=a+aa+aaa+aaaa+aa…a 的值，其中 a 是一个数字。例如 a=2，则 s=2+22+222+2222+22222（此时共有 5 个数相加），几个数相加由键盘控制。

5．一个数如果恰好等于它的因子之和，这个数就称为"完数"。例如 6=1+2+3。编程找出 1000 以内的所有完数。

6．打印出如下图案

```
    *
    ***
    *****
    *******
    *****
    ***
    *
```

7．求 1+2!+3!+…+20!的和。

8．求 100~200 间的全部素数。

9．编写程序，找出 1~99 之间的全部同构数。同构数是这样一组数，它出现在平方数的右边。例如：5 是 25 的右边的数，25 是 625 右边的数，5 和 25 都是同构数。

10. 输出所有大于 1000 小于 10000 的 4 位偶数，且该偶数的各位数字两两不相同。

11. 有 4 名专家对 4 款赛车进行评论。

  A 说：2 号赛车是最好的。

  B 说：4 号赛车是最好的。

  C 说：3 号赛车不是最好的。

  D 说：B 说错了。

事实上只有一款赛车是最好的，且只有一名专家说对了，其他 3 人都说错了，编程输出最好的赛车编号。

第5章 数据类型和表达式

学习目标

了解不同数据类型的存储格式；

掌握C语言中三种基本数据类型及其常量变量的使用方法；

掌握各种运算符和表达式的使用方法；

掌握运算符的优先级；

掌握数据类型的转换规则。

通过前面的学习，我们已经了解了C语言的基本编程过程，并且能够使用三种程序结构编写一些简单的算法。算法处理的对象是数据，因此必须清楚计算机能够处理哪些数据，对这些数据能做哪些操作。

首先介绍C语言中可以使用的数据类型：

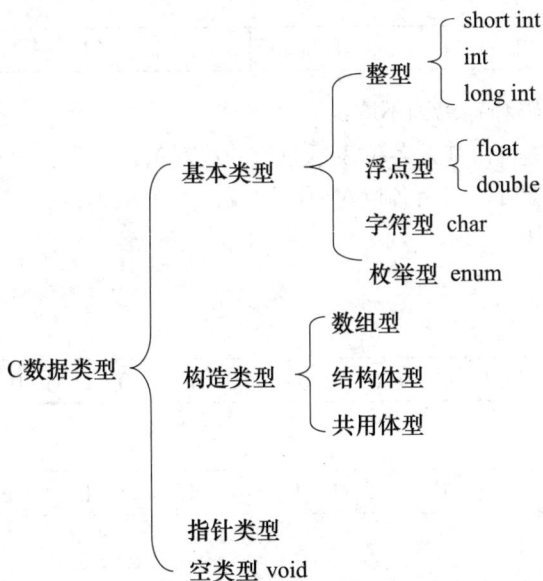

```
                                                ┌ short int
                                     ┌ 整型 ─────┤ int
                                     │          └ long int
                     ┌ 基本类型 ─────┤ 浮点型 ───┬ float
                     │               │          └ double
                     │               ├ 字符型 char
                     │               └ 枚举型 enum
C数据类型 ───────────┤
                     │               ┌ 数组型
                     ├ 构造类型 ─────┤ 结构体型
                     │               └ 共用体型
                     │
                     ├ 指针类型
                     └ 空类型 void
```

在C语言程序中使用的任何数据都必须属于上述某一种类型，其中基本数据类型值是最简单的数据类型，其特点是不可以再分解。本章将重点介绍三种基本数据类型，其他数据类型会在后续章节说明。

为了实现对数据的操作，C语言提供了丰富的运算符集合，可以对各种类型的数据进行处理。运算符与数据组合之后便构成了表达式。最简单的表达式是变量或者常量，复杂的表达式由运算符和操作数构成。在表达式 a*(b+c)中，运算符*用于操作数 a 和(b+c)，而这两者自身都是表达式。本章将介绍 C 语言中的众多运算符及由其构成的表达式。

5.1　数据的存储格式

数据在计算机内存中都是以二进制形式存储的，但是不同类型的数据，其存储的格式不尽相同。

1. 整型数据的存储格式

整型数据在内存中是以补码形式存储的，我们也不妨假设每个整型数据占用 2 字节，其最高位（最左边一位）是符号位。实际上不同的 C 语言编译环境其字节数不同，如在 Turbo C 2.0 中整型占用 2 字节，而在 Visual C++6.0 中占用 4 字节。

整型数值可以采用原码、反码和补码不同的形式表示，为了便于计算机内的运算，一般以补码形式表示整型数值。这里为了简单，本章都以 2 字节的整数为例。

正数的原码、反码和补码相同，符号位是 0，其余各位表示数值。例如：数值 8 转换成二进制为 1000，其内存中形式为

0 0 0 0 0 0 0 0	0 0 0 0 1 0 0 0

2 字节的存储单元能表示的最大正数是 $2^{15}-1$，即 32767，其补码形式为

0 1 1 1 1 1 1 1	1 1 1 1 1 1 1 1

而负数的原码、反码和补码则不同：

（1）原码：符号位是 1，其余各位表示数值的绝对值。

（2）反码：符号位是 1，其余各位对原码取反。

（3）补码：反码加 1。

例如：

−8 的原码是

1 0 0 0 0 0 0 0	0 0 0 0 1 0 0 0

−8 的反码是

1 1 1 1 1 1 1 1	1 1 1 1 0 1 1 1

−8 的补码是

1 1 1 1 1 1 1 1	1 1 1 1 1 0 0 0

2 字节的存储单元能表示的最小负数为 -2^{15}，即 −32768，其补码形式为

1 0 0 0 0 0 0 0	0 0 0 0 0 0 0 0

上面讲的整数都是有符号的，称为有符号整数，与之对应的是无符号整数。无符号整数用全部 16 位二进制位来表示数值大小。因此无符号整数能表示的最大整数为 $2^{16}-1$，即 65535：

1 1 1 1 1 1 1 1	1 1 1 1 1 1 1 1

最小的整数为 0

| 0 0 0 0 0 0 0 0 | 0 0 0 0 0 0 0 0 |

无符号整数不能表示负数。

2. 实型数据的存储格式

实型数据一般占 4 字节内存空间。按指数形式存储。例如实数 3.14159 首先需要转换成指数形式 0.314159e+01，其在内存中的存储形式如下。

| + | .314159 | 1 |
| 数符 | 小数部分 | 指数 |

实型数据的具体存储格式不在本书范围之内，不进行详细讨论。

注意

实型数据的存储规律：

（1）小数部分占的位数越多，数值的有效数字越多，精度越高。

（2）指数部分占的位数越多，则能表示的数值范围越大。

3. 字符型数据的存储格式

每个字符变量被分配一个字节的内存空间，存储的是字符的 ASCII 码（ASCII 码见附录 A）。例如，字符'C'的 ASCII 码是 67，用二进制表示为 1000011，在内存中以下列形式存储。

| 0 1 0 0 0 0 1 1 |

5.2 基 本 数 据 类 型

C 语言的基本数据类型包括：整型、实型（单精度实型和双精度实型）和字符型（见表 5-1）。

表 5-1 基 本 数 据 类 型

类别	名称	类型说明符	字节	取值范围
整型	有符号整型	[signed] int	4	$-2^{31} \sim 2^{31}-1$
	有符号短整型	[signed] short [int]	2	$-2^{15} \sim 2^{15}-1$
	有符号长整型	[signed] long [int]	4	$-2^{31} \sim 2^{31}-1$
	无符号整型	unsigned [int]	4	$0 \sim 2^{32}-1$
	无符号短整型	unsigned short [int]	2	$0 \sim 2^{16}-1$
	无符号长整型	unsigned long [int]	4	$0 \sim 2^{32}-1$
实型	单精度实型	float	4	约 $\pm(10^{-38} \sim 10^{38})$
	双精度实型	double	8	约 $\pm(10^{-308} \sim 10^{308})$
字符型	字符型	char	1	$0 \sim 2^{8}-1$

注 方括号的内容可以省略。

> **注 意**
>
> 常见错误：
>
> 注意各数据类型的取值范围，如计算 n 的阶乘，当 n 较大时应选择 double 型。

5.2.1 整型

整型是指不存在小数部分的数据类型，可分为有符号类型（signed）和无符号类型（unsigned）。C 语言的整型有不同的长度。int 类型是计算机所给出的整数的正常大小（通常为 16 位或 32 位）。由于 16 位整数的上限值为 $2^{15}-1$，这会对许多应用产生限制，所以 C 语言还提供了长整型（long）。而某些时候，为了节省空间，需要使用存储空间较小的数值，称之为短整型（short）。

通过将符号类型与存储类型相组合可以得到 6 种整型类型，如表 5-1 所示。其中方括号中的内容可以省略，并不影响其使用。

6 种整型的每一种所表示的取值范围都会根据计算机的不同而不同，C 语言并未规定各类整型数据的长度。但是有两条所有编译器都必须遵守的原则。首先，C 标准要求 short int、int 和 long int 的每一种类型都要覆盖一个确定的最小取值范围。其次，C 标准要求 int 类型不能比 short int 类型短，而 long int 类型不能比 int 类型短。本书中讨论的整型，以表 5-1 为准，它与 Visual C++ 编译系统的规定一致。而在 Turbo C 编译系统中，int 和 short int 的长度只有 2 字节。

1. 整型常量

整型常量就是整常数或整数，只要整型常量的数值不超过表 5-1 中列出的整型数据的取值范围，它就是合法的常量。C 语言允许使用十进制、八进制和十六进制形式书写整型常量。

（1）十进制整数：由正、负号和阿拉伯数字 0～9 组成，但是首位数字不能是 0。如 10。

（2）八进制整数：由正、负号和阿拉伯数字 0～7 组成，首位数字必须是 0。如 010。

（3）十六进制整数：由正、负号和阿拉伯数字 0～9、英文字符 a～f 或 A～F 组成，首位数字前必须有前缀 0x 或 0X。如 0x10。

以上三个例子中数字都是 10，但是它们表示不同数值的整数。10 是十进制数值，010 为八进制数，该数的十进制数值是 8，0x10 为十六进制数，该数的十进制数值是 16。

当程序中出现整型常量时，如果它属于 int 类型的取值范围，那么编译器会把此常量作为普通整型来处理，否则作为长整型来处理。为了迫使编译器把常量作为长整型来处理，只需在数值后面加上一个字母 L 或 l，例如 123L、123l。而为了指明是无符号常量，可以在常量后面加上字母 U 或 u：123u、123U。

> **注 意**
>
> 八进制和十六进制只是数值书写的另一种形式，它们不会对数值实际存储的方式产生影响（整数都是以二进制形式存储的，而不考虑实际书写的方式）。

2. 整型数据的输入和输出

前面我们已经学习了基本整型数据的输入、输出方式，使用 printf 和 scanf 函数，在计算机中一旦定义了整型变量的类型，其内存字节数和存储形式是确定的。但是我们必须注意，对于同一个整数其常数的书写格式有多种（十进制、八进制、十六进制），且输入、输出的格式也有多种（%d、%u、%o、%x 等），所以对于一个数据，我们要特别注意数据的进制。

3. 程序示例

【例 5-1】　使用基本格式说明符%d、%o 和%x 输入、输出整型数据。

源程序：

```
/*用%d、%o 和%x 输入、输出整型数据*/
#include<stdio.h>
void main( )
{    int a,b,c;
     printf("输入 a,b,c,分别为八进制、十进制和十六进制:\n");
     scanf("%o%d%x",&a,&b,&c);
     printf("%o,%d,%x\n",a,a,a);
     printf("%o,%d,%x\n",b,b,b);
     printf("%o,%d,%x\n",c,c,c);
}
```

运行结果：

```
输入 a,b,c,分别为八进制、十进制和十六进制:
10 10 10
10,8,8
12,10,a
20,16,10
Press any key to continue
```

5.2.2　实型

整型并不适用于所有应用。有些时候需要变量能够存储带小数点的数，如圆周率 π 为 3.1415926。这类数值可以用实型（也称浮点型）格式存储。C 语言提供两种实型，它们对应两种不同的实型格式：

float：单精度实型

double：双精度实型

一般，单精度实型在内存中占 4 字节，有效数字为 7 或 8 位；双精度实型占 8 字节，有效数字为 15 或 16 位。C 标准没有说明 float 和 double 类型提供的精度是多少，因为不同的系统有所差异。表 5-1 列出的是计算机上常用的 C 编译系统情况。

1. 实型常量

在 C 语言中，实数只采用十进制表示形式，可以用浮点表示法和科学记数法表示。

（1）浮点表示法：实数由正号、负号、阿拉伯数字 0～9 和小数点组成，必须有小数点，并且小数点前、后至少一边要有数字。实数的浮点表示法又称实数的小数形式。如 3.14、.123、10.等。

（2）科学记数法：实数由正号、符号、阿拉伯数字 0～9、小数点和字母 e 或 E 组成。e

是指数的标志，在 e 之前要有数据，e 之后的指数只能是整数。实数的科学记数法又称实数的指数形式。如 0.314e1 表示 $0.314×10^1$、0.314e-1 表示 $0.314×10^{-1}$。

默认情况下，实型常量都是以双精度的形式存储。也就是说，当碰到程序中的常量 10.0，C 编译器会以 double 类型存储在内存中。某些特殊情况下，可能会强制编译器以 float 格式存储实型常量。为了说明只需要单精度，可以在常量的末尾加上字母 f 或 F，如 10.0F。

2. 实型数据的输入和输出

我们可以用函数 scanf 和 printf 实现实型数据的输入和输出。与整型变量不同的是实型数据只有十进制形式，但表示方式却分为小数形式和指数形式，其指数形式一般用于表示很大和很小的数，但因为 float 型和 double 型变量所占的字节数不同，其精度也不同。

输出实型数据时，单精度和双精度实型数据使用相同的格式控制说明（如%f）；但是，输入 double 型数据时，在格式控制说明中必须加限定字母 l（如%lf），否则输入变量将无法得到正确的输入数据。

3. 程序示例

【例 5-2】 使用基本格式说明符输入、输出实型数据。

源程序：

```
/*使用基本格式说明符输入、输出实型数据*/
#include<stdio.h>
void main( )
{    float f;
     double d;
     scanf("%f",&f);
     scanf("%lf",&d);
     printf("%f,%e\n",f,f);
     printf("%6.3f,%6.2f,%.2f\n",d,d,d);
}
```

运行结果：

```
123.456  3.1415926
123.456001,1.234560e+002
 3.142, 3.14,3.14
Press any key to continue
```

程序说明：

输出 f 时，如果没有控制小数点后位数，默认为 6 位。因为实型变量能够提供的有效数字是有限的，所以在有效位数以外的数字会存在一定误差。而输出变量 d 的值时，%6.3 保留 3 位小数，同时左端补一个空格，%6.2 类似。%.2 只保留 2 位小数，按实际位数输出。

注 意

常见编程错误：

（1）在使用 scanf 读入数据时，地址符&一定不能缺少，否则将无法正确读取键盘上输入的数值。

（2）在使用 double 型数据输入时，一定要注意格式控制说明是%lf，如果上面例子写成 scanf("%f", &d); 那么 d 中将不是输入的数值，而是一个随机的任意数值。

5.2.3　字符型

在 C 语言中，每个字符数据在内存中占用一个字节，用于存储它对应的 ASCII 码值。所以 C 语言中的字符具有数值特征，不但可以写成字符常量的形式，还可以用相应的 ASCII 码表示，即可以用整数来表示字符。例如：'a'的 ASCII 码值为 97，'A'的 ASCII 码值为 65，而空格''的 ASCII 码值为 32。

当计算中出现字符时，C 语言只是使用它对应的整数值。如：

```
char ch; int i;
i='a';              /*i is 97*/
ch=65;              /*ch is 'a'*/
ch=ch+1;            /*ch is 'b'*/
ch++;               /*ch is 'c'*/
```

可以看出，可以像对数值那样对字符进行操作。

1. 字符型常量

字符型常量指单个字符，用一对单引号及其括起来的字符来表示。在 ASCII 字符集（见附录）中列出了所有可以使用的字符。如'a', 'B', '9', '*', '@'都是合法的字符常量。注意：1 和'1'的区别，一个是数值 1，一个是字符'1'其对应的 ASCII 码值为 49。

除此之外，一些特殊的字符是无法采用上述这种书写方式，如换行符，因为它是不可见的（无法打印），或者是无法从键盘输入的。为了使程序可以处理字符集中的每个字符，C 语言提供了转义字符。

转义字符是一种特殊的字符常量。转义字符以反斜线"\"开头的字符序列。转义字符具有特定的含义，不同于字符原有的意义，故称"转义"字符。通常用来表示那些 ASCII 码字符集中一些具有特殊功能的字符，例如'\n'，其含义是"回车换行"。表 5-2 列举了常见的转义字符。要注意的是，表中的"回车"（'\r'）只是回到本行开头，并不换行，我们通常说的键盘上的"回车"，实际上是"换行"，本书提到的"回车"都是指键盘上的"回车"，对应的是'\n'。

表 5-2　　　　　　　　　　　　　　　　转　义　字　符

转义字符	转义字符的意义	ASCII 代码
\n	换行	10
\t	横向跳到下一制表位置	9
\b	退格	8
\r	回车（回到本行开头）	13
\f	走纸换页	12
\\	反斜线符"\"	92
\'	单引号符	39
\"	双引号符	34
\a	鸣铃	7
\ddd	1～3 位八进制数所代表的字符	如'\012'或'\12'为换行符
\xhh	1～2 位十六进制数所代表的字符	如'\x0a'或'\xa'为换行符

广义地讲，C 语言字符集中的任何一个字符均可用转义字符来表示。表中的\ddd 和\xhh

正是为此而提出的。ddd 和 hh 分别为八进制和十六进制的 ASCII 代码。例如：'A' 可以表示成 '\101'和'\x41'，三种表示法等价。

2. 字符型数据的输入和输出

字符的输入、输出可以调用函数 scanf、printf、getchar 和 putchar。

其中 scanf 函数和 printf 函数不仅用于整型和实型数据的输入和输出，它同样也可以处理字符型数据的输入和输出。此时，在函数调用的格式控制说明为%c。如：

```
char ch1,ch2,ch3;
scanf("%c%c%c",&ch1,&ch2,&ch3);
printf("%c%c%c",ch1,ch2,ch3);
```

在输入多个字符时，这些字符之间不能有空格，由于空格本身也是字符，它作为输入字符看待。如输入：

a b c

则 ch1='a'，ch2=' '，ch3='b'，并不是我们想要的结果，所以正确输入应为

abc

> 注 意
>
> 字符输入时，不需要单引号，这一点与字符常量在程序中的表示不同。

除此之外，C 语言还提供了一组字符输入和输出的函数：getchar 和 putchar。每次调用 getchar 函数时，它会读入一个字符，并返回这个字符。为了保存返回的字符，需要使用赋值操作将返回值存储在变量中：

<code>ch=getchar( );</code>

和 scanf 函数一样，getchar 函数也不会在读入数据时跳过空格字符。putchar 函数用来输出单个字符：

<code>putchar(ch);</code>

这里需要说明 scanf 和 printf 可以一次输入、输出多个字符，而 getchar 和 putchar 一次则只能输入、输出一个字符，但其有灵活的使用方法：

<code>while((ch=getchar( ))!='\n');</code>

这段程序用于输入多个字符，当碰到"回车"符（换行符）时结束，这也是 getchar 函数的最常用的方法。

3. 程序示例

【例 5-3】 输入一串字符，以"回车"作为结束符，统计输入字符的个数。

源程序：

```
/*输入一串字符,以"回车"作为结束符,统计输入字符的个数*/
#include<stdio.h>
void main( )
{    char ch;
```

```
int number=0;
printf("输入一串字符,以回车结束:");
while((ch=getchar( ))!='\n')/*判断读入字符,如果不是"回车"符,数量加 1*/
    number++;
printf("一共输入了%d 个字符。\n",number);
}
```

运行结果:

输入一串字符,以回车结束:abcd efgh igkl mn
一共输入了 17 个字符。
Press any key to continue

程序分析:

(1)对于循环次数未知的程序,一般采用 while 循环结构。

(2)对于统计个数的程序,通常设置一个整型变量记录数值,且在使用之前一定要赋值为 0。否则将得到任意值。

(3)循环条件的书写最为重要,判断下面程序是否正确?

```
ch=getchar( );
while(ch !='\n')
        number++;
```

仔细阅读后,就会发现这个程序可能会出现死循环的情况。因为 ch 在获得第一个字符后就没有发生变化,如果第一个字符不是'\n',那么永远无法退出循环。所以正确地修改应为

```
ch=getchar( );
while(ch !='\n')
{   number++;
    ch=getchar( );
}
```

在判断一个字符后,应该再次调用 getchar 函数得到下一个字符,直到用户输入"回车"。这段代码的功能与例题中的代码功能相同,但是例题中的代码更加简洁,使用者应该注意学习。

注意

常见编程错误:

(1)在使用函数 scanf 和 printf 时,格式控制说明一定要与变量类型相对应,%d 对应于整型,%c 对应于字符型。

(2)判断 ch 是否为小写字母,应为 ch>='a'&&ch<='z',而不是'a'<=ch<='z'。

(3)要注意在数值 1 和字符'1'的区别。

(4)在使用输入字符作为判读条件时,要避免死循环的情况发生。

(5)要注意函数 getchar 和 scanf 读取字符的区别,getchar 每次只能读取一个字符,而 scanf 根据格式控制说明读取内容,可以读取多个字符。

(6)编程时,当遇到字符常量时,避免直接使用其 ASCII 码值,如 ch>=65 && ch<=90。而应该使用 ch>='A' && ch<='Z'。

5.3　运算符与表达式

运算符是描述对数据进行特定运算的符号，如+、*等。表达式是由运算符和运算项（操作数）组成的有意义的运算式子，最简单的表达式是常量和变量，较为复杂的表达式是由多个运算符和运算项构成。

C 语言中运算符种类非常多，包括算术运算符、关系运算符、逻辑运算符等（见表 5-3），除了控制语句与输入、输出语句以外，几乎所有的基本操作都由运算符处理。

表 5-3　　　　　　　　　　　　部分运算符的优先级和结合性

运算符种类	运算符	结合方向	优先级
逻辑运算符	!	从右向左	高
位运算符	~	从右向左	
算术运算符	++、--、+、-（单目）		
	*、/、%（双目）		
	+、-（双目）		
移位运算符	<<、>>	从左向右	
关系运算符	<、<=、>、>=	从左向右	
	==、! =		
位运算符	&、^、|		
逻辑运算符	&&		
	||		
条件运算符	?:		
赋值运算符	=、+=、-=、*=、/=、%=	从右向左	
逗号运算符	,	从左向右	低

C 语言的运算符具有不同的优先级，详细内容请参考附录 A。并且在表达式中，各操作数参与运算的先后顺序不仅要遵守运算符优先级别的规定，还要受运算符结合性的制约，以便确定是自左向右进行运算还是自右向左进行运算。这种结合性是其他高级语言的运算符所没有的，因此也增加了 C 语言的复杂性。

5.3.1　算术表达式

1．算术运算符

算术运算符分为单目运算符和双目运算符（见表 5-4），单目运算符也称作一元运算符，只需要一个操作数；双目运算符也称作二元运算符，需要两个操作数。

表 5-4　　　　　　　　　　　　算　术　运　算　符

单目运算符	双目运算符	
	加法类	乘法类
+单目正号运算符 -单目负号运算符	+加法运算符 -减法运算符	*乘法运算符 /除法运算符 %取余运算符

```
i=+1;
j=-1;
```

这是典型的单目运算符使用方法，实际上，其中+并无任何操作，它主要是为了强调某数值常量是正的。

双目运算符多数比较熟悉，与我们平时接触的数学算术运算基本相同，但在 C 语言的使用中需要特别注意一些问题。

运算符+、−和*，其两端的运算项的类型可以都是整数或者都是实数，也可以使两者混合。当把整型操作数与实型操作数混合在一起时，运算结果是实型的。如 5+2.5 的值是 7.5，而 5/2.5 的值是 2.0。

运算符/可能产生意外的情况。当两个操作数都是整数时，运算符/只保留整数部分作为运算结果。因此，1/2 的值是 0 而不是 0.5。

运算符%是整数取余运算符，如 10%3 的值是 1。如果两个操作数有一个不是整数，那么程序编译时出错。余数的符号同被除数一致，如−10%3 的值为−1，而 10%−3 的值为 1。

2.　算术运算符的优先级和结合性

算法运算符中单目运算符+和−优先级最高，其次是*、/和%，最低是双目运算符+和−，这一点与数学中的习惯相同。如−5+2*3，首先应该计算单目运算符−，然后是*，最后是+，因此运算顺序为(−5)+(2*3)，表达式最后的值为 1。

当同一优先级的运算符出现时，计算顺序应该根据其结合性确定。单目运算符+和−的结合性是从右到左，而其他算术运算符的结合性都是从左到右。如：

```
-+i        等价于   -(+i)
i*j/k      等价于   (i*j)/k
i+j-k      等价于   (i+j)-k
```

C 语言中有众多的运算符，每种运算符都有优先级和结合性，要想记住这些规则是非常困难的一件事。所以在碰到疑问的时候可以去参考运算符表，如果不能确定运算符的优先级及结合性，在写表达式时最好适当地使用圆括号。

3.　算术表达式

用算法运算符将操作数连接起来的符合 C 语言语法规则的式子称为算术表达式，操作数包括常量、变量和函数等表达式。如求一元二次方程 $ax^2+bx+c=0$ 的根为

```
x=(-b+sqrt(b*b - 4*a*c))/(2*a);
```

> **注意**
>
> 常见编程错误：
> （1）要注意 i+=1 和 i=+1 的区别，前者是复合赋值运算符，而后者是赋值和单目运算符的组合。前者与 i=i+1 等价；后者与 i=1 等价。
> （2）两个整型数据相除，结果仍为整型，例如 1/2 的结果是 0，而不是 0.5。
> （3）%运算符只适用于整型数据。

5.3.2　赋值表达式

1.　赋值运算符

C 语言将赋值作为一种运算，赋值运算符 "=" 的左边必须是一个变量，作用是把一个表

达式的值赋给一个变量。赋值运算符的优先级较低，仅比逗号运算符高，它的结合方向是从右向左。例如表达式 x=2+3 等价于 x=(2+3)，表达式 x=y=1 等价于 x=(y=1)。

2. 赋值表达式

用赋值运算符将一个变量和一个表达式连接起来的式子称为赋值表达式。赋值表达式的简单形式为

> 变量=表达式；

其赋值效果就是求出表达式的值，并将此值赋值给变量。其中表达式可以是常量、变量或较为复杂的表达式。如：

```
i=5;
j=i;
k=i+5*j;
```

如果表达式的类型与变量的类型不同，那么赋值运算符会把表达式的值转化为变量的类型再赋值：

```
int i;
float f;
f=3;          /*f is 3.0*/
f=3.14;       /*f is 3.14*/
i=f;          /*i is 3 and f is 3.14*/
```

最后一个语句，i 的值为 3，而 f 的值并没有发生变化，实现过程为取出 f 的值 3.14，然后将其取整得到 3，赋值给 i。

在赋值表达式中，赋值运算符右侧的表达式也可以是一个赋值表达式，如：

```
x=(y=2);
```

求解时，先计算表达式 y=2，再将该表达式的值 2 赋给 x，结果使得 x 和 y 都赋值 2。按照这个思路 f=i=3.14，f 和 i 分别是什么值呢？此时 i 是 3，f 是 3.0。

3. 复合赋值运算符

利用变量原有值计算出新值并重新赋值给这个变量，在 C 语言程序中使用非常普遍，如 i=i+3;为了书写方便，C 语言提供了一种复合赋值运算符，其一般形式为

> 变量 复合赋值运算符 表达式；

常见的复合赋值运算符见表 5-5。

表 5-5　　　　　　　　　　　　　复 合 赋 值 运 算 符

复合赋值运算符	运行过程
+=	x+=exp 等价于 x=x+(exp)
—=	x—=exp 等价于 x=x—(exp)
*=	x*=exp 等价于 x=x*(exp)
/=	x/=exp 等价于 x=x/(exp)
%=	x%=exp 等价于 x=x%(exp)

表中 exp 为表达式。这里需要注意的是，exp 作为一个整体参与计算，如：x*=y+5，等

价于 x=x*(y+5)，而不是 x=x*y+5。这是因为+是算术运算符，其优先级高于赋值运算符，所以先算加法，原式等价于 x*=(y+5)。

可以和赋值运算符结合写成这种简写形式的，还有位运算符，其他运算符不能与赋值运算符结合写成简写形式。

5.3.3　自增、自减运算符

从循环程序设计中可以看出，"自增"和"自减"是变量中最常用的两个操作。在 C 语言中可以通过下列方式完成上述功能：

```
i=i+1;
j=j-1;
```

另外，复合赋值运算符可以使得语句缩短一些：

```
i+=1;
j+=1;
```

C 语言可以通过++（自增）和--（自减）运算符将这些语句更加简短，其作用与上述语句功能相同。自增和自减运算符既可以作为前缀运算符，也可以作为后缀运算符，最终变量的值变化相同，但是运算顺序却不相同。

注 意

自增、自减运算符的使用规则：

（1）++i 的运算顺序是：先执行 i=i+1，再将 i 的值作为表达式++i 的值。

（2）i++的运算顺序是：先将 i 的值作为表达式 i++的值，再执行 i=i+1。

例如：

```
i=5;
k=i++;        /*该语句等价于 k=i;i=i+1;执行后 k 的值是 5,i 的值是 6*/
j=++i;        /*该语句等价于 i=i+1;j=i;执行后 i 的值是 7,j 的值也是 7*/
```

1. 作用范围

自增和自减运算符只能用于变量，而不能用于常量和表达式。如 4++和(i+j)++都是不合法的。因为 4 是常量，常量的值不能改变。而(i+j)++也不能实现，假设 i+j 的值为 8，那么自增后得到的 9 存储在哪个变量呢？是 i？还是 j？显然都不合理。

2. 优先级和结合性

自增和自减运算符的优先级与单目+和-相同，高于算术运算符和赋值运算符（见表 5-3）。所以在 k=i++中，先计算表达式 i++。根据自增运算符运算顺序，取 i 的值作为整个表达式的值，因此 k 的值是 5。语句 j=++i 类似，请读者自己分析。又如

$$i-++j$$

等价于

$$i-(++j)$$

自增和自减运算符均为单目运算符，具有右结合性。如

$$-i++$$

负号运算符和自增运算符的优先级相同，按照结合方向来决定计算的次序。所以整个式

子可等价于–(i++)，变量 i 先和++结合，再同–结合。

　　3．复杂的应用

　　在 C 语言中允许多个自增、自减运算符联合使用，但在同一个表达式中使用过多的++或––运算符，其运算结果会很难理解。思考下面的语句：

$$
\begin{aligned}
&i=1;\\
&j=2;\\
&k=++i+j++;
\end{aligned}
$$

i、j 和 k 的值分别是多少？根据运算符的优先级，最后一句可表示为 k=(++i)+(j++)，即 i 在使用前进行自增，而 j 在使用后自增，所以其等价于

$$
\begin{aligned}
&i=i+1;\\
&k=i+j;\\
&j=j+1;
\end{aligned}
$$

i、j 和 k 的值分别为 2，3 和 4。又如

$$
\begin{aligned}
&x=4;\\
&y=x++*x++;\\
&y=++x*x++;\\
&y=++x*++x;
\end{aligned}
$$

三个 y 的值分别是多少？请读者思考和验证。

　　注　意

　　常见编程错误：

　　（1）尽量避免使用过于复杂的自增、自减运算符，不利于书写与阅读程序。

　　（2）要注意++i 和 i++的区别，特别是其作为表达式的一部分时，要正确掌握运算顺序。

5.3.4　关系表达式

1．关系运算符

　　C 语言的关系运算符（见表 5-6）和数学中的<，>，≤，≥，运算符相对应，都是双目运算符，用于对两个操作数进行比较。只是前者在 C 语言的表达式中产生的结果是 1（真）和 0（假）。例如，表达式 5<6 的值是 1，而表达式 6<5 的值 0。

　　可以用关系运算符比较整数、实数和字符，以及允许的混合类型操作数。因此，表达式 1<2.5 的值是 1，而表达式 4>'a'的值是 0。

表 5-6　　　　　　　　　　　　　关 系 运 算 符

运算符	含　　义	优先级
<	小于	高
>	大于	
<=	小于或等于	
>=	大于或等于	
==	等于	低
!=	不等于	

2．关系运算符的优先级和结合性

关系运算符的优先级低于算术运算符，高于赋值运算符。例如：

i+j<k-1	等价于	(i+j)<(k-1)
d=a+b>c	等价于	d=((a+b)>c)

在所有的关系运算符中，<，>，<=，>=的优先级又高于==和!=。例如：

$$i<j==j<k \quad 等价于 \quad (i<j)==(j<k)$$

如果i<j和j<k的结果同时为真或同时为假，那么整个表达式的结果为1。

关系运算符的结合方向是从左向右。例如：

x<=3<=5	等价于	(x<=3)<=5
b-1==a!=c	等价于	((b-1)==a)!=c

需要注意的是：i<j<k 在 C 语言中是合法的，但它不是读者所期望的数学中的"i 小于 j 而 j 又小于 k"。因为<运算符是左结合的，所以这个表达式等价于

$$(i<j)<k$$

也就是说，表达式首先检测 i 是否小于 j，然后用比较产生的结果 1 或者 0 再与 k 进行比较，如果要表达 j 的取值在 i 和 k 之前的条件，需要用到下一节逻辑运算符。

3．关系表达式

用关系运算符将两个操作数连接起来的式子，称为关系表达式。关系表达式的值反映了关系运算的结果，它是一个逻辑量，取值为"真"或者"假"。在某些编程语言中，具有特殊的"布尔"类型或者"逻辑"类型，这样的类型只有两个值，即真值和假值。而 C 语言没有这种类型，就用整数 1 代表逻辑"真"，0 代表逻辑"假"。也就是说，关系表达式的结果只能是 1 或 0，类型为整型，其代表的含义是表达式为真或假。

【例 5-4】　关系运算符示例。

源程序：

```
/*关系运算符示例*/
#include<stdio.h>
void main( )
{    char c='k';
     int i=1,j=2,k=3;
     float x=1000,y=0.85;
     printf("%3d",'a'+5<c);
     printf("%3d",-i-2*j>=k+1);
     printf("%3d",1<j<5);
     printf("%3d",x-5.25<=x+y);
     printf("%3d",i+j+k==-2*j);
     printf("%3d",j-1==i!=k);
     printf("%3d\n",k==j==i+5);
}
```

运行结果：

```
1 0 1 1 0 1 0
Press any key to continue
```

请读者仔细分析运算结果。

5.3.5　逻辑表达式

1. 逻辑运算符

C 语言提供了三种逻辑运算符（见表 5-7），逻辑运算对象是关系表达式或者逻辑量，逻辑运算产生的结果也是一个逻辑量，与关系运算一样，用整数 1 代表逻辑"真"，0 代表逻辑"假"。逻辑运算符将任何非零值的操作对象都作为"真"值来处理，同时将任何零值的操作对象作为"假"值来处理。

表 5-7　　　　　　　　　　　　逻　辑　运　算　符

运算符	名　　称	目数
!	逻辑非	单目
&&	逻辑与	双目
||	逻辑或	

例如，在逻辑表达式(x>=0)&&(x<=9)中，&&是逻辑运算符，关系表达式 x>=0 和 x<=9 是逻辑运算对象，逻辑运算结果是 1 或 0。而在逻辑表达式 5\|\|0 中，因为运算对象 5 是非零值，作为真值参与运算，运算对象 0 是零值，作为假值参与运算，结果可以根据表 5-8 获得，其值为 1。

假设 x 和 y 是逻辑量，对 x 和 y 可以进行的基本逻辑运算包括!x（或!y）、x&&y 和 x\|\|y 三种。作为逻辑量，x 和 y 的值只能是"真"或"假"，所以 x 和 y 可能的取值组合只有四种，即（"真"，"真"）（"真"，"假"）（"假"，"真"）和（"假"，"假"），与之对应的三种逻辑运算结果随之确定，将这些内容用一张表格表示，就是逻辑运算的"真值表"（见表 5-8），它反映了逻辑运算的规则。

表 5-8　　　　　　　　　　　　逻　辑　运　算　的　真　值　表

操作对象 1	操作对象 2	运算结果		
x	y	! x	x&&y	x||y
非 0（真）	非 0（真）	0	1	1
非 0（真）	0（假）	0	0	1
0（假）	非 0（真）	1	0	1
0（假）	0（假）	1	0	0

> **注 意**
>
> 逻辑运算符的运算规则为：
>
> （1）!x：如果 x 为"真"，结果是 0（"假"）；如果 x 为"假"，结果是 1（"真"）。
>
> （2）x&&y：当 x 和 y 都为"真"时，结果是 1（"真"），否则，结果是 0（"假"）。
>
> （3）x\|\|y：当 x 和 y 都为"假"时，结果是 0（"假"），否则，结果是 1（"真"）。

例如，计算(x>=0)&&(x<=9)，若 x=2，则 x>=0 和 x<=9 的值都是 1，运算符&&运算的结果就是 1；若 x=10，则 x>=0 的值是 1，而 x<=9 的值是 0，运算符&&运算的结果就是 0。

逻辑运算符&&和\|\|都对操作对象进行"短路"计算。也就是说，这些运算符首先计算出

左侧操作对象的值，然后再计算右侧操作对象；如果表达式的值可以由左侧操作对象的值单独推导出来，那么就不计算右侧操作对象的值。例如表达式：

$$(i!=0)\&\&(j/i>0)$$

为了得到表达式的值，首先必须计算表达式(i!=0)的值，如果 i 不等于 0，那么需要计算表达式(j/i>0)的值，从而确定整个表达式的值是真还是假。但是如果 i 等于 0，那么整个表达式的值一定为假，所以就不需要计算表达式(j/i>0)的值了。短路计算的优势是显而易见的，本例中如果没有短路计算，那么表达式的求值就会导致除以零的运算。

2. 逻辑运算符的优先级和结合性

在逻辑运算符中，逻辑非"!"的优先级最高，逻辑与"&&"次之，逻辑或"||"最低。而与其他运算符优先级的比较见表 5-3。例如：

```
a||b&&c         等价于   a||(b&&c)
!a&&b           等价于   (!a)&&b
!a==2           等价于   (!a)==2
5>3&&2||8-4      等价于   ((5>3)&&2)||(8-4)
```

逻辑与&&和逻辑或||的结合性都是左结合，逻辑非的结合性为右结合。例如：

```
a&&b&&c         等价于   (a&&b)&&c
a||b||c         等价于   (a||b)||c
!!a             等价于   !(!a)
```

3. 逻辑表达式

用逻辑运算符将关系表达式或逻辑量连接起来的式子，称为逻辑表达式。逻辑运算对象的值为"真"或"假"的逻辑量，它可以是任何类型的数据，C 语言中以非 0 和 0 判定逻辑量为真或假。

逻辑表达式的值与关系表达式的值一样，只有两个值：1 或 0。

【例 5-5】 输入一个年份，判断该年份是否是闰年？

题目分析：

要想判断一个年份是否为闰年，首先需要知道闰年的含义。一个年份为闰年需要满足以下两个条件之一：

（1）年份能被 4 整除，但不能被 100 整除；

（2）年份能被 400 整除。

从这两个条件中，我们可以构造出判断闰年的逻辑表达式。设 year 为待判断年份，第一个条件可表示为(year%4==0)&&(year%100 !=0)，第二个条件可表示为(year%400==0)。由于两个条件满足其一即可，是或的关系，所以最终的闰年判断条件是

$$(year\%4==0)\&\&(year\%100!=0)||(year\%400==0)$$

源程序：

```
#include<stdio.h>
void main( )
{    int year;
     printf("输入一个年份:");
     scanf("%d",&year);
     if((year%4==0)&&(year%100!=0)||(year%400==0))
```

```
                printf("该年份是闰年\n");
        else
                printf("该年份不是闰年\n");
}
```

运行结果：

第一组

```
输入一个年份:1900
该年份不是闰年
Press any key to continue
```

第二组

```
输入一个年份:2000
该年份是闰年
Press any key to continue
```

【例 5-6】 输入一串字符，将其中的字母字符大小写互换，输出互换后的字符串。

源程序：

```
/*输入一串字符,将其中的字母字符大小写互换,输出互换后的字符串。*/
#include<stdio.h>
void main( )
{    char ch;
    ch=getchar( );
    while(ch!='\n')
    {    if(ch>='a' && ch<='z')
                ch=ch-'a'+'A';
        else if(ch>='A' && ch<='Z')
                    ch=ch-'A'+'a';
        putchar(ch);
        ch=getchar( );
    }
    printf("\n");
}
```

运行结果：

```
asd123QWE
ASD123qwe
Press any key to continue
```

程序说明：

此程序对输入字符进行判断是否为大写字母或小写字母。这一语句我们之前已经编写过，现在应该清楚这是逻辑表达式的书写形式。

注 意

常见编程错误：

（1）要注意关系运算符<=和>=，不能写成=<或=>。

（2）逻辑运算符的操作对象可以是任意对象，但都作为真或假来看待，且运算结果也只能是真或假，也就是 1 或 0，不会得到其他值。

（3）注意逻辑运算符的短路计算过程。

5.3.6　条件表达式

1. 条件运算符和条件表达式

条件运算符是 C 语言中唯一的一个三目运算符，它将三个表达式连接在一起，组成条件表达式。条件表达式的一般形式是：

表达式 1？表达式 2：表达式 3

条件表达式的运算过程是：先计算表达式 1 的值，如果它的值为非 0（真），将表达式 2 的值作为条件表达式的值，否则，将表达式 3 的值作为条件表达式的值。

例如：

```
(a>b)?a:b
```

其含义为：如果 a 大于 b，则整个表达式的值为 a 的值，如果 a 小于等于 b，则整个表达式的值为 b 的值。可以看出，该条件表达式是求 a 和 b 的最大值，用 if 语句实现为

```
if(a>b)
    max=a;
else
    max=b;
```

2. 条件运算符的优先级和结合性

条件运算符的优先级较低，仅高于赋值运算符和逗号运算符，低于关系运算符和算术运算符。如

```
max=((a>b)?a:b);
```

其作用是将 a 和 b 中的最大值赋给 max，由于条件运算符的优先级较低，因此上式可以写为 max=a>b?a：b。

条件运算符的结合方向是自右向左。如

```
a>b?a:c>d?c:d
```

等价于 a>b?a:(c>d?c:d)，该条件表示中的表达式 3 本身又是一个条件表达式。

在使用条件表达式时，需要注意条件运算符 ？和 : 是一个整体运算符，不能分开单独使用。而其中的条件表达式 2 和条件表达式 3 必须同时出现，不能单独出现。如要表达：

```
if(a>b)
    printf("max=a");
```

条件表达式不能写作：

```
(a>b)? printf("max=a");:;
```

【例 5-7】 输入一串字符，将其中的字母字符大小写互换，输出互换后的字符串，要求用条件表达式实现。

题目分析：

该功能已经在［例 5-6］中实现，唯一不同的是字母大小写互换的过程要求使用条件表达式来完成。

依据题目要求，首先需要写出判断字符是大写字母的条件表达式，然后进行转换。根据条件表达式和 if 语句转换的规则，可写为 ch=(ch>='A'&&ch<='Z')?(ch-'A'+'a'):ch。首先通过

计算表达式 1 进行大写字母的判断，当 ch 是大写字母时，该表达式为真，则通过表达式 2 将其变为小写字母；如果不满足条件，ch 保持不变，仍为原值，所以冒号后是 ch。

小写字母与大写字母处理过程类似，ch=(ch>='a'&&ch<='z')?(ch-'a'+'A'):ch。

最后，需要把两个条件表达式组合成一个嵌套的条件表达式，将大写字母的处理过程作为小写字母处理过程中的第三个条件表达式，即：

ch=(ch>='a'&&ch<='z')?(ch-'a'+'A'):((ch>='A'&&ch<='Z')?(ch-'A'+'a'):ch);

源程序：

```
/*输入一串字符,将字母字符大小写互换,输出互换后的字符串。*/
#include<stdio.h>
void main( )
{    char ch;
     ch=getchar( );
     while(ch!='\n')
     {    ch=(ch>='a'&&ch<='z')?(ch-'a'+'A'):((ch>='A'&&ch<='Z')?(ch-'A'+'a'):ch);
          putchar(ch);
          ch=getchar( );
     }
     printf("\n");
}
```

运行结果与［例 5-6］相同，请读者仔细阅读条件表达式语句。

5.3.7　逗号表达式

1. 逗号运算符和逗号表达式

在 C 语言中，逗号既可以作为分隔符，又可以作为运算符。逗号作为分隔符使用时，用于间隔说明语句中的变量或函数中的参数，例如：

```
int a,b,c;
printf("%d,%d",x,y);
```

逗号作为运算符使用时，将若干个独立的表达式连接在一起，组成逗号表达式。逗号表达式的一般形式是：

表达式 1,表达式 2,…,表达式 n

逗号表达式的运算过程为：先计算表达式 1 的值，然后计算表达式 2 的值，一直计算到表达式 n 的值，将表达式 n 的值作为逗号表达式的值，将表达式 n 的类型作为逗号表达式的类型。

例如，设 i，j 和 k 都是整型，计算逗号表达式：

(i=1),(j=2),(k=i+j)

该表达式由三个独立的表达式通过逗号运算符连接而成，从左到右依次计算这三个表达式，该逗号表达式的值和类型由最后一个表达式 k=i+j 决定，其值是 3，类型是整型。

2. 逗号运算符的优先级和结合性

逗号运算符的优先级是运算符中最低的一个，它的结合性是从左到右，所以上面的逗号表达式等价于

i=1,j=2,k=i+j

3. 典型应用

逗号表达式最常用的使用方法是在 for 循环语言中的表达式 1 和表达式 3。由于 for 循环

语句中要求只能有三个表达式（也就是两个分号），那么当需要初始化的数据不止一项时，可以使用逗号表达式简化程序书写。如

```
sum=0;
for(i=1;i<=n;i++)
sum+=1;
```

可以改写为

```
for(sum=0,i=1;i<=n;i++)
sum+=1;
```

逗号表达式 sum=0，i=1 可以实现初始化两个以上变量。

5.3.8　位运算

位运算是 C 语言与其他高级语言相比较的一个特性，利用位运算，可以实现汇编语言才能实现的功能。

位运算是指对存储单元中的数按二进制位进行运算的方法。例如：将一个存储单元中的各二进制位左移或右移一位，将一个数的某二进制位置成 1 或者 0 等。

C 语言提供了 6 种位运算符，其功能、优先级和结合性见表 5-9。

表 5-9　　　　　　　　　　　位　运　算　符

运算符	功　　能	优先级	结合性
～	按位取反	2	从右向左
>>	右移	6	从左向右
<<	左移		
&	按位与	9	
^	按位异或	10	
|	按位或	11	

使用位运算符时，注意以下几点：

（1）位运算符中除了"～"是单目运算之外，其余均为双目运算。

（2）位运算符的操作数只能是整型或字符型的数据。

C 语言的位运算符可分为位逻辑运算符和移位运算符。

1. 位逻辑运算符

位逻辑运算符有如下四种，二进制位逻辑运算符的真值表见表 5-10。

表 5-10　　　　　　　　　　二进制位逻辑运算符真值表

A	B	～A	A|B	A&B	A^B
0	0	1	0	0	0
0	1	1	1	0	1
1	0	0	1	0	1
1	1	0	1	1	0

位逻辑运算符的运算规则：先将两个操作数化为二进制数，然后按位运算。

例如，位运算符～，将操作数按二进制逐位求反，即 1 变为 0，0 变为 1。位运算符^，将两个操作数对应二进制位进行异或操作，即对应位同为 0 或 1，异或结果为 0，否则异或结果为 1。

下面的例子说明运算符～、&、|和^的作用：

```
i=21;           /*i is 21      0000000000010101*/
j=56;           /*j is 56      0000000000111000*/
k=~i;           /*k is 65514   1111111111101010*/
k=i & j;        /*k is 16      0000000000010000*/
k=i ^ j;        /*k is 45      0000000000101101*/
k=i | j;        /*k is 61      0000000000111101*/
```

注意二进制位逻辑运算和普通的逻辑运算的区别。假设 x=0，y=10，则 x&y 等于 0，x|y 等于 10，而 x&&y 等于 0，x||y 等于 1。

对于位运算符^，有几个特殊的用途：

（1）a^a 的值为 0。

（2）a^～a 的值为二进制全 1（如果 a 以 16 位二进制数表示，则为 65535）。

（3）～(a^～a)的值是 0。

【例 5-8】 读入一个整数，将其二进制数的第 4 位取反。

源程序：

```
/*读入一个整数,将其第 4 位取反*/
#include<stdio.h>
void main( )
{    int i;
     printf("输入一个整数:");
     scanf("%d",&i);
     i=i^16;       /*16=00000000 00010000*/
     printf("取反后的值为:%d\n",i);
}
```

运行结果：

第一组

```
输入一个整数:17
取反后的值为:1
Press any key to continue
```

第二组

```
输入一个整数:10
取反后的值为:26
Press any key to continue
```

从运行结果可以看出，该程序相当于对输入整数加 16 或者减 16，如果输入整数第 4 位为 1，减 16，否则加 16。读者仔细体会其原因。

2. 移位运算符

移位运算是指对操作数以二进制位为单位进行左移或右移的操作。移位运算符有两种：

>>（右移）

<<（左移）

　　a>>b 表示将 a 的二进制值右移 b 位，a<<b 表达将 a 的二进制值左移 b 位。要求 a 和 b 都是整数，b 只能为正整数，且不能超过机器字所表示的二进制位数。

　　C 语言的移位运算方式与具体的 C 语言编译器有关。通常实现中，左移位运算后右端出现空位补 0，移出左端之外的位舍弃；右移运算与操作数的数据类型是否带有符号位有关，不带符号位的操作数右移位时，左端出现的空位补 0，移出右端之外的位舍弃，带有符号位的操作数右移位时，左端出现的空位按符号位复制，移出右端之外的位舍弃。

　　例如，整型 x=8=00000000 00001000

　　　　x=x<<2,结果为 x=32=0000000 000100000 左端舍弃了 00,右端补上 00

　　　　x=x>>2,结果为 x=2=00000000 00000010 右端舍弃了 00,左端补上 00

可见，在数据可表达的范围里，一般左移一位相当于乘 2，右移一位相当于除 2。

又如：整型 x=-10=11111111 11110110

　　　　x=x<<2,结果为 x=-40=11111111 11011000 左端舍弃了 11,右端补上 00

　　　　x=x>>2,结果为 x=-3=11111111 11111101 右端舍弃了 10,左端补上 11

　　需要注意的是：操作数的移位运算并不改变操作数的值，只有通过赋值才能改变操作数的值，即 x<<2 时，x 的值没有发生变化，只有 x=x<<2 时 x 的值才改变。

【例 5-9】 将整型变量 a 中高字节和低字节中的内容对调。

源程序：

```
/*将整型变量 a 中高字节和低字节中的内容对调。*/
#include<stdio.h>
void main( )
{    int a=0x1122,b,c;
     printf("a=%#x\n",a);              /*用 16 进制形式输出 a 的值*/
     b=(a&0xff)<<8;                    /*高字节清 0,低字节左移 8 位到高字节,存入变量 b*/
     c=(a&0xff00)>>8;                  /*低字节清 0,高字节右移 8 位到低字节,存入变量 c*/
     a=b|c;                            /*实现高字节和低字节的对调*/
     printf("对调后:%#x\n",a);
}
```

运行结果：

```
a=0x1122
对调后:0x2211
Press any key to continue
```

注 意

　　常见编程错误：

　　要注意 &i，i&&j 和 i&j 的区别，&i 是取变量 i 的地址，i&&j 是变量 i 和 j 进行逻辑与运算，i&j 是变量 i 和 j 进行位逻辑与运算。

5.3.9　其他运算符

1. 长度运算符

长度运算符 sizeof 是一个单目运算符，用来返回变量或数据类型的字节长度。如，设 i

是整型数据，则 sizeof(i)的值为 4。而 sizeof(int)是获得整型数据的字节长度，一般值为 4，sizeof(double)，值为 8。

2. 特殊运算符

C语言中还有一些比较特殊的、具有专门用途的运算符。例如：

（1）( )括号：用来改变运算顺序。

（2）[ ]下标：用来表示数组元素，详见本书第 6 章。

（3）*和&：与指针运算相关，详见本书第 8 章。

（4）–>和.：用来表示结构分量，详见本书第 9 章。

5.4 类 型 转 换

C 语言允许在表达式中混合使用基本数据类型，即在单独一个表达式中可以组合整数、实数，甚至字符。但计算机在运算表达式时，通常要求各个操作数有相同的存储方式。也就是说计算机可以直接将两个 16 位整数相加，但是不能直接将 16 位整数和 32 位整数相加，也不能直接将 32 位整数和 32 位浮点数相加。

因此，对表达式运算之前，需要将操作数转换为同一数据类型，这就是 C 语言中的类型转换。类型转换分为自动类型转换和强制类型转换，而自动类型转换又分为非赋值类型转换和赋值类型转换。

5.4.1 非赋值类型转换

数据类型的非赋值类型转换需遵循的规则如图 5-1 所示。在运算时，系统先按各个运算符的优先级确定运算步骤。在进行每一步运算之前，都要把不同类型的运算对象转换成同一类型，即将精度"较低类型"转换为精度"较高类型"后，再进行运算，运算结果是精度"较高类型"的数据。

（1）水平方向的转换：所有的 char 型和 short 型自动地转换成 int 型，所有的 unsigned short 型自动地转换成 unsigned int 型。

（2）垂直方向的转换：经过水平方向的转换后，如果参加运算的数据类型仍然不同，将级别较低的数据自动地转换成级别较高的数据类型。

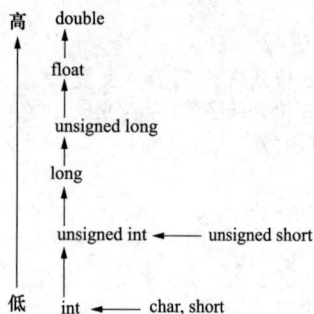

```
高    double
      ↑
      float
      ↑
      unsigned long
      ↑
      long
      ↑
      unsigned int ◄─── unsigned short
      ↑
低    int ◄─── char, short
```

图 5-1　数据类型非赋值转换规则

下面的例子显示了非赋值类型转换的实际执行情况：

```
char c;
short int s;
int i;
unsigned u;
long l;
unsigned long ul;
float f;
double d;
i=i+c;      /*c 被转换为 int*/
i=i+s;      /*s 被转换为 int*/
```

```
u=u+i;      /*i 被转换为 unsigned int*/
l=l+u;      /*u 被转换为 long*/
ul=ul+l;    /*l 被转换为 unsigned long*/
f=f+i;      /*i 被转换为 float*/
d=d+f;      /*f 被转换为 double*/
```

5.4.2　赋值类型转换

赋值运算时，将赋值号右侧表达式的类型自动转换成赋值号左侧变量的类型。例如，设变量 a 的类型是 float 型，计算表达式 a=1。计算时，先将整型常量 1 转换为 float 型常量 1.0，然后赋值给 a，结果是 float 型。

又如，设变量 x 的类型是 int，变量 y 的类型是 char，变量 z 的类型是 long，求解表达式 z=x+y。运算次序是：先计算 x+y，将 x 和 y 转换为 int 型后求和，结果是 int 型，再将 x+y 的和转换成变量 z 的类型 long，最终结果是 long 型。

如果赋值号右侧表达式的类型比赋值号左侧变量的类型级别高，运算精度会降低。例如，设变量 i 的类型是 int 型，计算表达式 i=3.67。运算时，先将 double 型常量 3.67 转换成 int 型常量 3，然后再赋值给 i，结果是 int 型。

另外，如果赋值号右侧取值在左侧变量的类型范围之外，那么将会得到无意义的结果。例如，变量 c 的类型是 char 型，计算表达是 c=10000。由于 10000 超过了 char 的表示范围，所以该表达式无意义。

5.4.3　强制类型转换

虽然 C 语言的自动类型转换使用起来非常方便，但是有些是会需要更大程度的控制类型转换。基于这种原因，C 语言提供了强制类型转换。其一般形式为

> (类型名) 表达式

这里的类型名表示的是表达式应该转换成的类型，小括号不能省略。例如：

```
double a,b;
b=a-(int)a;
```

强制类型转换表达式(int)a 表示把 a 转换成 int 型之后的结果，实际上，b 的值就是 a 值的小数部分。

前面我们介绍过求平均值的程序，设 sum 是 int 型变量，n 是 int 型变量，ave 是 double 型变量，那么计算表达式 ave=sum/n。由于两个整型数据相除，其结果仍然是整型，所以并不能得到正确的结果。这里需要使用强制类型转换 ave=(double)sum/n，强制类型运算符是单目运算符，其优先级高于双目运算符，所以上式等价于 ave=((double)sum)/n。

无论是自动类型转换，还是强制类型转换，都是对数据的值的类型进行临时转换，并没有改变数据本身。如(double)sum 的值的类型是 double 型，但 sum 的类型并没有改变，仍然是 int 型。

5.5　小　　　结

本章主要介绍了 C 语言中的数据类型、运算符、表达式和类型转换。主要内容有：

（1）数据类型：C 语言提供的数据类型非常丰富，主要介绍了三种基本数据类型，整型、实型和字符型，包括其存储格式、常量表示和输入、输出操作等。

（2）运算符与表达式：介绍了 C 语言中常用的运算符及由运算符和操作数构成的相应表达式，包括运算符的优先级、结合性及使用方法和注意事项。

（3）类型转换：C 语言中类型转换包括自动类型转换和强制类型转换，而自动类型转换又分为非赋值类型转换和赋值类型转换。

习 题 5

一、填空题

1. 在 C 语言的赋值表达式中，赋值号左边必须是_____。

2. 请写出整型 066、0x66、0Xab 的十进制数值_____、_____、_____。

3. 要求依次读入实型变量 a，b 和 c，请写出读入语句_____。

4. 以下程序输出的结果是_____。

```
#include<stdio.h>
void main( )
{    int a=5,b=4,c=3,d;
     d=(a>b>c);
     printf("%d\n",d);
}
```

5. 写出每段代码的输出结果，假设 i，j 和 k 都是 int 型变量。

（1）
```
i=1;
printf("%d",++i - 1);
printf("%d",i);
```

（2）
```
i=10;j=7;
printf("%d",i+++j);
printf("%d,%d",i,j);
```

输出结果：_____   输出结果：_____

（3）
```
i=1;j=2;k=31;
printf("%d",++i - --j+k++);
printf("%d,%d,%d",i,j,k);
```

（4）
```
i=1;j=2;k=3;
printf("%d",i+++j+++++k);
printf("%d,%d,%d",i,j,k);
```

输出结果：_____   输出结果：_____

6. 写出每段代码的输出结果，假设 i，j 和 k 都是 int 型变量。

（1）
```
10;j=5;
printf("%d",!i<j);
```

（2）
```
i=2;j=1;
printf("%d",!!i+!j);
```

输出结果：_____   输出结果：_____

（3）
```
i=1;j=2;k=3;
printf("%d",i<j<k);
```

（4）
```
i=5;j=0;k=-5;
 printf("%d",i<j || k);
```

输出结果：_____   输出结果：_____

7. 写出每段代码的输出结果，假设 i，j 和 k 都是 unsigned int 型变量。

（1）
```
i=8;j=9;
printf("%d",(i>>1)+(j>>1));
```

（2）
```
i=1;
printf("%d",i & ~i);
```

输出结果：_____   输出结果：_____

（3）   i=1;j=2;k=3;   （4）   i=7;j=8;k=9;

```
    printf("%d",~i & j ^ k);              printf("%d",i & j ^ k);
```

输出结果：_____　　　　　　输出结果：_____

8．假设 a=10，b=5，执行 a ^=b ^=a ^=b 之后，a 和 b 的值是_____和_____。

9．表达式 8/4*(int)2.5/(int)(1.25*(3.5+2.1))值的数据类型为_____。

10．若有条件"2<x<3 或 x<−10"，其对应的 C 语言表达式是_____。

二、选择题

1．下面在 C 语言中不是合法的实型常数的选项是_____。

    A．10E3　　　　　B．32.1E+5　　　　　C．10^3　　　　　D．3.97e−3

2．下面在 C 语言中不是合法的类型的选项是_____。

    A．unsigned short int　　　　　　B．long

    C．unsigned float　　　　　　　　D．unsigned

3．下面正确的字符常量是_____。

    A．"c"　　　　　B．"\\"　　　　　C．"　　　　　D．'F'

4．执行以下程序段后，c 的值是_____。

```
int a=1,b=2,c;
c=a/b;
```

    A．0　　　　　B．0.5　　　　　C．1　　　　　D．以上都不对

5．若变量 a 是 int 类型，并执行了语句：a='A'+1.6；，则正确的叙述是_____。

    A．a 的值是字符'C'　　　　　　B．a 的值是浮点型

    C．不允许字符型和浮点型相加　　D．a 的值是字符'B'

6．若运行时给变量 x 输入 12，则以下程序的运行结果是_____。

```
#include<stdio.h>
void main( )
{   int x,y;
    scanf("%d",&x);
    y=x>12?x+10:x−12;
    printf("%d\n",y);
}
```

    A．0　　　　　B．22　　　　　C．12　　　　　D．10

7．若有说明语句：char c='\72'；则变量 c_____。

    A．包含 1 个字符　　　　　　B．包含 2 个字符

    C．包含 3 个字符　　　　　　D．说明不合法，c 的值不确定

8．能正确表示逻辑关系："a≥10 或 a≤0"的 C 语言表达式是_____。

    A．a>=10 or a<=0　　　　　　B．a>=0 | a<=10

    C．a>=10 && a<=0　　　　　　D．a>=10 || a<=0

9．若 x，i，j 和 k 都是 int 型变量，则计算表达式 x=(i=4，j=16，k=32)后，x 的值为_____。

    A．4　　　　　B．16　　　　　C．32　　　　　D．52

10．若 a 为 int 类型，且其值为 3，则执行完表达式 a+=a−=a*a 后，a 的值是_____。

    A．−3　　　　　B．−12　　　　　C．9　　　　　D．6

11．语句 printf("a\bre\'hi\'y\\\bou\n");的输出结果是_____。

　　A．a\bre\'hi\'y\\\bou　　　　　　　　B．a\bre\'hi\'y\bou

　　C．re'hi'you　　　　　　　　　　　D．abre'hi'y\bou

12．以下表达式值为 3 的是＿＿＿＿＿。

　　A．16−13%10　　　B．2+3/2　　　　C．14/3−2　　　　D．(2+6)/(12−9)

13．表达式 a<b||~c&d 的运算顺序是＿＿＿＿＿。

　　A．~、&、<、||　　　　　　　　　B．~、||、&、<

　　C．~、&、||、<　　　　　　　　　D．~、<、&、||

14．以下叙述中不正确的是＿＿＿＿＿。

　　A．表达式 a&=b 等价于 a=a&b　　　B．表达式 a|=b 等价于 a=a|b

　　C．表达式 a!=b 等价于 a=a!b　　　D．表达式 a^=b 等价于 a=a^b

15．以下不能将变量 m 清零的表达式是＿＿＿＿＿。

　　A．m=m&~m　　　B．m=m&0　　　　C．m=m^m　　　　D．m=m|m

三、编程题

1．编写一个条件表达式，要求这个表达式的值根据 i 是否小于、等于或大于 j 分别为−1、0 和 1。

2．输入语句为 scanf("%c%d"，&ch，&n)，要求写出程序输出 n 个 ch。

3．编写语句得到实数 f 的小数部分。

4．编写一个程序，确定输入整数的位数。

5．编写程序确定输入整数的正负和奇偶。

第6章 数 组

学习目标

掌握数组的定义、存储与初始化；
掌握字符数组的定义与初始化；
理解字符串与字符数组的内在联系和区别。

前面几章介绍了诸如整型、浮点型和字符型的基本数据类型。大多数的程序通过这些基本的数据类型就可以完成数据的表示了，但是遇到复杂的问题，还需要一些更加复杂的数据类型。这些复杂的数据类型称为构造数据类型或导出类型，它们由基本类型按一定的规则组合而成。

数组是我们在程序设计中经常使用的一种构造类型，它是由一组相同类型的数据组成的有序集合。数组中的元素在内存中连续存放，每个元素都属于同一种数据类型，用数组名和下标可以唯一地确定数组元素。

6.1 一 维 数 组

6.1.1 引入一维数组

【例6-1】 从键盘输入10个数，求平均数并输出所有大于平均数的数。

题目分析：

从键盘输入10个数并求出平均数，可以利用循环依次将输入的10个数用一个变量保存，在输入数据的同时进行求和，最后求得平均数。但是，输出大于平均数的数就比较麻烦了，因为从键盘输入的每个数在求和以后均没有被保存，等再想逐个与平均数比较就无法实现。还有一种方法就是定义10个变量，但是问题依然存在：一是不能用循环输入；二是当数据增加到100个、1000个或更多，定义如此多的变量是不现实的。

C语言提供了一维数组类型解决此类问题。先将10个数保存到数组中，求得平均数后，再从数组中依次取出10个数并与平均数进行比较，输出大于平均数的数。

源程序：

```c
#include<stdio.h>
void main( )
{    int i,n=0;
     float a[10];    /* 定义一个数组,用来存放10个数 */
     float avg=0;    /* 定义一个变量,用来存放这10个数的平均数 */
     printf("请输入10个数:"); /* 提示输入10个数 */
     /* 读入10个数,并求这些数的和 */
     for(i=0;i<10;i++)
     {    scanf("%f",&a[i]);
          avg+=a[i];
     }
     avg=avg/10;    /* 求这10个数的平均数 */
     printf("平均数为:%.2f\n",avg);
```

```
       /* 输出大于平均数的数 */
       for(i=0;i<10;i++)
           if(a[i]>avg)
               printf("%.2f ",a[i]);
       printf("\n");
}
```

运行结果：

请输入 10 个数:2 4 6 8 10 12 14 16 18 20
平均数为:11.00
12.00 14.00 16.00 18.00 20.00
Press any key to continue

程序说明：

（1）程序的功能很明确，输入 10 个浮点型的数并求出其平均数。在程序中将这 10 个数保存在一个浮点型数组中，而不是用 10 个浮点型变量来存放它们。

（2）程序中定义一个浮点型数组 a 后，在内存中开辟了 10 个连续的浮点型存储单元，用于存放这 10 个浮点型数据。在数组中分别用 a[0]～a[9] 来表示它们。从程序中可以看出，数组中的元素都是浮点型数据，由数组名 a 及其下标可以唯一地确定每个元素。

（3）在程序中使用数组，可以让一批相同类型的变量使用同一个数组变量名，用下标来相互区分。它的优点是表达简洁、可读性好、便于使用循环结构。

6.1.2　一维数组的定义和引用

一维数组是最简单的数组，它的元素只有一个下标。

1. 定义

定义一维数组的方式为

类型 数组名[数组长度]

其中，类型指定数组中每个元素的类型。数组名是该数组的名称。数组长度是一个整型常量表达式，定义数组的大小，指出该数组包含的元素个数。这里的中括号不可省略。

例如：

```
int k[8];        /*定义了一个 int 型数组,数组名为 k,该数组包含 8 个数组元素*/
float w[10];     /*定义了一个 float 型数组,数组名称为 w,该数组包含 10 个数组元素*/
char u[9];       /*定义了一个 char 型数组,数组名称为 u,该数组包含 9 个数组元素*/
```

注意

一维数组定义注意事项：

（1）数组名的命名规则与变量名相同，遵循标识符命名规则。

（2）定义数组时，用数组长度来指定数组中所包括的元素个数，数组长度是一个常量表达式。数组下标下从 0 开始，例如：int a[4];，其下标从 0 到 3。

（3）常量表达式中可以包括常量和符号常量，不能包括变量。C 语言不允许对数组的大小作动态定义。例如：下面的数组定义是不合法的。

```
       int n;
       scanf("%d",&n);
       int a[n];          /* 数组 a 的定义中,数组长度不能包含变量,定义不合法 */
```

2. 引用

数组必须先定义后使用。C 语言规定对于数值型数组，只能逐个引用数组中的元素，而不能一次引用（例如输入、输出或赋值）整个数组全部元素的值。

数组元素的引用需要指定下标，它的表示形式为

数组名 [下标]

其中，下标可以是整型常量或整型表达式，它的合理取值范围是[0，数组长度−1]。如果数组 a 中有 10 个元素，则它们分别为 a[0]、a[1]、a[2]、…、a[9]。数组 a 中没有元素 a[10]。这些数组元素在内存中按下标递增的顺序连续存放。

例如：

```
int a[10];
```

以下都是对数组正确的引用：

```
a[2],a[6+2],a[8/2],a[i]
```

以下是对数组错误的引用：

```
a(0),a[10],a[-2],a[1.5],a[1][2]
```

> **注 意**
>
> 一维数组引用注意事项：
> （1）数组定义中方括号里常量表达式的值为数组的长度，而数组引用中方括号里的表达式的值为引用数组中元素的序号（下标）。例如：
> ```
>         int a[5];      /* 定义数组 a，数组中有 5 个元素 */
>         i=a[4];        /* 引用数组中序号为 4 的元素 */
> ```
> （2）数组元素的下标不能越界。例如对于上面的数组中的元素 a[i], 0<=i<=4。
> （3）数组的下标只能是整型常量、整型变量或整型表达式。
> （4）一维数组只能有一个下标。

我们通过下面的实例来学习如何进行一维数组的定义和引用。

【**例 6-2**】　定义和引用一维数组元素。利用循环给每个数组元素赋值，并按逆序输出各元素。

源程序：

```
#include<stdio.h>
void main( )
{    int i,a[10];/* 定义了一个数组 a,它有 10 个元素 */
     /* 给数组中的每个元素按顺序赋值 */
     for(i=0;i<=9;i++)
         a[i]=i;
     /* 逆序输出数组中各元素的值 */
     for(i=9;i>=0;i--)
         printf("%d ",a[i]);
     printf("\n");
}
```

运行结果：

```
9 8 7 6 5 4 3 2 1 0
Press any key to continue
```

6.1.3 一维数组的存储和初始化

一维数组定义后，系统将按数组类型和元素个数开辟一组连续的存储单元，每个存储单元存放一个数组元素，因此每个数组元素相当于一个普通变量，该连续的存储单元的首地址由数组名表示。例如定义 int a[5]; 后，系统将在内存中开辟五个连续的整型存储单元存放这五个数组元素。数组名 a 表示该连续的存储单元的首地址&a[0]。

将数值存入数组，即对数组元素赋值。一般可以用两种方式对数组元素赋值，一种是用赋值语句或输入语句使数组元素取得初值，赋值在程序运行时进行。另一种方式是在数组定义时给数组元素赋以初值，这种方式称为数组的初始化，初始化在编译时进行。

对数组元素的初始化可以通过以下方法实现。

（1）在定义数组时对数组元素赋予初值。例如：

```
int a[10]={1,2,3,4,5,6,7,8,9,10};
```

将数组元素的初值依次放在一对花括号内。经过上面的定义和初始化后，a[0]=1，a[1]=2，a[2]=3，a[3]=4，a[4]=5，a[5]=6，a[6]=7，a[7]=8，a[8]=9，a[9]=10。

（2）可以只给一部分元素赋值。例如：

```
int a[10]={1,2,3,4};
```

这里定义 a 数组有 10 个元素，但花括号内只提供了四个初值，这表示只给数组的前面四个元素赋初值，后面六个元素值都为 0。

（3）如果想使一个数组中全部元素都为 0，可以写成

```
int a[10]={0,0,0,0,0,0,0,0,0,0};
```

或

```
int a[10]={0};
```

（4）在对全部数组元素赋初值时，由于数据的个数已经确定，因此可以不指定数组长度。例如：

```
int a[5]={1,2,3,4,5};
```

或

```
int a[ ]={1,2,3,4,5};
```

在第二种写法中，花括号中有五个数，系统就会据此自动定义 a 数组的长度为 5。

但若数组长度与提供初值的个数不相同，则数组长度不能省略。例如，想定义数组 a 的长度为 10，就不能省略数组长度的定义，否则，系统会默认数组长度为 5，必须写成：

```
int a[10]={1,2,3,4,5};
```

这样定义的数组长度为 10，五个常量依次初始化前五个元素，后五个元素被默认地初始化为 0。

（5）若数组长度小于提供初值的个数，则是不合法的。例如：

```
int a[5]={1,2,3,4,5,6,7,8,9,0};
```

该语句是错误的，程序编译时出错。

（6）若定义数组时没有对数组进行初始化，则数组元素的值为随机值。

【例 6-3】 一维数组的初始化。

源程序：

```c
#include<stdio.h>
void main( )
{    int i,a[5],b[5]={10,-2};
     for(i=0;i<5;i++)
          printf("%d ",a[i]);
     printf("\n");
     for(i=0;i<5;i++)
          printf("%d ",b[i]);
     printf("\n");
}
```

运行结果：

```
-858993460 2 -858993460 1990005090 -858993460
10 -2 0 0 0
Press any key to continue
```

程序说明：

通过运行结果可以清楚地看到，数组 a 在定义时没有对其初始化，所以数组 a 的五个元素值均为随机数（见运行结果的第 1 行）；数组 b 在定义时进行了初始化{10，-2}，因此 b[0]初始化为 10，b[1] 初始化为-2，后三个元素被默认地初始化为 0（见运行结果的第 2 行）。

6.1.4 一维数组程序设计实例

【例 6-4】 从键盘输入 10 个整数，并将其存放在一维数组中，找出值最大的数组元素，并输出最大值所在的元素下标。

题目分析：

用 k 表示数组中最大元素所在位置的下标，那么数组中当前比较过的元素中最大的元素为 a[k]。在后续的比较中，当发现值更大的元素时，修改 k 的值为这个更大值元素的下标。这样，当数组循环 9 次后，k 的值就是数组中值最大元素的下标，数组中最大值元素为 a[k]。程序的流程图如图 6-1 所示。

源程序：

```c
#include<stdio.h>
#define N 10
void main( )
{    int a[N],i=0,k;
     /* 读入数组 a 各元素的值，并输出 */
     printf("请输入%d 个整数:",N);
     for(i=0;i<N;i++)
     {    scanf("%d",&a[i]);
```

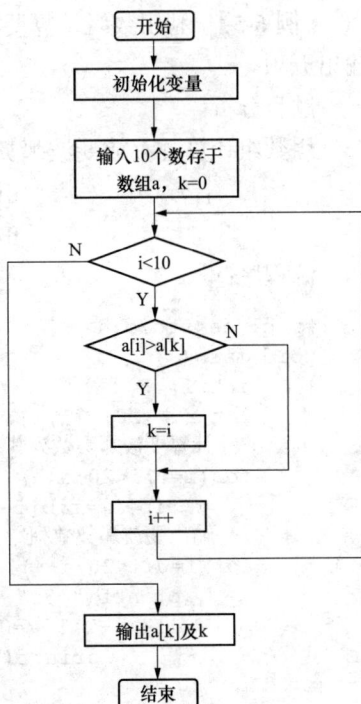

图 6-1 ［例 6-3］程序流程图

```
            printf("%3d ",a[i]);
    }
    printf("\n");
    /* 寻找并记录数组中最大值元素的位置 */
    k=0;
    for(i=1;i<N;i++)
            if(a[k]<a[i])/* 用 k 来记录数组中最大值元素的位置 */
                    k=i;
    printf("最大数是:a[%d]=%d\n",k,a[k]);/* 输出数组中最大值元素的位置 */
}
```

运行结果：

```
请输入 10 个整数:56  78  89  12  40  10  2  -30  5  23
56  78  89  12  40  10  2  -30  5  23
最大数是:a[2]=89
Press any key to continue
```

程序说明：

（1）程序在一开始用"#define N 10"定义了符号常量 N，代表数组的长度。在后面的程序中，数组元素个数 10 都是用 N 来表示的。在数组中，经常是用这种方式来定义数组元素个数，好处是修改符号常量后面的整数，就可以调整程序中数组的长度。

（2）在寻找数组中的最大数时，使用了一个标记最大数的数组下标 k，k 的初值是 0，也就意味着最初将 a[0]当作数组中的最大数，然后依次寻找后面比 a[k]更大的数，一旦发现更大的数，就将 k 的值变为这个更大数的下标，以此来保证 a[k]总是比较过的数里最大的那一个。这里关键点在于 k 的初值为 0。

【例 6-5】 利用数组计算斐波那契数列的前 20 项，即 1，1，2，3，5，……，要求每行输出五项。

题目分析：

用数组计算并存放斐波那契数列的前 20 个数，有如下关系成立：

$$f[0]=f[1]=1$$
$$f[n]=f[n-1]+f[n-2](2{\leqslant}n{\leqslant}9)$$

源程序：

```
#include<stdio.h>
void main( )
{    int i;
     int fib[20]={1,1}; /* 数组定义并初始化 */
     /* 计算斐波那契数列其余的 18 个数 */
     for(i=2;i<20;i++)
             fib[i]=fib[i-1]+fib[i-2];
     /* 输出斐波那契数列 */
     for(i=0;i<20;i++)
     {    printf("%8d",fib[i]);
          if((i+1)%5==0)
                  printf("\n");
     }
}
```

运行结果：

1	1	2	3	5
8	13	21	34	55
89	144	233	377	610
987	1597	2584	4181	6765

```
Press any key to continue
```

读者可以和［例 4-21］[1]比较一下，看看使用数组和不使用数组在处理这个程序上的区别。

【例 6-6】 将一组整数存储在数组 a 中，从键盘上输入一个数 x，在数组 a 中查找 x。如果找到了，输出相应的下标，否则，输出"没找到!"。

源程序：

```
/* 在数组中查找一个给定的数 */
#include<stdio.h>
void main( )
{    int i,flag,x;/* 定义 flag 变量,用于指示是否查找到那个给定的数 */
     int a[10]={22,19,36,80,98,12,20,55,-8,16};/* 定义并初始化数组 */
     /*输出数组*/
     for(i=0;i<10;i++)
         printf("%d ",a[i]);
     printf("\n");
     /*读入 x*/
     printf("请输入 x:");
     scanf("%d",&x);
     /*查找 x*/
     flag=0;                       /* 查询前给 flag 赋值为 0,表示没有查询到 x */
     for(i=0;i<10;i++)
         if(a[i]==x)               /* 如果在数组 a 中找到了 x */
         {    printf("下标为 %d\n",i);
              flag=1;              /* 给 flag 赋值为 1,表示在数组 a 中找到了 x */
              break;               /* 跳出循环 */
         }
     if(flag==0)                   /* 查询结束后,如果 flag 值为 0,表示数组 a 中没有 x*/
         printf("没找到! \n");
}
```

运行结果：

第一组

```
22 19 36 80 98 12 20 55 -8 16
请输入 x:55
下标为 7
Press any key to continue
```

第二组

```
22 19 36 80 98 12 20 55 -8 16
请输入 x:0
没找到!
Press any key to continue
```

---

[1] 见 4.7.2 递推法

> **注 意**
>
> 常见的编程错误：
>
> （1）在定义数组的时候，把数组的个数声明为变量，例如：int n,a[n];这种编程错误编译器会提示错误。
>
> （2）在读入数组某个元素的时候，忘记加上取地址符&，例如要从键盘上输入 a[i]，而输入语句写为 scanf("%d", a[i])，这种错误将导致运行错误。
>
> （3）引用数组的时候出现下标越界的问题。

下面我们介绍计算机程序中一个基础的问题：排序问题。

对一组数据按照某种规则进行顺序排列，就是排序问题。这类问题是我们经常遇到的，下面我们介绍采用冒泡法和选择法对一组数据进行排序。

1. 冒泡排序

【例 6-7】 输入一个正整数 n（$1<n\leqslant10$），再输入 n 个整数，用冒泡法将它们从小到大排序后输出。

题目分析：

冒泡法是在解决排序问题时的一种常用方法。它的基本思路是：将相邻两个数比较，将较小的数调到前头。这样经过若干轮循环比较，最大的数就"沉到"最后的位置，最小的数就向上"浮起"到第一个位置。例如：有下列六个数：

```
初次排列：    9  8  5  4  2  0
第一次冒泡比较:8 ⇆ 9  5  4  2  0
第二次冒泡比较:8  5 ⇆ 9  4  2  0
第三次冒泡比较:8  5  4 ⇆ 9  2  0
第四次冒泡比较:8  5  4  2 ⇆ 9  0
第五次冒泡比较:8  5  4  2  0 ⇆ 9
```

将这六个数按照冒泡法排序。第一次将第一个数 9 和第二个数 8 进行比较，由于 9>8，因此将第一个数和第二个数对换，8 就成为第一个数，9 就成为第二个数。第二次将第二个数和第三个数（9 和 5）进行比较并对调……如此共进行了五次，最后得到（8–5–4–2–0–9）的顺序，最大的数 9 已经"沉底"，成为最下面一个数，而最小的数 0 已经向上"浮起"一个位置。经过第一趟（共五次比较与交换）后，已得到最大的数 9。接下来进行第二趟比较，对余下的前面五个数（8，5，4，2，0）按上面的方法进行比较，就可以得到（5–4–2–0–8）的顺序。如此进行下去，可以推知，对六个数的冒泡法排序，需要比较五趟。在第一趟中要进行两个数之间的比较，共五次；在第二趟中要比较四次；……在第五趟中要比较 1 次。如果有 n 个数，则要进行 n–1 趟比较。在第一趟中要进行 n–1 次两两比较，在第 i 趟比较中要进行 n–i 次的两两比较。

源程序：

```c
/* 冒泡法排序 */
#include<stdio.h>
void main( )
{    int i,j,t,n;
     int a[10];
```

```
        printf("请输入要进行排序的整数个数:");
        scanf("%d",&n);
        printf("请输入%d 个整数:",n);
        for(i=0;i<n;i++)
              scanf("%d",&a[i]);
        /* 对数组 a 中的 n 个元素冒泡法排序 */
        for(i=0;i<n-1;i++)
              for(j=0;j<n-i-1;j++)
                    if(a[j]>a[j+1])
                    {      t=a[j];
                           a[j]=a[j+1];
                           a[j+1]=t;
                    }
        /* 输出排序后的结果 */
        printf("由小到大的排序结果是:");
        for(i=0;i<n;i++)
              printf("%d  ",a[i]);
        printf("\n");
}
```

运行结果:

```
请输入要进行排序的整数个数:6
请输入 6 个整数:9  8  5  4  2  0
由小到大的排序结果是:0  2  4  5  8  9
Press any key to continue
```

2. 选择排序

【例 6-8】　输入一个正整数 n（1<n≤10），再输入 n 个整数，用选择法将它们从小到大排序后输出。

题目分析:

选择法排序的核心思想是：将 n 个数据进行 n-1 次循环选择。每次循环都在参与选择的数据中选择出最小的数据，并将它与本次参与选择的第一个数据进行互换；然后再在剩下的数据中进行下一次循环选择；依次类推，当进行完 n-1 次循环选择后，n 个数据就按照从小到大的次序排列好了。

选择排序的算法步骤如下:

第 1 步：在未排序的 n 个数（a[0]～a[n-1]）中找到最小的元素，将它与 a[0]交换；

第 2 步：在剩下未排序的 n-1 个数（a[1]～a[n-1]）中找到最小的元素，将它与 a[1]交换；

……

第 n-1 步：在剩下未排序的 2 个数（a[n-2]～a[n-1]）中找到最小的元素,将它与 a[n-2]交换；

源程序:

```
/* 选择法排序 */
#include<stdio.h>
void main( )
{    int i,index,k,n,temp;
     int a[10];                       /* 定义一个数组a,它包含 10 个整型元素 */
     printf("请输入要进行排序的整数个数:");
     scanf("%d",&n);                  /* 读入数组 a 中元素的个数 */
```

```
        printf("请输入%d 个整数:",n);
        for(i=0;i<n;i++)
            scanf("%d",&a[i]);                /* 依次读入数组中的元素值 */
        /* 对数组 a 中的 n 个元素排序 */
        for(k=0;k<n-1;k++)
        {    /* index 为每一轮排序时最小元素的下标。
                在每一轮排序前,将 index 设定为该轮参与排序的第一个元素下标 */
            index=k;
            for(i=k+1;i<n;i++)
                if(a[i]<a[index])        /* 发现比 a[index]小的元素,就修改 index 值 */
                    index=i;
            /* 在该轮比较结束后,将 a[index]与 a[k]互换 */
            temp=a[index];
            a[index]=a[k];
            a[k]=temp;
        }
        /* 输出排序后的结果 */
        printf("由小到大的排序结果是:");
        for(i=0;i<n;i++)
            printf("%d ",a[i]);
        printf("\n");
}
```

运行结果:

```
请输入要进行排序的整数个数:10
请输入 10 个整数:20  7  88  34  100  56  -35  87  88  200
由小到大的排序结果是:-35  7  20  34  56  87  88  88  100  200
Press any key to continue
```

程序说明:

（1）选择排序法中使用了一个关键的下标 index，用来标记当前的最小元素的下标。

（2）虽然选择排序法和冒泡排序法进行数据之间的比较次数是一样的，但是选择排序法每轮只交换一次，而冒泡排序是依次交换的，所以选择排序比冒泡排序的效率要高。

6.2 二 维 数 组

6.2.1 引入二维数组

【例 6-9】 有五个人参加了三门课程的考试，编程输入所有成绩。求每个人的平均成绩。

题目分析:

成绩存入 5 行 3 列的二维数组，行代表学生，列代表课程。五个学生的平均成绩存入数组 avg[5]中。

源程序:

```
/* 求每个学生平均成绩及每门课程平均成绩 */
#include<stdio.h>
void main( )
{    int sum;
    int i,j,s[5][3];        /* 用数组 s 存学生的每门课程的成绩 */
```

```
float avg[5]={0};     /*avg 每个学生的平均分*/
/* 获取每个学生的每门课程的成绩,并计算学生平均成绩 */
for(i=0;i<5;i++)
{     printf("请输入学生 No.%d 的 3 门成绩:",i+1);
      for(sum=0,j=0;j<3;j++)
      {     scanf("%d",&s[i][j]);
            sum+=s[i][j];
      }
      avg[i]=sum/3.0;
}
/* 输出考试情况 */
printf("学生   ");
for(i=0;i<3;i++)
      printf("课程%d ",i+1);
printf("平均成绩\n");
for(i=0;i<5;i++)
{     printf("No.%d  ",i+1);
      for(j=0;j<3;j++)
            printf("%5d ",s[i][j]);
      printf("%8.1f\n",avg[i]);
}
}
```

运行结果:

```
请输入学生 No.1 的 3 门成绩:80  90  85
请输入学生 No.2 的 3 门成绩:88  67  75
请输入学生 No.3 的 3 门成绩:85  81  80
请输入学生 No.4 的 3 门成绩:56  69  74
请输入学生 No.5 的 3 门成绩:83  78  75
学生   课程 1 课程 2 课程 3 平均成绩
No.1      80     90     85     85.0
No.2      88     67     75     76.7
No.3      85     81     80     82.0
No.4      56     69     74     66.3
No.5      83     78     75     78.7
Press any key to continue
```

从本例可以看出,当问题包含的数据更复杂的时候,采用一维数组就不能方便地进行数据表示和存储了。本题中涉及学生和课程这种二维的概念,可以采用 C 语言提供的二维数组类型进行数据表示。下面介绍二维数组。

6.2.2　二维数组的定义和引用

1. 二维数组的定义

一维数组的元素只有一个下标,呈线性排列。在现实生活中,很多问题的数据呈现二维或多维排列。例如,数学中的矩阵、按行和列排列的二维表格,以及三维或多维排列的复杂数据。C 语言允许使用多维数组,多维数组的元素有多个下标。其中,最常用的是二维数组,由数组名、行数和列数表示,其元素有两个下标。

二维数组的定义形式为

类型　数组名[行数][列数]

例如：

```
float a[3][4];   /* 定义数组 a 为 3 行 4 列的二维实型数组 */
char c[4][5];    /* 定义数组 c 为 4 行 5 列的二维字符型数组 */
int d[2][3];     /* 定义数组 d 为 2 行 3 列的二维整型数组 */
```

数组 a 有 3×4=12 个元素，数组 c 有 4×5=20 个元素，数组 d 有 2×3=6 个元素。

注 意

二维数组定义中的行数和列数也必须为常量表达式，不能包含变量。

与一维数组元素相似，二维数组元素的行下标和列下标均从 0 开始且小于行数和列数。例如，上面定义的数组 a 有 3 行 4 列，其元素有

```
a[0][0]   a[0][1]   a[0][2]   a[0][3]
a[1][0]   a[1][1]   a[1][2]   a[1][3]
a[2][0]   a[2][1]   a[2][2]   a[2][3]
```

实质上，二维数组可以看作由一维数组嵌套而成，即二维数组的一行可以看成是一个元素。例如：int a[3][4]; 可以看成一维数组 int a[3]，包含的三个元素分别是 a[0]、a[1]和 a[2]；它们各自又都是由四个元素组成的一维数组，a[0]、a[1]和 a[2]是一维数组的数组名。数组 a[0]的元素有 a[0][0]、a[0][1]、a[0][2]和 a[0][3]；数组 a[1]的元素有 a[1][0]、a[1][1]、a[1][2]和 a[1][3]；数组 a[2]的元素有 a[2][0]、a[2][1]、a[2][2]和 a[2][3]。

同样，三维数组也可以看成是一维数组，其各元素由二维数组构成。

2. 二维数组元素的引用

二维数组元素的引用形式为

数组名[行下标][列下标]

例如：

a[2][3]

这里的行下标 2 和列下标 3 用来标识数组元素在数组中的位置。

注 意

二维数组引用的注意事项：

（1）下标可以是整型常量、整型变量或整型表达式。

（2）二维数组元素的行下标和列下标均不能越界。

（3）与一维数组相似，对二维数组也只能逐个访问数组元素，而不能整体访问数组，也不能整体访问整行或者整列。程序设计时，通常使用双重循环，其循环变量分别控制数组元素的行下标和列下标。

【例 6-10】 二维数组的输入和输出。

源程序：

```
/*  二维数组的输入和输出  */
#include<stdio.h>
void main( )
{    int i,j;
     int a[3][3];/*  定义二维数组 a 为 3 行 3 列的整型数组  */
     printf("输入 3×3 阶数组:\n");
     /*  从键盘读入数据,并给二维数组中的相应元素赋值  */
     for(i=0;i<3;i++)
          for(j=0;j<3;j++)
               scanf("%d",&a[i][j]);
     /*  将二维数组中的相应元素输出在屏幕上  */
     printf("输出 3×3 阶数组:\n");
     for(i=0;i<3;i++)
     {    for(j=0;j<3;j++)
               printf("%3d",a[i][j]);
          printf("\n");/*  一行输出结束时换行  */
     }
}
```

运行结果:

输入 3×3 阶数组:
1 2 3
4 5 6
7 8 9
输出 3×3 阶数组:
  1 2 3
  4 5 6
  7 8 9
Press any key to continue

程序说明:

（1）程序段

```
          for(i=0;i<3;i++)
               for(j=0;j<3;j++)
                    scanf("%d",&a[i][j]);
```

实现了数组的输入，输入顺序是按行逐一输入数组的每个元素。每次循环输入一个元素，数据之间采用系统默认的分隔符（"空格"或"回车"）。为了直观，输入时同一行数据间用"空格"作分隔符，行与行之间用"回车"作分隔符。当然，若按以下格式输入数据，其结果也是一样的：

```
          1 2 3 4 5 6 7 8 9
```

（2）程序段

```
          for(i=0;i<3;i++)
          {    for(j=0;j<3;j++)
                    printf("%3d",a[i][j]);
               printf("\n");
          }
```

实现了数组的输出，输出顺序是按行逐一打印数组的各个元素。每次循环输出一个元素，%3d

控制数据的输出格式与字宽。我们可以看到内循环控制一行数据的输出，当一行数据全部输出后，应换行，然后输出下一行数据。其中，printf("\n");起到换行作用。

6.2.3　二维数组的存储和初始化

1.　二维数组的存储

二维数组定义后，系统也将按类型和元素个数为二维数组开辟一个连续的存储空间。由于二维数组有行列结构，而内存单元是一维顺序（线性）排列的，因此必须按一定的规律存放二维数组的元素。C 语言规定：二维数组元素按行存储，即一行接一行存储。例如，整型数组 a[3][4]共有 12 个整型元素，每个元素占 4 字节的存储单元，先按顺序存放第 0 行的全部元素，再存放第 1 行的全部元素，最后存放第 2 行的全部元素。具体存放顺序是：a[0][0]，a[0][1]，a[0][2]，a[0][3]，a[1][0]，…，a[1][3]，a[2][0]，…，a[2][3]。

设有一个 m 行 n 列的二维数组，按顺序在内存中存放，元素 a[i][j]（$0 \leqslant i \leqslant m-1$，$0 \leqslant j \leqslant n-1$）是该数组的第 i*n+j+1 个元素。

> **注意**
>
> 知识引申：
> 二维和多维数组所占用的连续存储单元的首地址也用数组名表示。

可以将二维数组的存储推广到多维数组的情况，多维数组的存储顺序是：从下标全为 0 的元素开始。先按顺序改变最后一个下标，再改变前一个下标，……，最后变第一个下标。例如数组 a 为 int a[2][3][4];其存放顺序为 a[0][0][0]，a[0][0][1]…，a[0][0][3]，a[0][1][0]…，a[0][1][3]，a[0][2][0]…，a[0][2][3]，a[1][0][0]…，a[1][0][3]，a[1][1][0]，…，a[1][1][3]，a[1][2][0]，…，a[1][2][3]。三维的下标分别称为页下标、行下标和列下标。

了解二维及多维数组按一定顺序存储的性质，可以通过其首地址按一维数组的方式引用二维及多维数组的元素。即将二维及多维数组元素存储的顺序号与一维数组的下标对应。例如将一个 m 行 n 列的二维数组 a 与一个类型及元素个数相同的一维数组 b 对应，则元素 a[i][j]与元素 b[i*n+j]对应。

2.　二维数组的初始化

与一维数组相似，二维数组也可以在数组定义时给数组元素赋以初值。具体做法如下。

（1）分行给二维数组赋初值。例如：

```
int a[3][4]={{1,2,3,4},{5,6,7,8},{9,10,11,12}};
```

即把第一对花括号内的值依次赋给 a 数组第 0 行的各元素，把第二对花括号内的值依次赋给 a 数组第 1 行的各元素，…，依次类推。

（2）按存储顺序连续赋初值。例如：

```
int a[3][4]={1,2,3,4,5,6,7,8,9,10,11,12};
```

与上述（1）所得的赋值结果完全相同。

（3）分行对部分元素赋初值，未赋初值的元素自动取 0 值（对实数是 0.0，对字符型是'\0'）。这种方法对于元素初值中只有少数非 0 值的情况比较方便。例如：

```
int a[3][4]={{1,2,3},{4,5}};
```

它相当于

```
int a[3][4]={{1,2,3,0},{4,5,0,0},{0,0,0,0}};
```

但是如果初值不分行：

```
int a[3][4]={1,2,3,4,5};
```

则相当于

```
int a[3][4]={{1,2,3,4},{5,0,0,0},{0,0,0,0}};
```

又例如：

```
int a[ ][4]={{1,2},{5},{9,10}};
```

由于明显有三行，行数可以省略，它又相当于：

```
int a[ ][4]={{1,2,0,0},{5,0,0,0},{9,10,0,0}};
```

（4）按存储顺序对全部或部分元素赋初值，省略行数，系统将自动计算行数。例如：

```
int a[ ][4]={1,2,3,4,5,6,7,8,9,10,11,12};
```

与（1）或（2）的赋值结果完全相同。

而

```
int a[ ][3]={1,2,3,4};
```

因为每行三个元素，系统计算得到行数为 2，它相当于

```
int a[ ][3]={{1,2,3},{4,0,0}};
```

> **注意**
>
> 二维数组无论在什么情况下列数都不能省略。

上面对二维数组的初始化可以很方便地推广到多维数组，以下以三维数组初始化为例。

（1）按页（花括号）、行（嵌套花括号）赋初值。例如：

```
int a[2][3][2]={{{1,2},{3,4},{5,6}},{{7,8},{9,10},{11,12}}};
```

这种用花括号分开初值的办法可以推广到更多维数组。

（2）按存储顺序赋初值，全部初始化时可省略第一维的大小。例如：

```
int a[ ][3][2]={1,2,3,4,5,6,7,8,9,10,11,12};
```

与（1）的效果一致。

（3）对部分元素赋初值。例如：

```
int a[ ][3][2]={{{1,2},{3},{5}},{{0,7},{8},{10}}};
```

由于明显有两页，第一维的大小可省略。它相当于

```
int a[2][3][2]={{{1,2},{3,0},{5,0}},{{0,7},{8,0},{10,0}}};
```

按存储顺序赋初值，如

```
int a[ ][3][2]={1,2,3,4,5,6,7};
```

系统计算有两页，它相当于

```
        int a[2][3][2]={{{1,2},{3,4},{5,6}},{{7,0},{0,0},{0,0}}};
```

6.2.4 二维数组程序设计实例

【例 6-11】 在一个二维数组中，找出最大的元素值以及最大元素的行下标和列下标，并输出该数组。

源程序：

```
/* 找出矩阵中的最大值及其行下标和列下标 */
#include<stdio.h>
void main( )
{    int col,i,j,row;
     int a[3][2];/* 定义 a 为 3 行 2 列的整型二维数组 */
     printf("请输入 6 个整数:");
     for(i=0;i<3;i++)
          for(j=0;j<2;j++)
              scanf("%d",&a[i][j]);
     /* 按矩阵的形式输出二维数组 */
     printf("组成的 3 行 2 列矩阵为:\n");
     for(i=0;i<3;i++)
     {    for(j=0;j<2;j++)
              printf("%4d",a[i][j]);
          printf("\n");
     }
     /* 遍历二维数组,找出最大值 a[row][col] */
     row=0;
     col=0;
     for(i=0;i<3;i++)
          for(j=0;j<2;j++)
              if(a[i][j]>a[row][col])/* 遍历过程中,如果 a[i][j]比当前的最大值大 */
                  {    row=i;
                       col=j;
                  }
     printf("矩阵中的最大值是:a[%d][%d]=%d\n",row,col,a[row][col]);
}
```

运行结果：

```
请输入 6 个整数:5  8   9  6  -3  0
组成的 3 行 2 列矩阵为:
   5   8
   9   6
  -3   0
矩阵中的最大值是:a[1][0]=9
Press any key to continue
```

【例 6-12】 输入一个正整数 n(1<n≤6)，根据下式生成 1 个 n×n 的方阵（n 称为方阵的阶数），将该方阵转置（行列互换）后输出。

$$a[i][j]=i*n+j+1(0≤n≤n-1,0≤j≤n-1)$$

例如：当 n=4 时，有：

$$\overset{\text{转置前}}{\begin{bmatrix} 1 & 2 & 3 & 4 \\ 5 & 6 & 7 & 8 \\ 9 & 10 & 11 & 12 \\ 13 & 14 & 15 & 16 \end{bmatrix}} \qquad \overset{\text{转置后}}{\begin{bmatrix} 1 & 5 & 9 & 13 \\ 2 & 6 & 10 & 14 \\ 3 & 7 & 11 & 15 \\ 4 & 8 & 12 & 16 \end{bmatrix}}$$

题目分析：

原数组中的元素 i 行 j 列元素与转置后数组中的 j 行 i 列元素相等。由于矩阵是一个 n×n 阶的方阵，其转置矩阵就是将原矩阵以对角线为轴旋转 180°，即行列互换，a[i][j]和 a[j][i] 就是对称元素。

源程序：

```c
#include<stdio.h>
void main( )
{    int i,j,k,n,temp;
     int a[6][6];
     /*给二维数组赋值*/
     printf("请输入方阵的阶数:");
     scanf("%d",&n);
     for(k=1,i=0;i<n;i++)
           for(j=0;j<n;j++)
                  a[i][j]=k++;/* 给数组元素赋值 */
     /*  输出原矩阵 */
     printf("原矩阵:\n");
     for(i=0;i<n;i++)
     {    for(j=0;j<n;j++)
               printf("%4d",a[i][j]);
          printf("\n");
     }
     /*行列互换*/
     for(i=1;i<n;i++)
          for(j=0;j<i;j++)/* 只遍历下三角矩阵 */
          {    temp=a[i][j];/* 交换 a[i][j]和 a[j][i] */
               a[i][j]=a[j][i];
               a[j][i]=temp;
          }
     /* 输出转置矩阵 */
     printf("转置矩阵:\n");
     for(i=0;i<n;i++)
     {    for(j=0;j<n;j++)
               printf("%4d",a[i][j]);
          printf("\n");
     }
}
```

运行结果：

第一组

请输入方阵的阶数:5

原矩阵:

```
 1   2   3   4   5
 6   7   8   9  10
11  12  13  14  15
16  17  18  19  20
21  22  23  24  25
```
转置矩阵：
```
 1   6  11  16  21
 2   7  12  17  22
 3   8  13  18  23
 4   9  14  19  24
 5  10  15  20  25
```
Press any key to continue

第二组

请输入方阵的阶数:3
原矩阵：
```
 1   2   3
 4   5   6
 7   8   9
```
转置矩阵：
```
 1   4   7
 2   5   8
 3   6   9
```
Press any key to continue

程序说明：
程序中，遍历上三角阵（不包括对角线元素）的循环也可以写成

```
for(i=0;i<n-1;i++)
    for(j=i+1;j<n;j++)
    {
        …
    }
```

还可以写成

```
for(i=0;i<n;i++)
    for(j=0;j<n;j++)
        if(i<j)
        {
            …
        }
```

设 N 是正整数，定义一个 N 行 N 列的二维数组 a 后，数组元素表示为 a[i][j]，行下标 i 和列下标 j 的取值范围都是[0，N−1]。用该二维数组 a 表示 N×N 方阵时，矩阵的一些常用术语与二维数组行、列下标的对应关系见表 6-1。

表 6-1　　　　　　　　　　　　矩阵的术语与二维数组下标的对应关系

术　　语	含　　义	下标规律
主对角线	从矩阵的左上角至右下角的连线	i=j
上三角	主对角线以上的部分	i ≤ j

术　　语	含　　义	下标规律
下三角	主对角线以下的部分	i ≥ j
副对角线	从矩阵的右上角至左下角的连线	i+j=N-1

【例 6-13】 求 N×N 阶二维数组的主对角线元素之和。

源程序:

```
#include<stdio.h>
void main( )
{    int a[6][6],n,i,j,sum=0;
     printf("请输入方阵的阶数:");/* n 为阶数 */
     scanf("%d",&n);
     printf("请输入%d 阶方阵:\n",n);
     for(i=0;i<n;i++)
          for(j=0;j<n;j++)
              scanf("%d",&a[i][j]);
     for(i=0;i<n;i++)
          sum=sum+a[i][i];/* 主对角线元素*/
     printf("方阵主对角线的和是:%d\n",sum);
}
```

运行结果:

```
请输入方阵的阶数:3
请输入 3 阶方阵:
1  2  3
4  5  6
7  8  9
方阵主对角线的和是:15
Press any key to continue
```

程序说明:

(1) 程序段:

```
for(i=0;i<n;i++)
     sum=sum+a[i][i];/* 主对角线元素*/
```

求主对角线元素之和,因为主对角线元素为 a[0][0]、a[1][1]、a[2][2] …,表示为 a[i][i]。

(2) 该程序段也可以用如下形式实现:

```
for(i=0;i<n;i++)
     for(j=0;j<n;j++)
          if(i==j)sum=sum+a[i][j];
```

这两个程序段都能实现求对角线元素之和,但是很显然,第一种写法的程序执行效率要高很多。

【例 6-14】 定义函数 day_of_year(year,month,day),计算并返回年 year、月 month 和日 daya 对应的是该年的第几天。

例如,调用 day_of_year(2000,3,1)返回 61,调用 day_of_year(1981,3,1)返回 60。因为 2000 年是闰年,1981 年不是闰年。判别闰年的条件为能被 4 整除但不能被 100 整除,或能被

400 整除。

表 6-2 列出了每月的天数，2 月份的天数在闰年和非闰年是不同的，非闰年的天数存放在第 0 行，闰年的天数存放在第 1 行。表格中增加了第 0 月，使得表格中月和二维数组的列一致，以简化编程。定义一个二维数组 tab 来保存它们，tab[0][k]代表非闰年第 k 月的天数，tab[1][k]代表闰年第 k 月的天数。

表 6-2   每月的天数（闰年和非闰年）

月份 项目	0 月	1 月	2 月	3 月	4 月	5 月	6 月	7 月	8 月	9 月	10 月	11 月	12 月
非闰年	0	31	28	31	30	31	30	31	31	30	31	30	31
闰 年	0	31	29	31	30	31	30	31	31	30	31	30	31

源程序：

```c
/* 计算某个日期对应该年的第几天 */
#include<stdio.h>
void main( )
{    int year,month,day;
     int days,k,leap;
     int tab[2][13]={ {0,31,28,31,30,31,30,31,31,30,31,30,31},
                      {0,31,29,31,30,31,30,31,31,30,31,30,31}  };
     printf("请输入日期(格式:年-月-日):");
     scanf("%d-%d-%d",&year,&month,&day);/* 获得 Year,Month,Day 的值 */
     /* 判断所求年份是否为闰年 */
     leap=((year%4==0)&&(year%100!=0)||(year%400==0));
     for(days=day,k=0;k<month;k++)
         days=days+tab[leap][k];/* 计算该日期为该年的第几天 */
     printf("%d 年%d 月%d 日是该年的第%d 天\n",year,month,day,days);
}
```

运行结果：

第一组

请输入日期(格式:年-月-日):2020-03-06
2020 年 3 月 6 日是该年的第 66 天
Press any key to continue

第二组

请输入日期(格式:年-月-日):2017-3-6
2017 年 3 月 6 日是该年的第 65 天
Press any key to continue

程序说明：

（1）程序中声明了一个二维数组 tab[2][13]，并对其进行了初始化：第 0 行为非闰年每月天数；第 1 行为闰年每月天数。其中，每行的第一个元素（tab[0][0]和 tab[1][0]）的值为 0，本程序没有使用它们。

（2）程序中使用了一个特殊的变量 leap，通过语句

```c
leap=((year%4==0)&&(year%100!=0)||(year%400==0));
```

设置 leap 的值：当 year 为闰年时，leap 的值为 1，否则为 0。该值决定了在循环语句

```
days=days+tab[leap][k];
```

中，k 月的天数 tab[leap][k]是从二维数组 tab 的第 1 行读，还是第 2 行读。

例如，2020 年是闰年，则 2020 年 1 月和 2 月的天数分别为 tab[1][1]和 tab[1][2]的值；2017 年不是闰年，则 2017 年 1 月和 2 月的天数分别为 tab[0][1]和 tab[2][2]的值。

（3）本程序要求输入的日期格式为 "%d-%d-%d"，输入时一定要注意。如果输入为

2020 03 06

则程序无法正确读入月和日的值，有可能的输出结果为

2020 年 36 月 2686664 日是该年的第 1683018870 天

6.3　字符数组与字符串

数组既可以存放数值数据，也可以存放字符数据。存放字符数据的数组称为字符数组，它的每一个元素存放一个字符。字符数组可以像数组一样使用，但当它存放字符串时，又有一些特殊的使用方法。

字符串，是用双引号括起来的一串字符，其中可以包含各种转义字符。C 语言中没有专门的变量来存储字符串，通常用一个字符数组存放一个字符串。由于字符数组的长度在定义时就确定了，而字符串的长度经常改变，为了确定字符串的有效长度，C 语言规定：以'\0'作为字符串的结束标志。例如，字符串"China"在内存中的存储形式如下：

C	h	i	n	a	\0

它占用 6 字节的空间。在计算字符串长度时不包括'\0'，因此字符串"China"的长度为 5。

众所周知，数组不能整体访问。但是，由于字符串在信息处理中的重要性，C 语言提供了很多处理字符串的函数，使得字符串和存储字符串的字符数组能够被整体访问。

6.3.1　引入字符数组

【例 6-15】　输入一个以 "回车" 结束的字符串，它由数字字符组成，将该字符串转换成整数后输出。

源程序：

```
/*将字符串转换为整数*/
#include<stdio.h>
void main( )
{    int i,n;
     char s[10];
     /* 输入字符串*/
     printf("请输入一个串数字(不超过10位数):");/*输入提示*/
     i=0;
     while((s[i]=getchar( ))!='\n')
         i++;
     s[i]='\0';
     /* 将字符串转换为整数*/
     n=0;
     for(i=0;s[i]!='\0';i++)
```

```
        if(s[i]<='9'&&s[i]>='0')
            n=n*10+(s[i]-'0');
        else                /* 遇见非数字字符结束转换 */
            break;
    printf("转换为整数:%d\n",n);
}
```

运行结果：

请输入一个串数字(不超过 10 位数):12345
转换为整数:12345
Press any key to continue

程序说明：

（1）语句

```
        while((s[i]=getchar( ))!='\n')
            i++;
```

将字符逐个输入到数组中，以"回车"符'\n'作为输入结束符。

（2）语句 s[i]='\0'; 是用来加上字符串结束标志；

（3）在 for 循环体中，逐个引用字符 s[i]，并计算表达式（s[i]<='9'&&s[i]>='0'）的值，若为真，则 s[i]为数字字符，执行语句

```
        n=n*10+(s[i]-'0');
```

将其转化为对应的数值。

6.3.2　字符数组的定义与初始化

1.字符数组的定义

字符数组的定义和前面介绍的数值数组的定义相同。例如：

```
    char ch[10];        /*定义字符数组 ch,它有 10 个元素*/
    char str[5][8];     /*定义一个 5 行 8 列的字符数组 str,它有 40 个元素*/
```

2. 字符数组的初始化

（1）字符数组初始化的基本方法——逐一给字符数组的各元素赋值，这与数值数组的初始化方法相同。例如：

```
    char ch[5]={'h','e','l','l','o'};
```

把五个字符分别赋给 ch[0]，…，ch[4]。又例如：

```
    char ch[10]={'h','e','l','l','o'};
```

> **注　意**
>
> 　　当数组元素的个数多于初始字符的个数时，这时除了把指定的字符分别赋给前面的元素外，系统自动给其余元素赋予'\0'字符（ASCII 码值为 0 的字符）。

（2）如果对全体元素赋初值，可以省略长度说明。例如：

```
    char ch[ ]={'h','e','l','l','o'};
```

这时数组 ch 的长度自动定为 5。

需要注意的是，字符数组初始化时，若没有在结尾存储'\0'字符，这样的字符数组不能作为字符串处理。要想使得初始化以后的字符数组可以作为字符串处理，可以设置字符数组的长度大于初值表元素的个数，以能自动在初值表元素被存储之后，可以存储'\0'作为字符串结束标志（在'\0'较多的情况下以第一个'\0'作为字符串结束标志）；也可以手动在初值之后加上'\0'字符。例如：

```
char ch[ ]={'h','e','l','l','o','\0'};
```

（3）二维字符数组初始化的基本方法。

二维字符数组初始化的基本方法和二维数值数组的初始化类似。例如：

```
char name[3][10]={{'M','u','s','i','c'},{'A','r','t','s'},{'S','p','o','r','t'}};
```

6.3.3　字符串

1.字符串的初始化存储

字符串的初始化存储，即将字符串直接赋值给字符数组。

（1）一维字符数组的字符串初始化。例如：

```
char ch[ ]={"hello"};
```

也可以省去花括号，直接写成

```
char ch[ ]="hello";
```

这两种方式比逐个字符赋初值书写起来方便得多。此时，数组 ch 实际上有六个而不是五个元素，因为编译程序在处理字符串时，自动在字符串的末尾加上'\0'，以表示字符串的结束，占用一个字节的空间，有了它，在程序中可以依靠检测'\0'来判断字符串是否结束。

通常，包含 n 个字符的字符串需占用 n+1 个字符空间。与上例等价的形式为

```
char ch[6]={"hello"};
```

> **注意**
>
> （1）字符数组的长度至少比字符串中字符的个数多 1，由于字符串采用了'\0'作为结束标志，所以在用字符串给字符数组赋初值时，一般无须指定数组的长度，而由系统自行处理。
>
> （2）可以通过初始化方式对字符数组赋值为字符串，但在程序的执行部分，不能将字符串赋值给字符数组，例如有定义：
>
> ```
> char ch1[ ]="Program",ch2[10];
> ```
>
> 不能有 ch2="QBASIC"；或者 ch2[ ]="QBASIC"；或者 ch2=ch1；或者 ch2[ ]=ch1[ ];。原因均为：字符数组名为地址常量而不是变量。

（2）二维字符数组的字符串初始化。例如：

```
char s[3][8]={"China","America","Korea"};
```

结果是每行存储一个字符串。

2. 字符串的输入和输出

字符串的输入与输出一般有如下两种方法。

（1）逐个输入输出字符串中的字符。

使用 scanf 和 printf 函数的格式符"%c"，或者使用 getchar 和 putchar 函数，可以逐个输入和输出字符数组中的字符。它们的不同点在于：使用 scanf 和 printf 函数可以一次输入和输出多个字符，而使用 getchar 和 putchar 函数一次只能输入和输出一个字符。

【例 6-16】　使用"%c"输入/输出字符数组中的字符。

源程序：

```
#include<stdio.h>
void main( )
{    int i;
     char ch[4];
     printf("输入 4 个字符:");
     scanf("%c%c%c%c",&ch[0],&ch[1],&ch[2],&ch[3]);
     printf("这些字符是:");
     for(i=0;i<4;i++)
          printf("%c",ch[i]);
     printf("\n");
}
```

运行结果：

```
输入 4 个字符:abcd
这些字符是:abcd
press any key to continue
```

改用 getchar 和 putchar 函数输入/输出。

源程序：

```
#include<stdio.h>
void main( )
{    int i;
     char ch[4];
     printf("输入 4 个字符:");
     for(i=0;i<4;i++)
         ch[i]=getchar( );
     printf("这些字符是:");
     for(i=0;i<4;i++)
         putchar(ch[i]);
     printf("\n");
}
```

运行结果相同。

注　意

用 scanf 函数和 getchar 函数给字符数组逐个输入字符的共同特点是：

（1）系统不会自动加'\0'，如果需要存储字符串，则需要手动增加字符串末尾的'\0'值；

（2）空白字符（空格、'\n'、'\t'）也作为字符输入。

用 printf 函数和 putchar 函数输出字符数组的共同特点是：

遇到'\0'不结束，不换行（中间的'\0'变成空格）。

（2）对整个字符串的输入/输出。

　　C 语言中虽然没有字符串变量，但可以使用 scanf 和 printf 以及 gets 和 puts 这两对函数，进行字符串的整体输入以及输出。

　　1）使用 scanf 和 gets 输入整个字符串。

　　调用格式：

```
scanf("%s%s…%s",字符数组首地址,字符数组首地址,…字符数组首地址);
gets(字符数组首地址);
```

　　例如：

```
char str1[10],str2[10],str3[10];
gets(str1);
scanf("%s%s",str2,str3);
```

　　键盘输入：

```
I love China!<回车>
Japan Korea<回车>
```

　　上述代码的含义为：将用户从键盘输入的三个长度小于 10 的字符串 I love China!、Japan、Korea，分别存入 str1、str2、str3 字符数组中。这里 str1、str2、str3 均为数组名，分别是相应字符数组的首地址。

　　上例若将 scanf 和 gets 函数中 str1、str2 以及 str3 分别写成&str1、&str2 和&str3，是错误的，因为 str1、str2 和 str3 本身都是数组的首地址，无需再加取地址运算符。

注意

　　使用 scanf 和 gets 输入字符串的不同：

　　（1）scanf 函数可以同时输入多个字符串（以"空格"，Tab 或"回车"符分隔），而 gets 函数只能输入一个字符串；

　　（2）scanf 函数输入的字符串不能包含空格、Tab 字符（系统将其作为分界或结束符），而 gets 函数输入的字符串中可以包含空格，Tab 字符；

　　（3）scanf 函数不吸收"回车"符，自动在输入的每个字符串后面加上'\0'；而 gets 函数吸收"回车"符，将输入结束的"回车"符转换成'\0'。

　　2）使用 printf 和 puts 函数输出整个字符串。

　　调用格式：

```
printf("%s%s…%s",字符数组首地址,字符数组首地址,…字符数组首地址);
puts(字符串首地址);
```

其中，"字符串首地址"为字符数组的首地址、字符串常量或取得它们首地址的指针变量。

　　例如：

```
char str1[10]="China",str2[10]="Korea";
printf("%-10s%-10s",str1,"Japan");
puts(str2);
```

输出结果为

```
China     Japan     Korea
```

将以上语句改写为

```
char str1[10]="China",str2[10]="Korea";
puts(str1);
puts("Japan");
puts(str2);
```

输出结果为

```
China
Japan
Korea
```

注 意

使用 printf 和 puts 输出字符串的不同：

（1）printf 函数可同时输出多个字符串（'\0'不输出）和其他字符，而 puts 只能输出一个字符串；

（2）printf 函数输出一个字符串后不自动换行，而 puts 函数输出一个字符串后自动换行（将'\0'转换成'\n'）。

对 scanf，printf，getchar，putchar，gets，puts 函数的几点说明：

（1）使用 getchar，putchar，gets，puts 函数需要编译预处理命令#include<stdio.h>。

（2）使用 scanf 函数和 gets 函数输入字符串以及使用 printf 函数和 puts 函数输出字符串，都使用字符串数组首地址，一般用字符数组名，但是也可以用字符数组元素地址，作用是从该元素开始输入或输出字符串，例如：

```
char ch[10]="example";
printf("%s",&ch[2]);
```

该语句输出字符数组中从元素 ch[2]到第一个 '\0'为止的字符串。因此输出结果为

```
ample
```

（3）输出"回车"符换行的区别：

printf("\n")与 putchar('\n')作用相同，都实现换行。

puts("\n")中，由于"\n"包含'\n'和'\0'，而 puts 函数将'\0'转换为换行符，因此结果是换两行。

6.3.4　字符数组与字符串程序设计实例

【例 6-17】　对一些国家名称按字典排序后输出。程序如下：

源程序：

```
#include<stdio.h>
#include<string.h>
void main( )
{    char s[ ][8]={"Japan","Korea","China","Germany","India"};
    int i,j;
    char t[8];
    for(i=0;i<4;i++)
        for(j=i+1;j<5;j++)
            if(strcmp(s[i],s[j])>0) /* strcmp 函数实现两个字符串大小比较 */
            {    strcpy(t,s[i]); /* strcpy 函数将第 2 字符串拷贝到第 1 字符串中*/
                strcpy(s[i],s[j]);
```

```
                    strcpy(s[j],t);
               }
    for(i=0;i<5;i++)
         puts(s[i]);
}
```

运行结果：

```
China
Germany
India
Japan
Korea
press any key to continue
```

程序说明：

（1）strcmp 函数是字符串比较函数，调用形式为

```
strcmp(str1,str2)
```

其中 str1 和 str2 是参与比较的字符串的名称。函数功能是将两个字符串 str1 和 str2 自左向右逐个字符相比（按 ASCII 值大小相比较），直到出现不同的字符或遇'\0'为止。若 str1==str2，则返回零；若 str1<str2，则返回负数；若 str1>str2，则返回正数。返回的数字实际上就是比较结束时两个字符串最后一个字符的 ASCII 码差值。

（2）strcpy 函数是字符串复制函数，调用形式为

```
strcpy(str1,str2)
```

其中 str1 和 str2 是参与复制的字符串起始地址。函数功能是把从 str2 地址开始且含有'\0'结束符的字符串复制到以 str1 开始的地址空间。函数返回的值是 str1 的值。这里的 str1 和 str2 不一定是数组名称，因为复制可以从字符串的任意位置开始，例如：

```
strcpy(str1+2,str2+1)
```

（3）strcmp 函数和 strcpy 函数是 C 语言提供的字符串库函数[1]，需要在程序前端加入"#include<string.h>"。C 语言的字符串库函数中还有两个常用的字符串函数。

1）字符串长度函数 strlen，调用形式为

```
strlen(str)
```

其中 str 是参与计数的字符串起始地址，str 可以是但不仅限于数组名，它可以是内存中任意地址。函数的功能是从该地址开始扫描，直到碰到第一个字符串结束符'\0'为止，然后返回扫描过的字符个数（不包含'\0'）。如果 str 是字符串名，该函数返回的就是字符串的长度。

2）字符串连接函数 strcat，调用形式为

```
strcat(str1,str2)
```

其中 str1 和 str2 是参与连接的字符串起始地址。函数的功能是把 str2 所指字符串添加到 str1 结尾处（覆盖 str1 结尾处的'\0'），这样就实现了将 str2 位置开始的字符串连接到 str1 的后面。函数返回的值是 str1 的值。

【例 6-18】 编写程序将字符串存放在一维字符数组中，并输出。

---

[1] 见附录 C

源程序：

```
#include<stdio.h>
void main( )
{    int i=0;
     char a[ ]="K";                    /* 等价于 char a[ ]={'K','\0'};*/
     char b[ ]={"Sit down"};
     while(a[i]!='\0')                 /* \0 是字符串的结束标志 */
     {    putchar(a[i]);
          i++;
     }
     printf("\n");
     i=0;
     while(b[i]!='\0')
     {    putchar(b[i]);
          i++;
     }
     printf("\n");
}
```

运行结果：

```
K
Sit down
press any key to continue
```

程序说明：

（1）"K"和"Sit down"是字符串，分别存放在字符型数组 a 和 b 中。

（2）程序中未指定两个数组的长度，但根据所赋的字符串能够确定。例如，数组 a 的长度为 2，字符串"K"的长度为 1（"\0"不计入字符串的实际长度）。

（3）需要逐个输出字符串中的字符时，常用 while 循环而且用"\0"判断是否结束循环。

（4）"K"和'K'不同。"K"是字符串，占两个字节，而'K'是字符常量，占一个字节。""和' '也不同，""是空串，占一个字节，存放"\0"，' '是字符常量，也占一个字节，存放空格对应的ASCII 码。\0'的 ASCII 码值为 0，空格的 ASCII 码值为 32。

注　意

常见编程错误：

（1）在定义字符数组长度的时候，没有把空字符'\0'算进去。例如：

```
                    char a[5]="hello";
```

字符数组 a 中存储 5 个字符，没有保存结束标志'\0'，因此 a 不是一个字符串。

（2）在输入一个字符串到数组中的时候，在其数组名上加上地址符&。例如：

```
                    char a[10];
                    scanf("%s",&a);
```

则会出现运行错误。

（3）在输出字符串的时候，字符串的格式不正确，造成输出不正确。例如：

```
                    char a[10]="China";
```

a 为一个字符串，输出语句为

```
                     printf("%c",a);
```

则会出现运行错误。

6.4　小　　　结

1. 一维数组

（1）定义一维数组的方式为

类型　数组名[数组长度]

（2）数组元素的引用需要指定下标，它的表示形式为

数组名[下标]

（3）一维数组的初始化。

1）在定义数组时对数组元素赋予初值。例如：

```
int a[10]={1,2,3,4,5,6,7,8,9,10};
```

2）只给一部分元素赋值。例如：

```
int a[10]={1,2,3,4};
```

3）如果想使一个数组中全部元素都为 0，可以写成

```
int a[10]={0,0,0,0,0,0,0,0,0,0};
```

或

```
int a[10]={0};
```

4）全部数组元素赋初值时，由于数据的个数已经确定，因此可以不指定数组长度。

2. 二维数组

（1）二维数组的定义形式为

类型名　数组名[行数][列数]

（2）二维数组元素的引用形式为

数组名[行下标][列下标]

（3）二维数组的初始化

1）分行赋初值。例如：

```
int a[3][4]={{1,2,3,4},{5,6,7,8},{9,10,11,12}};
```

2）按存储顺序连续赋初值。例如：

```
int a[3][4]={1,2,3,4,5,6,7,8,9,10,11,12};
```

3）分行对部分元素赋初值，未赋初值的元素自动取 0 值（对实数是 0.0，对字符型是'\0'）。

4）按存储顺序对全部或部分元素赋初值，省略行数，系统将自动计算行数。例如：

```
int a[ ][4]={1,2,3,4,5,6,7,8,9,10,11,12};
```

3. 字符数组与字符串

（1）字符数组。字符数组的定义和前面介绍的数值数组的定义相同。

字符数组的初始化：

1）字符数组初始化的基本方法：逐一给字符数组的各元素赋值，这与数值数组的初始化方法相同。

2）如果对全体元素赋初值，可以省略长度说明。

3）二维字符数组初始化的基本方法是将字符串分行存储。

（2）字符串。字符串的初始化：

1）一维字符数组的字符串初始化。例如：

```
char ch[ ]={"hello"};
```

2）二维字符数组的字符串初始化。例如：

```
char s[3][8]={"China","America","Korea"};
```

（3）字符串的输入与输出：

1）逐个输入/输出字符串中的字符。

2）整个字符串的输入/输出。

习题 6

一、选择题

1．若有定义语句：

```
int m[ ]={5,4,3,2,1},i=4;
```

则下面对 m 数组元素的引用中错误的是＿＿＿＿＿。

  A．m[--i]   B．m[2*2]   C．m[m[0]]   D．m[m[i]]

2．在 C 语言中，引用数组元素时，其数组下标的数据类型允许是＿＿＿＿＿。

  A．整型常量   B．整型常量或整型表达式

  C．整型表达式   D．任何类型的表达式

3．若有以下语句：

```
int  a[4]={1,2,3},i;
i=a[0]*a[1]+a[2]*a[3];
```

i 的值为＿＿＿＿＿。

  A．2   B．5   C．3   D．以上都不对

4．对两个数组 a 和 b 进行如下初始化

```
char a[ ]="ABCDEF";
char b[ ]={'A','B','C','D','E','F'};
```

则以下叙述正确的是＿＿＿＿＿。

  A．a 和 b 数组完全相同   B．a 和 b 长度相同

  C．a 和 b 中都存放字符串   D．a 数组比 b 数组长度长

5．若有说明 int a[ ][4]={0,0};，则下列叙述不正确的是＿＿＿＿＿。

  A．数组 a 的每个元素都可以得到初值 0

  B．二维数组 a 的第一维的大小为 1

  C．数组 a 的行数为 1

  D．只有元素 a[0][0]和 a[0][1]可得到初值 0，其余元素均得不到初值

6. 有两个字符数组 a、b，则以下正确的输入语句是_____。

    A. gets(a,b);   B. scanf("%s%s",a,b);

    C. scanf("%s%s",&a,&b);   D. gets("a"),gets("b");

7. 下列语句中，不正确的是_____。

    A. int a[5]={1,2,3,4,5};   B. int a[5]={1,2,3};

    C. int a[4]={0,0,0,0,0};   D. int a[5]={0*5};

8. 下列定义数组的语句中正确的是_____。

    A. #define size 10   B. char str[ ];

       char str1[size],str2[size+2];

    C. int num['10'];   D. int n=5;int a[n][n+2];

9. 设有说明 char str[10];，下列语句正确的是_____。

    A. scanf("%s",&str);   B. printf("%c",str);

    C. printf("%s",str[0]);   D. printf("%s",str);

10. 假设 a 是一个有 10 个元素的整型数组，则下列写法中正确的是_____。

    A. a[0]=10   B. a=0   C. a[10]=0   D. a[-1]=0

11. 若有如下定义：

$$int\ a[3][3]=\{1,2,3,4,5,6,7,8,9\},i;$$

则下列语句的输出结果是：_____。

```
for(i=0;i<=2;i++)
    printf("%d",a[i][2-i]);
```

    A. 3 5 7   B. 3 6 9   C. 1 5 9   D. 1 4 7

12. 下列字符串赋值语句中，不能正确把字符串 C program 赋给数组的语句是：_____。

    A. char a[ ]={'C',' ','p','r','o','g','r','a','m','\0'};

    B. char a[10];strcpy(a,"C program");

    C. char a[10];a="C program";

    D. char a[10]="C program";

13. 下面程序段的运行结果是_____。

```
char c[5]={'a','b','\0','c','\0'};
printf("%s",c);
```

    A. abc   B. ab\0c\0   C. ab c   D. ab

14. 有以下程序

```
#include<stdio.h>
void fun(int a,int b)
{   int t;
    t=a;
    a=b;
    b=t;
}
void main( )
{   int c[10]={1,2,3,4,5,6,7,8,9,0},i;
```

```
for(i=0;i<10;i+=2)
        fun(c[i],c[i+1]);
for(i=0;i<10;i++)
        printf("%d,",c[i]);
printf("\n");
}
```

程序的运行结果是_____。

A. 1,2,3,4,5,6,7,8,9,0   B. 2,1,4,3,6,5,8,7,0,9

C. 0,9,8,7,6,5,4,3,2,1   D. 0,1,2,3,4,5,6,7,8,9

15．有以下程序

```
#include<stdio.h>
#define N 4
void fun(int a[ ][N],int b[ ])
{    int i;
    for(i=0;i<N;i++)
        b[i]=a[i][i];
}
void main( )
{    int x[ ][N]={{1,2,3},{4},{5,6,7,8},{9,10}},y[N],i;
    fun(x,y);
    for(i=0;i<N;i++)
        printf("%d,",y[i]);
    printf("\n");
}
```

程序的运行结果是_____。

      A. 1,2,3,4   B. 1,0,7,0   C. 1,4,5,9   D. 3,4,8,10

二、填空题

1．在 C 语言中，二维数组中元素排列的顺序是_____。

2．对数组 a[3][5]来说，使用数组的某个元素时，行下标的最大值是_____，列下标的最大值是_____。

3．在 C 语言中，将字符串作为_____处理。

4．在 C 语言中，数组的首地址是_____。

5．设有定义语句：int a[ ][3]={{0}，{1}，{2}};，则数组元素 a[1][2]的值是_____。

6．下面程序的运行结果是_____。

```
#include<stdio.h>
void main( )
{    int a[3][4]={1,2,3,4,5,6,7,8,9,10,11,12},b[4][3];
    int i,j;
    for(i=0;i<3;i++)
        for(j=0;j<4;j++)
            b[j][i]=a[i][j];
    for(i=0;i<4;i++)
    {   for(j=0;j<3;j++)
            printf("%5d",b[i][j]);
        printf("\n");
    }
}
```

7. 下面程序的运行结果是_____。

```c
#include<stdio.h>
void main( )
{    char a[5][5],i,j;
     for(i=0;i<5;i++)
         for(j=0;j<5;j++)
             if(i==0 ||i+j==4)
                 a[i][j]='*';
             else
                 a[i][j]=' ';
     for(i=0;i<5;i++)
     {    for(j=0;j<5;j++)
             printf("%c",a[i][j]);
         printf("\n");
     }
}
```

8. 下面程序的运行结果是_____。

```c
#include<stdio.h>
void main( )
{    char a[5][5],i,j;
     for(i=0;i<5;i++)
         for(j=0;j<5;j++)
             if(i==0||i==j)
                 a[i][j]='*';
             else
                 a[i][j]=' ';
     for(i=0;i<5;i++)
     {    for(j=0;j<5;j++)
             printf("%c",a[i][j]);
         printf("\n");
     }
}
```

9. 下面程序的运行结果是_____。

```c
#include<stdio.h>
void main( )
{    int a[5][5],i,j;
     for(i=0;i<5;i++)
     {    a[i][0]=1;
         a[i][i]=1;
     }
     for(i=2;i<5;i++)
         for(j=1;j<i;j++)
             a[i][j]=a[i-1][j-1]+a[i-1][j];
     for(i=0;i<5;i++)
     {    for(j=1;j<=i;j++)
             printf("%5d",a[i][j]);
         printf("\n");
     }
}
```

10. 下面程序的运行结果是_____。

```c
#include<stdio.h>
void main( )
{    char str[ ]={"a1b2c3d4e5"},i,s=0;
     for(i=0;str[i]!='\0';i++)
          if(str[i]>='a'&&str[i]<='z')
               printf("%c\n",str[i]);
}
```

11. 以下程序的功能是：求出数组 x 中各相邻两个元素的和依次存放到 a 数组中，然后输出。请填空。

```c
#include<stdio.h>
void main( )
{    int x[10],a[9],i;
     for(i=0;i<10;i++)
          scanf("%d",&x[i]);
     for(_____;i<10;i++)
          a[i-1]=x[i]+_____;
     for(i=0;i<9;i++)
          printf("%d",a[i]);
}
```

12. 从键盘输入由 5 个字符组成的单词，判断此单词是不是 hello，并显示结果。

```c
#include<stdio.h>
void main( )
{    _____;
     char str[ ]="hello";
     char str1[6];
     _____;
     flag=0;
     for(i=0;str1[i]!='\0';i++)
          if(_____)
          {    flag=1;
               break;
          }
     if(flag)
          printf("this word is not hello\n");
     else
          printf("this word is hello\n");
}
```

13. 用冒泡法对十个数由大到小排序。

```c
#include<stdio.h>
void main( )
{    int a[11],i,j,t;
     printf("input 10 numbers:\n");
     for(i=1;i<11;i++)
          scanf("%d",&a[i]);
     for(j=1;j<=9;j++)
          for(i=1;_____;i++)
```

```
        if(_____)
        {    _____
            a[i]=a[i+1];
             _____
        }
    printf("the sorted numbers:\n");
    for(i=1;i<11;i++)
        printf("%d",a[i]);
}
```

三、编程题

1．编一程序，从键盘输入 10 个整数并保存到数组，求出该 10 个整数的最大值、最小值及平均值。

2．编一程序，从键盘输入 10 个整数并保存到数组，要求找出最小的数和它的下标，然后把它和数组中最前面的元素对换位置。

3．打印杨辉三角形，如下所示。

```
    1
    1    1
    1    2    1
    1    3    3    1
    1    4    6    4    1
    1    5    10   10   5    1
```

4．定义 4×6 的实型数组，并将各行前五列元素的平均值分别放在同一行的第 6 列上。

5．定义 3×5 的二维数组，并将最大的元素值和左上角的元素值对调。

6．输入一个字符串，统计其中单词个数。单词之间用空格隔开。

7．判断二维数组中是否存在鞍点，若存在，则输出之，否则，输出没有鞍点信息。鞍点是这样的元素，该元素是所在行的最大的元素，且是所在列最小的元素。

8．有 M 个人参加了 N 门课程的考试，编程输入所有成绩。求每个人的平均成绩和每门课程的平均分数，并找出所有成绩中最高分是哪个学生的哪门课程的成绩。

9．删除一个字符串从某个特定字符开始的所有字符。例如字符串为"abcdefg"，特定字符为'd'，删除后字符串为"abc"。

10．将输入字符串逆序存放后输出。

11．输入一个字符串，分别统计其中的大写字母，小写字母，数字字符和其他字符的个数。

12．在一个已经排好序（假定是升序）的整型数组中插入一个数，使之仍然有序。

13．编程求两矩阵的乘积。

14．不用 strcpy 函数，将键盘输入的字符串 str2 复制到字符串 str1。

15．计算字符串的有效长度，并输出该字符串。字符串的有效长度就是有效字符的个数，即数组中第一个'\0'前面的字符个数。

第7章 函　　数

学习目标

掌握函数的定义形式；
掌握函数调用；
掌握数组作为参数的函数调用；
掌握函数的嵌套和递归调用；
掌握变量的作用域；
了解变量的存储类型。

在前面各章的程序中，源程序大都只有一个主函数 main( )，但在实际应用中，一个源程序往往由多个函数组成。C 语言不仅提供了极为丰富的库函数，如 printf( )和 scanf( )，还允许用户建立自己定义的函数。用户可以把自己的算法编成一个个相对独立的函数模块，然后通过调用的方法来使用函数。可以说 C 程序的全部工作都是由各式各样的函数完成的，所以 C 语言也称为函数式语言。

7.1　函 数 的 概 述

函数是 C 语言程序的基本组成单元。虽然"函数"这个术语来自数学，但是 C 语言的函数不同于数学函数。在 C 语言中，函数不一定要有参数，也不一定要计算数值。每个函数本质上是一个自带声明和语句的小程序。可以利用函数把程序划分成小块，这样便于理解和维护程序。函数可以复用，即一个函数最初可能是某个程序的一部分，但可以将其用于其他程序中。

在 C 语言中，函数的使用过程由三部分组成：函数声明、函数定义和函数调用。下面是一个简单的函数程序。

【例 7-1】 计算两个数的平均值。

源程序：

```
/*计算平均值*/
#include<stdio.h>
void main( )
{    float x,y,z;
     float average(float a,float b);                        /*函数声明*/
     printf("输入 3 个数值:");
     scanf("%f%f%f",&x,&y,&z);
     printf("%.2f 和%.2f 的平均值为:%.2f\n",x,y,average(x,y));   /*函数调用*/
     printf("%.2f 和%.2f 的平均值为:%.2f\n",y,z,average(y,z));   /*函数调用*/
     printf("%.2f 和%.2f 的平均值为:%.2f\n",x,z,average(x,z));   /*函数调用*/
}

float average(float a,float b)                              /*函数定义*/
```

```
{      float c;
       c=(a+b)/2;
       return c;
}
```

运行结果：

```
输入3个数值:5   6   7
5.00 和 6.00 的平均值为 5.50
6.00 和 7.00 的平均值为 6.50
5.00 和 7.00 的平均值为 6.00
Press any key to continue
```

程序说明：

（1）这个程序包含两个函数：main 函数和 average 函数。其中 main 函数在此前的章节中已经出现多次，实际上它是 C 语言程序的入口函数，也就是说，一个 C 源程序必须包含一个 main 函数，且只能包含一个 main 函数，C 程序从 main 函数开始执行并结束于 main 函数。average 函数是用户自定义的函数，其功能是计算两个实型数的平均值。其定义为

```
float average(float a,float b)
{      float c;
       c=(a+b)/2;
       return c;
}
```

average 是函数的名称，称为函数名，只要是合法的标识符都可以作为函数名；函数名前的 float 定义了 average 函数的返回值类型，也称函数类型；变量 a 和 b 是函数的形式参数，在调用 average 函数时必须提供两个参数，正是这两个参数实现了参数传递。每个形式参数都必须有类型（正如每个变量都有类型一样），其中参数 a 和 b 前面的 float 就是 a 和 b 的类型。函数的形式参数本质上是变量，其值在函数被调用的时候才能提供。函数类型、函数名和参数构成了函数头部。

（2）每个函数都有一个用一对大括号括起来的执行部分，称为函数体。average 函数的函数体由三条语句构成。前两句计算平均值，最后一句 return c；使函数"返回"到调用它的地方，变量 c 的值作为函数的返回值。

（3）在调用函数时，需要写出函数名及跟随其后的实际参数列表，例如 average(x,y)。实际参数用来给函数提供所需信息，等价于该函数的输入部分。在此例中，函数 average 需要知道的是求哪两个数的平均值。调用 average(x,y)的效果就是把变量 x 和 y 的值分别赋值给形式参数 a 和 b，然后执行 average 函数的函数体。实际参数可以是变量，也可以是任何正确的表达式，也就是说，既允许写成 average(5.0,6.0)，也可以写成 average(x/2,y/3)。

（4）我们把 average 函数的调用放在需要使用返回值的地方。例如，为了计算并显示 x 和 y 的平均值，可以写成

```
printf("%.2f 和%.2f 的平均值为:%.2f\n",x,y,average(x,y));
```

这条语句功能为

　1）程序调用 average 函数，并且把变量 x 和 y 作为实际参数传递给 a 和 b；

　2）average 函数执行函数体，返回 x 和 y 的平均值；

3）printf 函数输出函数 average 的返回值。

需要注意的是，没有把 average 函数的返回值保存在任何地方，程序显示出这个值之后就丢弃了，如果需要在后面的程序中继续使用返回值，可以把这个返回值赋值给变量：

avg=average(x,y);

avg 是一个实型变量。

在介绍完函数定义和函数调用之后，再来谈谈函数声明。

为什么要有函数声明呢？假设上面程序没有函数声明这条语句，当遇到 main 函数中第一个 average 函数调用时，编译器没有任何关于 average 函数的信息，编译器不知道 average 函数有多少形式参数，形式参数的类型是什么，也不知道 average 函数的返回值是什么类型，所以程序无法正常工作。

为了避免上述问题的发生，一种方法是使得每个函数的定义都在此函数的调用之前。例如［例 7-1］的程序可以改写为

源程序：

```
/*计算平均值*/
#include<stdio.h>
float average(float a,float b)                          /*函数定义*/
{    float c;
     c=(a+b)/2;
     return c;
}

void main( )
{    float x,y,z;
     printf("输入 3 个数值:");
     scanf("%f%f%f",&x,&y,&z);
     printf("%.2f 和%.2f 的平均值为:%.2f\n",x,y,average(x,y));    /*函数调用*/
     printf("%.2f 和%.2f 的平均值为:%.2f\n",y,z,average(y,z));    /*函数调用*/
     printf("%.2f 和%.2f 的平均值为:%.2f\n",x,z,average(x,z));    /*函数调用*/
}
```

可惜的是，这类安排不一定总是存在，而且即使真的做了这样安排，也会因为按照不自然的顺序放置函数定义，使得程序难以阅读。

幸运的是，C 语言提供了一种更好的解决办法：在调用之前声明每个函数，函数声明使得编译器对函数进行概要浏览，而函数的完整定义稍后再出现。函数声明类似于函数定义的第一行，也就是函数头部，不同之处是在其结尾处有分号；即

类型 函数名(形式参数);

函数声明必须与函数定义一致。需要说明的是，函数声明不需要说明形式参数的名字，只要显示它们的类型就可以了，如

float average(float,float);

此时程序不需要进入函数定义，所以编译器只需要知道其形式参数类型即可。然而，通常最好是不要忽略形式参数的名字，因为这些名字可以注释每个形式参数的目的，并且提醒程序员在函数调用时有关实际参数出现时必须依据的次序。

> **注　意**
>
> 函数定义与函数声明的关系:
> (1) 函数定义包括函数头部和函数体, 形式为
>
> 　　　　　　　类型　函数名（形式参数）
> 　　　　　　　{
> 　　　　　　　　　　语句
> 　　　　　　　}
>
> (2) 函数声明仅仅告诉编译器该函数的名字、类型及参数的类型, 其形式为
>
> 　　　　　　　类型　函数名(形式参数);
>
> (3) 函数声明一定要同函数头部相同, 且添加分号。

> **注　意**
>
> 常见编程错误:
> (1) 函数定义在函数调用之后, 但缺少函数声明。
> (2) 形式参数与变量定义的区别, 如函数声明 int f(int a,int b);, 其中 a 和 b 是形式参数, 类型都是整型, 每个形式参数前面的 int 不能省略, 即 int f(int a,b)是错误的书写形式, 而在函数体中的变量定义 int a, b 是允许的, 要特别注意这一点。
> (3) 函数声明中, 不要忘记分号。
> (4) 形式参数只能是变量, 不能是常量或表达式。

7.2　函数的简单调用

定义一个函数后, 就可以在程序中调用这个函数。调用函数时, 将实际参数传递给形式参数并执行函数定义中所规定的程序过程, 以实现相应的功能。

在 C 语言中, 调用标准库函数时, 只需要在程序的最前面用#include 命令包含相应的头文件。例如, 若使用 printf 函数, 则需要包含 stdio.h 头文件。调用自定义函数时, 程序中必须有与之对应的函数定义。

7.2.1　输出数字金字塔

【例 7-2】　输出数字金字塔。

源程序:

```c
#include<stdio.h>
void main( )
{    int num;
     void pyramid(int n);                    /*函数声明*/
     printf("请输入金字塔的层数:");          /*提示语言*/
     scanf("%d",&num);                       /*读入金字塔层数*/
     pyramid(num);                           /*调用函数,输出数字金字塔*/
}

void pyramid(int n)                          /*函数定义*/
```

```
{      int i,j;
    for(i=1;i<=n;i++)                        /*金字塔层数*/
    {    for(j=1;j<=n-i;j++)                  /*输出每行左边的空格数*/
            printf(" ");
        for(j=1;j<=i;j++)                     /*输出每行的数字*/
            printf("%d ",i);
        printf("\n");                         /*换行*/
    }
}
```

运行结果：

```
请输入金字塔的层数:5
    1
   2 2
  3 3 3
 4 4 4 4
5 5 5 5 5
Press any key to continue
```

程序说明：

函数 pyramid 的功能很明确，就是从键盘上读入金字塔的层数，然后在屏幕上输出数字金字塔，不做任何运算，也没有计算结果，所以不需要返回值。形式参数 n 决定了数字金字塔的层数。当执行函数调用 pyramid(num)时，将实际参数 num 的值传递给形式参数 n，然后继续执行函数体中的语句，在函数定义内部只需访问形式参数，而不能访问实际参数。

在 C 语言中，函数的形式参数出现在函数定义中函数名后面的括号内，数量可以为零个或多个。当函数没有形式参数时，函数定义中函数名后面的括号为空，但是括号本身不能省略，此时调用函数只需函数名加括号即可，如：

```
ch=getchar( );
```

当函数有多个形式参数时，依次写在函数名后的括号内，以逗号分隔，如：

```
float average(float a,float b)
```

定义 average 函数时需要注意，形式参数不能写成 float a，b，一定要每个形式参数都要单独声明数据类型。在调用函数时，需要在函数名后列出相应的实际参数，并且要保证参数个数、参数类型和参数顺序与函数定义完全一致。

函数定义除了形式参数之外，还有返回值，也就是函数类型。C 语言中，默认的函数类型为整型。例如在 main 函数中有语句

```
printf("%d",fun( ));
```

而 fun 函数的定义为

```
fun( )
{
    …
}
```

此时，程序能够执行，但是输出的值为不可预期的值，因为 fun 函数没有返回确定的数值。

如果想要函数不返回任何值，可以使用 void 作为函数类型，如：

```
void fun( )
{
    …
}
```

函数的返回值可以用变量保存，但变量类型要与函数类型相同，否则可能会导致数据精度丢失。

7.2.2　判断素数

【例 7-3】　判断 1777 和 1991 是否为素数。

题目分析：

（1）该题目要求判断两个整数是否为素数，我们考虑定义一个函数 prime 用来判断一个整数是否为素数，这样只需两次调用函数 prime，来判断 1777 和 1991 是否为素数，避免代码重复。

（2）定义函数头部，由函数 prime 的功能可知其形式参数为一个整型，而且应该具有返回值，并能表明判断结果。能够标识是或否的数据类型，最常用的就是整型，用 0 表示"否"，1 表示"是"。这样就可以构造出函数 prime 的头部：int prime(int n)。

（3）定义函数体，素数是只能被 1 与其本身整除的整数。判断整数 n 是否为素数的一种简单思路是：变量 i 从 2 循环到 sqrt(n)，如果存在某个整数 i 使得 n%i 等于 0，那么 n 就不是素数，否则 n 就是素数。其中函数 sqrt 是系统标准库函数，用来计算平方根。

（4）编写 main 函数，需要调用两次函数 prime。

源程序：

```
/*判断 1777 和 1991 是否为素数。*/
#include<stdio.h>
#include<math.h>
int prime(int n)                    /*函数定义*/
{   int k,i,result;
    k=sqrt(n);                      /*判断素数*/
    for(i=2;i<=k;i++)
        if(n%i==0)break;
    if(i>k)
        result=1;
    else
        result=0;
    return result;                  /*函数返回值:1 代表 n 是素数,0 代表 n 不是素数*/
}
void main( )
{   int a=1777,b=1991;
    if(prime(a))                    /*函数调用*/
        printf("%d 是素数\n",a);
    else
        printf("%d 不是素数\n",a);
    if(prime(b))                    /*函数调用*/
        printf("%d 是素数\n",b);
```

```
        else
            printf("%d不是素数\n",b);
}
```

运行结果：

```
1777 是素数
1991 不是素数
Press any key to continue
```

在 C 语言中，函数通过 return 返回函数类型值。一个函数可以包含多个 return 语句，但是，当程序执行到第一个 return 语句时，函数执行完毕，后面的程序不再执行，返回到函数调用处。如：

```
int fun( )
{   int a=5;
    return 0;
    if(a>0)
    return a;
}
```

该函数只能返回 0。也就是说函数最多只能执行一个 return 语句，如果包含多个 return 语句，那么 return 语句一般都在分支语句中，根据不同的条件返回不同的结果。如：

```
int max(int x,int y)
{   if(a>b)
        return a;
    else
        return b;
}
```

如果 return 返回值的类型与函数类型不一致，以函数类型为准，如：
源程序：

```
#include<stdio.h>
int average(float a,float b)
{   float c;
    c=(a+b)/2;
    return c;
}
void main( )
{   float x,y,z;
    x=10.0;
    y=5.0;
    z=average(x,y);
    printf("%.2f\n",z);
}
```

运行结果：

```
7.00
Press any key to continue
```

程序说明：
该程序中，将 10.0 和 5.0 传入函数 average，变量 c 的计算结果为 7.5，但由于返回类型为 int，将返回值强制转换为整数 7，再将整数 7 赋值给 z，所以 z 的值为 7.0。

要额外说明的是，实际参数不要求一定是变量，任何正确类型的表达式都可以，也就是说，既允许写成 z=average(10.0,5.0)，也可以写成 z=average(x/2,y/3)。

7.2.3　数值交换

【例 7-4】　编写函数交换两个变量的数值

源程序：

```
/*交换两个变量的数值*/
#include<stdio.h>
void swap(int x,int y);
void main( )
{    int a,b;
     printf("请输入交换的数值:");
     scanf("%d%d",&a,&b);                    /*读入数值*/
     printf("交换前 a=%d,b=%d\n",a,b);
     swap(a,b);                              /*调用函数*/
     printf("交换后 a=%d,b=%d\n",a,b);
}

void swap(int x,int y)                       /*交换函数定义*/
{    int temp;
     temp=x;
     x=y;
     y=temp;
}
```

运行结果：

```
请输入交换的数值:5  8
交换前 a=5,b=8
交换后 a=5,b=8
Press any key to continue
```

程序说明：

从程序的运行结果来看，并没有实现数值的交换，但我们的程序看起来也没有什么不妥之处，那究竟是什么原因导致运行结果不对的呢？要弄清楚这个问题，需要了解 C 语言中形式参数和实际参数是如何传递的。

形式参数出现在函数定义中，只有在函数被调用时才在内存中为其分配变量空间，并且在函数调用结束后，释放变量空间。也就是说，形式参数中的变量并不是一直存在的，它随着函数调用开始而产生，函数调用结束而消失。实际参数是出现在函数调用中的表达式，其作用是在函数调用时，计算出表达式的值传递给形式参数，完成函数功能。

对于［例 7-4］的程序，其执行过程可以分为以下步骤：

（1）程序执行到函数调用 swap(a,b)之前，内存中的变量空间如图 7-1（a）。

（2）当执行 swap(a,b)语句时，为形式参数 x 和 y 分配空间，并将实际参数的值分别赋给形式参数，即 x=a=5，y=b=8，然后继续执行函数 swap 的程序部分，此时内存如图 7-1（b）所示。

（3）当执行到 swap 函数最后的大括号之处时，完成数值交换，内存如图 7-1（c）所示。

可以看出实际上程序实现的是形式参数 x 和 y 中的数据交换，并不是实际参数 a 和 b 的数据交换。

（4）函数调用之后，形式参数 x 和 y 与函数内部变量 temp 都消失，内存如图 7-1（d）所示，实际参数 a 和 b 的值没有发生变化。

从程序的执行过程中可以看出，C 语言进行函数调用时参数是值传递，也就是从实际参数到形式参数的单向传递，形式参数的任何改变不会影响实际参数的内容。这也就是解释了［例 7-4］的程序为什么得不到我们想要的结果。

如果要真正通过函数实现实际参数的数据交换，需在学习第 8 章指针后才能完成。

我们将［例 7-4］改写成如下形式，可以清楚地看到变量值的变化情况。

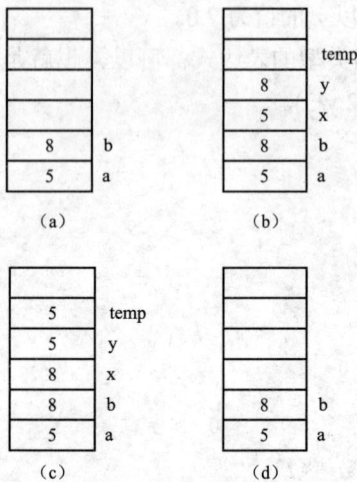

图 7-1　数值交换过程中内存的变化

源程序：

```
/*交换两个变量的数值*/
#include<stdio.h>
void swap(int x,int y);
void main( )
{    int a,b;
     printf("请输入交换的数值:");
     scanf("%d%d",&a,&b);                    /*读入数值*/
     printf("--main --交换前 a=%d,b=%d\n",a,b);
     swap(a,b);                              /*调用函数*/
     printf("--main --交换后 a=%d,b=%d\n",a,b);
}

void swap(int x,int y)                       /*交换函数定义*/
{    int temp;
     printf("--swap --交换前 x=%d,y=%d\n",x,y);
     temp=x;
     x=y;
     y=temp;
     printf("--swap --交换后 x=%d,y=%d\n",x,y);
}
```

运行结果：

```
请输入交换的数值:5  8
— main — 交换前 a=5,b=8
— swap — 交换前 x=5,y=8
— swap — 交换后 x=8,y=5
— main — 交换后 a=5,b=8
Press any key to continue
```

注　意

常见编程错误：

（1）函数调用时，实际参数的个数与顺序一定要与函数定义相同。

（2）函数调用之前一定要有函数定义或函数声明。

（3）函数调用时，不需要写出实际参数的类型，对于上面的程序，如果函数调用写成 swap（int a，int b）是错误的，只需 swap(a,b)即可。

（4）在函数定义中不能访问实际参数变量。

（5）函数类型要与函数的返回值类型保持一致。

（6）形式参数与实际参数变量名可以相同也可以不同，但一般建议变量名有所不同，防止混淆。

7.3　数组作为参数的函数调用

数组作为一种常用的构造数据类型，也可以作为函数的参数。当形式参数是一维数组时，可以说明数组长度或不说明数组的长度。如：

```
int fun(int a[6])
{
    ...
}
```

或

```
int fun(int a[ ])
{
    ...
}
```

这是因为在 C 语言中，形式参数中数组并不像普通数组定义那样在内存中申请一块连续的空间，在调用时，它与实际参数数组公用一块内存空间，所以形式参数中数组长度没有意义。如在 main 函数有如下语句：

```
int b[6],c;
...            /*对数组 b 赋值*/
c=fun(b);
```

图 7-2（a）为调用函数之前的内存空间，图 7-2（b）是调用函数之后的内存空间。在第 6 章中已经学过，数组名是数组的首地址。从图 7-2 中可以看出，函数调用后，形式参数数组 a 并没有像实际参数数组 b 一样再次申请一块连续的空间，而是使得数组 a 与数组 b 首地址相同。这样，在函数中访问数组 a 中的元素实际上等同于访问数组 b 中的元素，从而实现数组参数传递。

实际上，数组作为参数传递的是地址，在第 8 章中会有更深入的讲解。这种参数传递方式称为地址传递。

那么在函数中如何知道数组的长度呢？遗憾的是，C 语言没有为函数提供任何简便的方法来确定传递给它的数组的长度。但是，为了对数组进行操作，数组的长度是必须确定的，所以通常要把数组长度也作为形式参数。如：

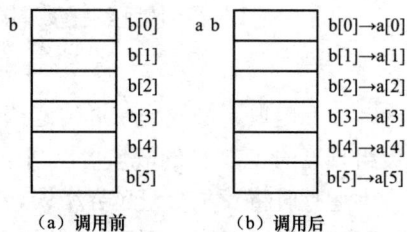

图 7-2　数组作为参数的函数调用

```
int fun(int a[ ],int n)
```

```
                        {
                            ...
                        }
```

7.3.1　寻找数组中最大元素

【例 7-5】　寻找数组中的最大元素。

源程序：

```
/*寻找数组中的最大元素*/
#include<stdio.h>
#define N 10
float max_array(float a[ ],int n);                /*函数声明*/
void main( )
{    float array[N],max;
     int i;
     printf("请输入%d 个实数:",N);
     for(i=0;i<N;i++)
            scanf("%f",&array[i]);
     max=max_array(array,N);                       /*函数调用*/
     printf("数组中最大元素是:%.2f\n",max);
}

float max_array(float a[ ],int n)                  /*函数定义*/
{    int i;
     float max;
     max=a[0];
     for(i=1;i<n;i++)
         if(a[i]>max)
                max=a[i];
     return max;
}
```

运行结果：

```
请输入 10 个实数:1.2  2.3  3.4  5  6  8.8  12.4  9.4  0.8  19
数组中最大元素是:19.00
Press any key to continue
```

程序说明：

（1）在把数组名传递给函数时，不要在数组名的后边加方括号。以下调用方式是错误的：

```
                max=max_array(array[ ],N);
```

（2）函数无法检测通过传递获得的数组长度是否正确。函数调用时 max_array(array,N);
数组长度的实参 N 的取值可以小于等于实参数组 array 的长度，但不能大于实参数组的长度，
否则运行时将发生数组越界错误。假设，数组 b 可以拥有 10 个元素，但是实际仅存储了 5
个元素，通过书写下列语句可以求解数组前 5 个元素的最大值：

```
                max=max_array(array,5);
```

max_array 函数将忽略另外 5 个元素，其实 max_array 函数根本不知道另外 5 个元素的存在。

但是不要让数组长度参数比实际的大：

```
                max=max_array(array,20);
```

这样，max_array 函数将超出数组的末尾，发生数组越界错误。

7.3.2 比较两个数组的大小

【例 7-6】 比较两个数组 a 和 b 的大小，比较规则如下。

（1）用 m，n 和 k 分别记录两个数组对应元素的比较结果，如果 a[i]大于 b[i]，m++，否则如果 a[i]等于 b[i]，k++，否则 n++。

（2）如果 m>n，数组 a 大于 b，否则如果 m<n，数组 a 小于 b，否则数组 a 等于 b。

源程序：

```
/*比较两个数组的大小*/
#include<stdio.h>
#define N 5
int cmp_array(int a[ ],int b[ ],int length);              /*函数声明*/

void main( )
{    int a[N],b[N],cmp;
     int i;
     printf("请输入数组1(%d个整数):",N);                  /*输入数据*/
     for(i=0;i<N;i++)
          scanf("%d",&a[i]);
     printf("请输入数组2(%d个整数):",N);
     for(i=0;i<N;i++)
          scanf("%d",&b[i]);
     cmp=cmp_array(a,b,N);                                /*函数调用*/
     if(cmp>0)                                            /*输出结果*/
          printf("数组1大于数组2。\n");
     else if(cmp<0)
               printf("数组1小于数组2。\n");
          else
               printf("数组1等于数组2。\n");
}

int cmp_array(int a[ ],int b[ ],int length)              /*函数定义*/
{    int i,result,m,n,k;
     m=n=k=0;
     for(i=0;i<length;i++)                               /*计算m,n和k*/
          if(a[i]>b[i])
               m++;
          else if(a[i]<b[i])
                    n++;
               else
                    k++;
     if(m>n)
          result=1;
     else if(m<n)
               result=-1;
          else
               result=0;
     /*返回结果,1代表a大于b,0代表a等于b,-1代表a小于b*/
     return result;
}
```

运行结果：

```
请输入数组1(5 个整数):2  3  4  5  6
请输入数组1(5 个整数):3  2  4  6  5
数组 1 等于数组 2。
Press any key to continue
```

程序说明：

当函数参数中的数组多于一个时，应注意数组长度的传递。如果所有数组的长度相同，可以只使用一个参数，如本例。而如果数组的长度不同，那么要分别传递长度参数，并且保证顺序正确。如：

```
int cmp_array(int a[ ],int a_length,int b[ ],int b_length)
{
    ...
}
```

7.3.3　字符串复制

【例 7-7】　编写函数实现字符串的复制

源程序：

```
/*编写函数实现字符串的复制*/
#include<stdio.h>
#include<string.h>
#define N 80
void copy_string(char from[ ],char to[ ]);                    /*函数声明*/

void main( )
{    char a[N],b[N];
     printf("请输入一串字符串:");
     gets(a);
     copy_string(a,b);                                        /*函数调用*/
     puts(b);
}

void copy_string(char from[ ],char to[ ])                     /*函数定义*/
{    int i;
     for(i=0;from[i] !='\0';i++)        /*当 from 数组元素不是'\0',复制到 to 数组*/
          to[i]=from[i];
     to[i]='\0';                        /*to 数组最后添加'\0',标识字符串结束*/
}
```

运行结果：

```
请输入一串字符串:I love china!
I love china!
Press any key to continue
```

程序说明：

字符串复制函数 strcpy 在［例 6-17］[1]中已经介绍过，本程序是自己实现复制函数的功

---

[1] 见 6.3.4 字符数组与字符串程序设计实例。

能。由于字符串具有结束标识'\0'，所以函数定义中不需要数组长度参数，这一点是字符串作为参数特别需要注意的。

7.3.4　学生成绩排名

【例 7-8】　编写函数实现学生成绩按平均分排名，学生成绩存储在一个二维数组中。

源程序：

```
/*编写函数实现学生成绩按平均分排名*/
#include<stdio.h>
#define M 5                                              /*学生人数*/
#define N 3                                              /*成绩科数*/
void sort_score(float score[ ][N],float ave[ ]);        /*函数声明*/

void main( )
{    float score[M][N]={{80.0,85.0,78.0 },{90.0,97.0,89.0},{60.0,75.0,79.0},
                        {98.0,61.0,78.0},{80.0,89.0,98.0}};    /*学生成绩*/
     float ave[M]={0};                                  /*平均成绩*/
     int i,j;
     sort_score(score,ave);                             /*函数调用*/
     for(i=0;i<M;i++)                                    /*按排名输出学生成绩*/
     {    printf("第%d 名学生的平均成绩为:%.2f(",i+1,ave[i]);
          for(j=0;j<N;j++)
               printf("%6.1f",score[i][j]);
          printf(")\n");
     }
}

void sort_score(float score[ ][N],float ave[ ])         /*函数定义*/
{    float sum,temp;
     int i,j,k;
     for(i=0;i<M;i++)                                    /*计算平均成绩*/
     {    sum=0;
          for(j=0;j<N;j++)
               sum=sum+score[i][j];
          ave[i]=sum/N;
     }
     for(i=0;i<M-1;i++)                                  /*将平均成绩排序*/
          for(j=i+1;j<M;j++)
          {    if(ave[i]<ave[j])
               {    temp=ave[i];
                    ave[i]=ave[j];
                    ave[j]=temp;
                    for(k=0;k<N;k++)                     /*同时将学生成绩排序*/
                    {    temp=score[i][k];
                         score[i][k]=score[j][k];
                         score[j][k]=temp;
                    }
               }
          }
}
```

运行结果：

```
第 1 名学生的平均成绩为:92.00( 90.00  97.00  89.00)
第 2 名学生的平均成绩为:89.00( 80.00  89.00  98.00)
第 3 名学生的平均成绩为:81.00( 80.00  85.00  78.00)
第 4 名学生的平均成绩为:79.00( 98.00  61.00  78.00)
第 5 名学生的平均成绩为:71.33( 60.00  75.00  79.00)
Press any key to continue
```

程序说明：

在 C 语言中，当形式参数是多维数组时，只能忽略第一维的长度，后面的维数必须书写，如：

```
void sort_score(float score[ ][N],float ave[ ])
```

这里的 N 不能忽略，这一点在编写程序时要特别注意。

> 注 意
>
> 常见编程错误：
>
> （1）在函数调用时，实际参数数组只写数组名，而不需要[ ]。如
>
> ```
> max_array(array,N);
> ```
>
> 不能写成
>
> ```
> max_array(array[ ],N);
> ```
>
> （2）数组作为参数时，要将数组大小也作为参数一并传递，字符串作为参数时例外。
> （3）当形式参数是多维数组时，只能忽略第一维的长度，后面的维数必须书写。
> （4）虽然形式参数数组与实际参数数组公用一块内存空间，但在函数定义内部，只能使用形式参数名访问内存。

7.4　函数的嵌套调用

前面的程序都是在 main 函数中调用其他函数，以实现某一功能。在 C 语言中，函数调用没有限制，被调用函数中仍可以再次调用其他函数，这种形式的调用称为函数的嵌套调用。如：

```
void fb( )
{
    ...
}
void fa( )
{
    ...
    fb( );
    ...
}
void main( )
{
    ...
```

```
                        fa( );
                        ...
                        return 0;
                }
```

理论上，C 程序函数调用的层数不受限制，可以嵌套调用任意多次，但实际中一般层数不会过大，以防代码过于复杂。C 语言允许函数嵌套调用，但是不允许函数嵌套定义，即在一个函数定义内部再定义另外一个函数，如：

```
        int main( )
        {   ...
            void fa( )  /*错误的函数定义*/
            {
                ...
            }
            ...
        }
```

在 C 语言中，所有的函数都平等，不能相互包含，只有 main 函数具有特殊性质，它是程序的执行入口和出口。

7.4.1　计算最大公约数和最小公倍数

【例 7-9】　编写函数计算最大公约数和最小公倍数。

源程序：

```
/*编写函数计算最大公约数和最小公倍数*/
#include<stdio.h>
int gys(int a,int b);        /*函数声明*/
int gbs(int a,int b);        /*函数声明*/
void main( )
{    int x,y;
     printf("输入两个整数:");
     scanf("%d%d",&x,&y);
     printf("%d 和%d 的最大公约数是:%d",x,y,gys(x,y));
     printf(",最小公倍数是%d。\n",gbs(x,y));
}
int gys(int a,int b)        /*函数定义*/
{    int t;
     t=a%b;                    /*辗转相除法计算最大公约数*/
     while(t !=0)
     {    a=b;
          b=t;
          t=a%b;
     }
     return b;
}
int gbs(int a,int b)        /*函数定义*/
{    int t;
     t=a*b/gys(a,b);                /*函数调用*/
     return t;
}
```

运行结果：

```
输入两个整数:12  18
12 和 18 的最大公约数是 6,最小公倍数是 36.
Press any key to continue
```

程序说明：

当程序中有多个自定义函数时，最好的办法是在程序开始部分集中进行函数声明。这样使得程序比较清晰，同时又可以避免函数嵌套调用带来的相互依赖问题。如本程序，若不在开始部分书写函数声明，那么必须按照 gys 函数，gsb 函数和 main 函数的顺序书写程序。

7.4.2　计算数组元素的均方差

【例 7-10】　编写函数计算数组元素的均方差。方差等于数组中所有元素与其平均值差的平方和的平均数，它描述的是数据波动的情况，均方差等于方差的平方根。均方差也称为标准差。

假设有一组数值 X_1，X_2，X_3，…，X_n，其平均值（算术平均值）为 μ，均方差的公式为

$$\sigma = \sqrt{\frac{1}{N}\sum_{t=1}^{N}(x_t - \mu)^2}$$

源程序：

```c
/*编写函数计算数组元素的均方差*/

#include<stdio.h>
#include<math.h>
#define N 10

float average(float x[ ],int n);                    /*函数声明*/
float variance(float x[ ],int n,float ave);         /*函数声明*/
float rms(float x[ ],int n);                         /*函数声明*/

void main( )
{    float a[N],var;
     int i;
     printf("输入%d 个数值:",N);
     for(i=0;i<N;i++)                                /*读入数值*/
         scanf("%f",&a[i]);
     var=rms(a,N);                                   /*函数调用*/
     printf("这些数值的均方差为:%.4f\n",var);
}

float average(float x[ ],int n)                      /*返回数组的平均值*/
{    int i;
     float sum=0.0;
     for(i=0;i<n;i++)
         sum=sum+x[i];
     return sum/n;
}
```

```
float variance(float x[ ],int n,float ave)          /*计算方差*/
{    int i;
     float var;
     var=0.0;
     for(i=0;i<n;i++)
          var=var+pow((x[i]-ave),2);
     return var/n;
}

float rms(float x[ ],int n)                          /*计算均方差*/
{    int i;
     float ave,var;
     ave=average(x,n);
     var=variance(x,n,ave);
     var=sqrt(var);
     return var;
}
```

运行结果：

输入 10 个数值:1.0　2.0　3.0　4.0　5.0　6.0　7.0　8.0　9.0　10.0
这些数值的均方差为:2.8723
Press any key to continue

程序说明：

对于这个程序，当然可以编写一个函数来实现求解数组的均方差，这应该也不是很困难的事情。那么为什么要分成 3 个函数来实现呢？这就涉及程序模块化设计的原则。一个好的程序，每个功能作为一个模块来实现，也就是一个函数，这样有利于代码复用，提高编码效率。比如本例，假设程序的某一语句需要计算数组的平均值，那么只需要调用 average 函数就可以求出，但是如果将均方差的计算写成一个函数，那么就需要再次书写一段求平均值的代码，造成代码重复。

7.5　函数的递归调用

一个函数除了可以调用其他函数外，C 语言还支持函数直接或间接调用自己，这种函数自己调用自己的形式，称为函数的递归调用，带有递归调用的函数也称为递归函数。如

```
int f(int x)
{
    int y;
    …
    y=f(x);
    …
    return y;
}
```

这种形式的递归调用称为直接递归调用，与之对应的称为间接递归调用，如

```
int f(int x)
{
    int y;
```

```
            ...
            y=g(x);
            ...
            return y;
    }
    int g(int x)
    {
            int z;
            ...
            z=f(x);
            ...
            return z;
    }
```

7.5.1　计算阶乘

【例 7-11】　编写函数计算整数的阶乘。

题目分析：

根据阶乘的定义，n!=1×2×3×…×n，在前面章节我们已经实现过这个程序：

```
            result=1;
            for(i=1;i<=n;i++)
                    result=result*i;
```

除了这种表示方法，阶乘还可以表示为

$$n!=\begin{cases} n\times(n-1)!, & n>1 \\ 1, & n=0,n=1 \end{cases}$$

即求 n!可以在(n−1)!的基础上再乘上 n。如果把求 n!写成函数 fact(n)，则 fact(n)的实现依赖于 fact(n−1)。

源程序：

```
/*编写函数计算整数的阶乘*/
#include<stdio.h>
double fact(int n);                                  /*函数声明*/
void main( )
{   int n;
    printf("输入一个整数:");                          /*读入数值*/
    scanf("%d",&n);
    printf("%d!的阶乘是:%.1f\n",n,fact(n));           /*函数调用*/
}

double fact(int n)                                    /*函数定义*/
{   double result;
    if(n==1 || n==0)
        result=1;
    else
        result=n*fact(n-1);                           /*函数递归调用*/
    return result;
}
```

运行结果：

```
输入一个整数:8
8!的阶乘是:40320.0
Press any key to continue
```

程序说明：

（1）由于阶乘的计算结果一般都非常大，超过整型的表示范围，甚至长整型 long 也无法表示，所以选择 double 型保存阶乘的运算结果。

（2）读者对 fact(n)定义也许会觉得不够完整，fact(n–1)的值还不知道，result 怎么能计算出来呢？这里需要区分程序书写与程序执行。就像循环程序并不是把所有的循环体语句重复书写，只是给出执行规律，具体执行由计算机去重复。递归函数同样给出的是执行规律，至于 fact(n–1)如何求得，应由计算机按照给出的规律计算。

下面看一下递归函数的执行过程，以帮助读者更好地理解递归函数。

图 7-3 给出了计算 fact(4)的调用过程。数字①到⑧是递归函数调用返回的顺序编号。首先 main 函数以 4 作为参数调用 fact 函数，fact(4)依赖于 fact(3)，所以必须先计算出 fact(3)。当 fact(4)递归调用自己计算 fact(3)时，fact(4)并未结束，只是暂时停一下，等待计算出 fact(3)后再继续计算 fact(4)，这时计算机内部 main、fact(4)和 fact(3)这 3 个函数同时被执行。fact(3)是 fact(4)的克隆体，尽管代码、变量名相同，但是属于不同的函数体，参数不同，变量也不同。这样依次递归，当调用到 fact(1)时，同时有 4 个 fact 函数运行着，每个 fact 函数都未结束。只有当 n=1，fact(1)=1 时，不再继续递归调用下去。有了 fact(1)的确切值，就可以计算出 fact(2)，依次类推，最后计算出 fact(4)，返回 main 函数。

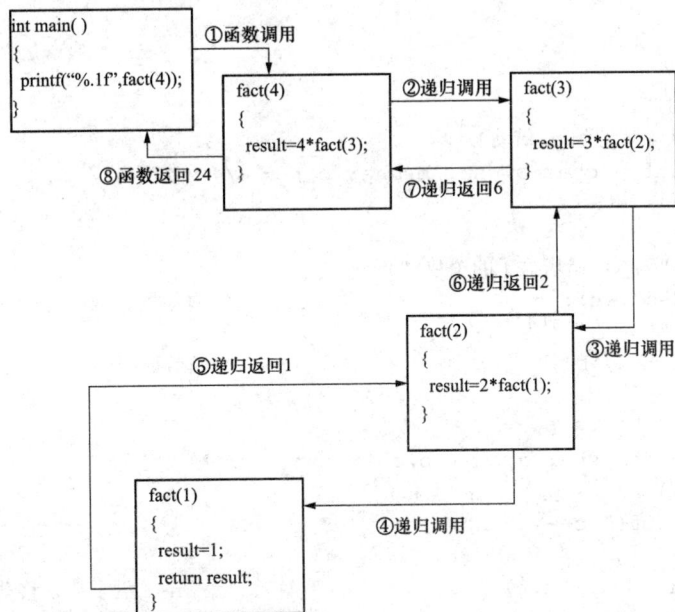

图 7-3　fact(4)的递归调用过程

在递归函数中，存在着自调用的过程，但每次调用都要比原始问题简单，这样问题会越来越简单，规模也越来越小，最终归结到递归出口，也就是不需要再进行递归的部分。这样防止了自调用过程无休止地继续下去。解决完递归出口后，函数会沿着调用顺序不断给上一次该函数的调用返回一个结果，直到该函数的原始调用把最终结果返回给主调函数。

7.5.2 汉诺塔问题

【例7-12】 汉诺塔问题。一块板上有三根针，A，B，C。A针上套有n个大小不等的圆盘，大的在下，小的在上。要把这n个圆盘从A针移动到C针上，每次只能移动一个圆盘，移动可以借助B针进行。但在任何时候，任何针上的圆盘都必须保持大盘在下，小盘在上。求移动的步骤。

题目分析：

这是一个非常经典的问题，那么如何设计递归函数来实现该过程呢？从递归函数的编写角度来看，要具备两个条件：

（1）递归出口：即递归的结束条件，到何时不再递归调用下去。

（2）递归式子：递归的表达式，如上节中的fact(n)=n*fact(n-1)。

对于汉诺塔问题，经过分析可以得到这样的规律。要想将n个盘子从A针移动到C针，首先要把上面的n-1个盘子从A针移动到B针，然后再把最底下的盘子从A针移动到C针，最后把n-1个盘子从B针移到C针。这样可以得到汉诺塔问题的递归形式：

（1）递归出口：如果只有一个盘子，直接移动。

（2）递归式子：

1）n-1个盘子从A针移动到B针；

2）第n号盘子从A针移动到C针；

3）n-1个盘子从B针移动到C针。

源程序：

```
/*汉诺塔问题*/
#include<stdio.h>
/*将n个盘子从a移动到c,借助b*/
void hanio(int n,char a,char b,char c);        /*函数声明*/
void main( )
{    int n;
     printf("输入汉诺塔盘子的个数:");
     scanf("%d",&n);                           /*读入数值*/
     printf("移动的步骤为:\n");
     hanio(n,'a','b','c');                     /*函数调用*/
}

void hanio(int n,char a,char b,char c)         /*函数定义*/
{    if(n==1)
         printf("%c-->%c\n",a,c);
     else
     {   hanio(n-1,a,c,b);                      /*将n-1盘子从a移动到b,借助c*/
         printf("%c-->%c\n",a,c);               /*将n盘子从a移动到c*/
         hanio(n-1,b,a,c);                      /*将n-1盘子从b移动到c,借助a*/
     }
}
```

运行结果：

输入汉诺塔盘子的个数:3

移动的步骤为：
a—>c
a—>b
c—>b
a—>c
b—>a
b—>c
a—>c
Press any key to continue

程序说明：

程序虽然简短，但运行过程与图 7-3 类似，需要多次调用函数 hanio。从结果中可知，3个盘需要移动 7 次，4 个盘需要移动 15 次，不难证明，n 个盘子将要移动 2^n-1 次。

在递归程序设计中，千万不能把眼光局限于细节，否则很难理出头绪。编写的程序只要给出规律，具体实现细节由计算机去处理。

注　意

常见编程错误：
递归函数的设计缺少递归出口，导致程序无法正常执行。

7.6　变量的作用域

C 语言可以在不同的位置定义变量，被定义在不同位置的变量其作用域也不尽相同。一般来说，变量定义有 3 个基本位置：函数内部、函数参数和函数外部，分别称为局部变量、形式参数和全局变量。其中局部变量和形式参数由于具有相同的特性，一般通称为局部变量。

7.6.1　局部变量

局部变量只在声明它们的函数内部或者声明它们的复合语句内有效，当退出该函数模块或复合语句后，局部变量消失。也就是说，局部变量在自己的代码模块之外是不可知的。

需要说明的是，函数内的局部变量只有在函数调用时才在内存中为其分配空间，一旦函数调用结束，其变量空间也随即撤销。如：

```
float f(int x)
{
    float y,z;
    …
    return z;
}
void main( )
{
    int a,b;
    float c;
    …
    c=f(a);
    …
}
```

在函数 f 中定义了局部变量 x，y 和 z，其中 x 是形式参数。在 main 函数中定义了 a，b 和 c，它们是 main 函数中的局部变量。当执行函数调用 c=f(a)时，系统为 x，y 和 z 分配相应的内存空间。当函数执行完返回调用语句时，这 3 个变量分配的临时空间被释放，x，y 和 z 也就不可见了。所以，在 main 函数中是不能访问 x，y 和 z 的。同时 a，b 和 c 是 main 函数中的变量，其作用范围也仅限于 main 函数中，在函数 f 中也无法访问。例如：

```
int f(int a)
{   a++;
    return a;
}
void main( )
{   int a=0,b;
    b=f(a);
    ...
}
```

当执行主函数中的语句：b=f(a); 时，将 a 的值传递给函数 f 中的形参 a，这两个 a 虽然同名，但是并不是一个变量，前者是 main 函数中的局部变量，后者是 f 函数中的局部变量，所占用的内存空间不同。在函数 f 中，语句 a++; 使得 f 中的变量 a 增 1，但是 main 函数中的变量 a 不会有任何变化。

还有一种局部变量是定义在复合语句中的，它的作用范围只在声明它的复合语句内有效，如果与复合语句外的变量重名，外部的变量在该复合语句中无效。

【例 7-13】 读程序，写结果。

源程序：

```
#include<stdio.h>
void main( )
{   int a=0,b=1;
    {   int a;
        a=b;
        printf("复合语句中变量 a 的值是:%d\n",a);
    }
    printf("复合语句外变量 a 的值是:%d\n",a);
}
```

运行结果：

```
复合语句中变量 a 的值是:1
复合语句外变量 a 的值是:0
Press any key to continue
```

程序说明：

（1）主函数中定义了两个局部变量：a 和 b，它们在整个 main 函数中有效。在复合语句中，又定义了一个只能在该复合语句中有效的局部变量 a，由于它与复合语句之外的 a 重名，所以外部的 a 在该复合语句内就失效了，在复合语句中使用的 a 只是该复合语句内的变量 a。复合语句内部的 a 和外部的 a 只是同名，但并非同一个变量，它们所占用的内存空间是不同的。

（2）在复合语句中，外部定义的局部变量 b 是有效的，因此复合语句内的语句 a=b; 给复合语句内的变量 a 赋值为 1，但是并不会影响外部的变量 a。

（3）当复合语句结束的时候，内部定义的变量 a 也就随之消失，起作用的依然是复合语句外部，主函数中定义的局部变量 a，它的值仍然是 0。

7.6.2　全局变量

在函数内部声明的变量是局部变量，而在函数之外声明的变量为全局变量。全局变量可以为本文件中的其他函数所共有。它的作用范围是从声明该变量的位置开始到本文件结束。如果一个变量在所有函数之外说明，则该全局变量可以贯穿整个程序的执行过程，并且可以被该文件内的所有在它的声明之后出现的函数使用，它在整个程序执行期间保持有效。

【例 7-14】　读程序，写结果。

源程序：

```
/*读程序,写结果*/
#include<stdio.h>
int a=0,b;
void sub( );

void main( )
{    printf("main:a=%d,b=%d\n",a,b);
     a=3;
     b=4;
     printf("main:a=%d,b=%d\n",a,b);
     sub( );
     printf("main:a=%d,b=%d\n",a,b);
}

void sub( )
{    int a;
     a=6;
     b=7;
     printf("sub:a=%d,b=%d\n",a,b);
}
```

运行结果：

```
main:a=0,b=0
main:a=3,b=4
sub:a=6,b=7
main:a=3,b=7
Press any key to continue
```

程序说明：

（1）由于在 main 函数没有定义变量 a 和 b，因此第一行语句中的变量 a 和 b 是全局变量。而如果全局变量在定义时没有赋值，那么其默认值为 0，这一点从第一行的输出结果中可以看出。接着将全局变量分别赋值 a=3，b=4，继续输出。然后进入 sub 函数，在 sub 函数中定义变量 a。按照上一节介绍的原则，局部变量优先，所以 a=6 是对局部变量赋值，而 b=7 是对全局变量赋值，输出相应的结果。接着返回 main 函数，此时 a 和 b 仍然是全局变量，但 b 的值已经在 sub 函数中被修改为 7，所以，此时 a 值为 3，b 值为 7。

（2）变量 b 没有在任何函数内被声明，所以它一直是全局变量，在 main 函数和 sub 函数访问的是同一个变量，对其进行修改会影响其他函数。而变量 a 虽然也被定义为全局变量，但在 sub 函数中，定义了同名的局部变量，所以在 sub 函数中变量 a 不是全局变量。

由于全局变量可以被多个函数访问，它有时也被用作参数传递。［例 7-5］求数组的最大元素，可以改写为［例 7-15］。

【例 7-15】 使用全局变量改写［例 7-5］：寻找数组中的最大元素。

源程序：

```
/*寻找数组中的最大元素(使用全局变量)*/
#include<stdio.h>
#define N 10
float array[N];                    /*全局变量*/
float max_array( );                /*函数声明*/

void main( )
{    float max;
     int i;
     printf("请输入%d个实数:\n",N);
     for(i=0;i<N;i++)
          scanf("%f",&array[i]);        /*全部变量使用*/
     max=max_array( );                  /*函数调用*/
     printf("数组中最大元素是:%.2f",max);
}

float max_array( )                      /*函数定义*/
{    int i;
     float max;
     max=array[0];                      /*全局变量使用*/
     for(i=1;i<N;i++)
       if(array[i]>max)
           max=array[i];
     return max;
}
```

程序说明：

运行结果与［例 7-5］相同。数组 array 被定义为全局变量，main 函数和 max_array 函数都能访问，间接起了参数传递的作用。

注　意

在使用全局变量时，要特别注意以下几个问题：

（1）定义全局变量会长久占用内存，造成资源浪费。

（2）全局变量是多个函数都能操作的变量，任何一个函数对该变量的误操作都会影响到后面的结果，这有一定的危险性。

（3）全局变量的使用虽然增加了函数之间的联系，但降低了函数作为一个程序模块的相对独立性。在模块化软件设计方法中不提倡使用全局变量。

因此，除非大多数函数都要使用的公共数据，一般不使用全局变量在函数间传递参数。

7.7　变量的存储类型

变量的存储类型规定了该变量数据在内存中的存储区域。在不同存储区域的数据，有着不同的生存期。有些变量的生存期是短暂的，变量会被反复地创建和撤销；有些变量虽然在离开了说明它的函数时暂时无法访问它，可一旦再调用该函数，这个数据仍然存在。

在 C 语言中，变量有 4 种存储类型，分别是：自动型（auto）、寄存器型（register）、静态型（static）和外部参照型（extern）。其中 auto 和 register 用来说明具有自动存储期的变量，这些变量存储在内存的动态存储区，当其所在函数被执行时获得内存空间，函数终止时释放内存空间。static 和 extern 用来说明具有静态型存储期的变量，它们在程序运行时一直占有相同的内存空间，在程序终止之前不会被释放。

1. auto 存储类型

auto 存储类型的变量在存储空间中可以被其他变量多次覆盖使用。因此，C 程序中大量使用的变量为 auto 型变量，其目的就是为了节省内存空间。auto 型变量只能用于说明局部变量，在 C 语言中 auto 型是缺省的说明变量类型。auto 存储类型的形式为

`auto 存储类型`

例如，声明 auto 型整型变量 i 时可以使用这样的声明语句：

```
auto int i;
```

等同于我们常用的声明语句：

```
int i;
```

2. register 存储类型

register 存储类型要求编译器把变量存储在寄存器中，而不是像其他变量一样保存在内存中（寄存器是驻留在计算机 CPU 中的存储单元。在传统计算机架构中，存在寄存器中的数据会比存储在普通内存中的数据访问和更新的速度更快）。register 存储类型的形式为

`register 存储类型`

register 存储类型同 auto 型一样，也只对局部变量有效。但由于寄存器没有地址，所以对 register 型变量使用取地址运算符&是非法的。register 存储类型最好用于需要频繁进行访问和更新的变量。例如，在 for 语句中的循环控制变量作为 register 型就是一个很好的选择：

```
int sum_array(int a[ ],int n)
{    register int i;
     int sum=0;
     for(i=0;i<n;i++)
     sum+=a[i];
     return sum;
}
```

由于寄存器本身长度有限，所以 register 型只适用于整型变量和字符型变量。register 型变量一般很少使用。

3. static 存储类型

static 存储类型的变量在说明时被分配了一定的存储空间，并且该空间在整个程序运行中自始至终归该变量使用。即使该变量在退出说明它的代码块后，也不释放空间。static 存储类型的形式为

static 存储类型

static 型既可以声明局部变量，也可以声明全局变量，但其效果不同。

当用 static 声明局部变量时，把变量的存储期从自动的变成了静态的，其使用范围仍然只在说明它的函数内，函数调用结束后，空间保留，变量值保存，但是不能访问。当该函数再次被调用时，继续使用原来存储的变量值。

【例 7-16】 看程序，写结果。

源程序：

```
/*看程序,写结果*/
#include<stdio.h>
void f( )
{    static int a;              /*静态变量*/
     printf("a=%d\n",a);
     a++;
}
void main( )
{    f( );                      /*函数调用*/
     f( );                      /*函数调用*/
}
```

运行结果：

```
a=0
a=1
Press any key to continue
```

程序说明：

从程序的运行结果来看，static 型变量其默认初值为 0，并且只能进行一次初始化。当程序第一次调用 f 函数时，发现变量 a 为静态存储期变量，为其分配空间并进行初始化 a=0。当第二次调用 f 函数时，发现变量 a 为静态型存储期变量并已经分配空间，所以不再进行初始化，依然保留上次函数执行后的结果 a=1。这一点是 static 与自动存储期变量的最大区别。

当用 static 说明全局变量时，可以将其作用域限制在定义该全局变量的文件中，不能被其他文件使用，起到隐藏信息的作用。

4. extern 存储类型

extern 存储类型说明的变量为全局变量，所以，默认情况下，全局变量具有 extern 存储类型。这一类型的全局变量的作用域不仅作用于整个文件的所有函数，还可以作用于其他的文件。extern 存储类型的形式为

extern 存储类型

extern 型变量一般用于在程序的多个编译单元之间传递数据。在这种情况下，指定为 extern 型的变量是在其他编译单元的源文件中定义，它的存储空间需要参照变量本身的编译单元来决定，所以也称为外部参考型。下列声明：

extern int i;

不会导致编译器为变量 i 分配内存空间。在 C 语言的术语中，上述声明不是变量 i 的定义，它只是提示编译器需要访问定义在别处的变量。变量在程序中可以多次声明，但是只能有一次定义。但是初始化变量的 extern 声明可以用作变量的定义，如：

```
extern int i=0;
```

等效于定义

```
int i=0;
```

又如：

```
#include<stdio.h>
extern int b=1;
void main( )
{
        printf("b=%d\n",b);
}
```

这段程序可以正常执行，运行结果为 b=1，extern int b=1 理解为变量 b 的定义。而如果该语句改为 extern int b;，那么就会出现编译错误，变量 b 没有被定义。

extern 型变量的常用方法是在某一个文件中定义变量，而在其他文件中用 extern 声明该变量，从而使得这些文件可以访问共同的一个变量。

函数的存储类型和变量一样，函数也可以包含存储类型，但是只有 extern 和 static。在函数定义前添加 static 时，函数为内部函数，此函数只能被本文件中的其他函数调用，不能被其他文件中的函数调用。在函数定义前添加 extern 时，函数为外部函数，此函数可以被本文件或其他文件中的函数调用。函数的存储类型也可以省略，省略值为 extern。

7.8　小　　　结

1. 函数定义
函数定义格式为

```
函数类型 函数名(参数列表)
{
    ...
}
```

其中函数类型为函数返回值的类型，如无返回值，函数类型可声明为 void 类型，默认为整型；函数名为合法的标识符；参数列表为以逗号分隔的形式参数变量，要求每个形式参数都要单独定义数据类型，参数列表可为空。

2. 函数声明
函数声明格式为

```
函数类型 函数名(参数列表);
```

3. 函数调用
函数调用格式为

```
函数名(实际参数)
```

其中实际参数要和函数定义的形式参数在数量、顺序和类型上保持一致。实际参数可以是变量、常量或表达式，而形式参数只能是变量。

函数参数的传递方式分为值传递和地址传递，其中简单变量作为实际参数是值传递，而数组名作为实际参数是地址传递。

函数允许嵌套调用，但是不允许嵌套定义。

4. 变量的作用域

C 语言中变量根据定义位置，可分为局部变量和全局变量。局部变量是定义在函数内部或者函数的形式参数，其作用域仅限于该函数。局部变量在函数被调用时产生，函数调用结束后消失。全局变量定义在所有函数外部，在整个程序执行期内存在，其作用域从变量定义位置到文件结束。

在局部变量的使用方法上，当局部变量与其他变量重名时，局部变量优先。

5. 变量的存储类型

在 C 语言中，变量有 4 种存储类型，分别是：自动型（auto）、寄存器型（register）、静态型（static）和外部参照型（extern）。

（1）变量默认存储类型是 auto 型。

（2）为 static 型变量分配的空间在程序整个执行期内均存在，但其作用域视其定义位置而定。

（3）static 型变量只能初始化一次。

（4）默认情况下，全局变量具有 extern 型。extern int i; 只是变量声明，不是变量定义，因此不会为其分配内存空间。

习 题 7

一、填空题

1. 对下列函数 f，f(f(4)) 的值为＿＿＿＿。

```c
int f(int x)
{    static int k=0;
     x+=k++;
     return x;
}
```

2. 写出下列程序的输出结果＿＿＿＿。

```c
#include<stdio.h>
int f(int x )
{    if(x==0)return 0;
     else return(x%10+f(x/10 ));
}
void main( )
{    printf("%d\n",f(267));
}
```

3. 写出下列程序的输出结果＿＿＿＿。

```
#include<stdio.h>
void prn(int a,int b,int c,int max,int min)
{    max=(max=a>b?a:b)>c?max:c;
     min=(min=a<b?a:b)<c?min:c;
     printf("max=%d,min=%d\n",max,min);
}
void main( )
{    int x,y;
     x=y=0;
     prn(19,23,-4,x,y);
     printf("max=%d,min=%d\n",x,y);
}
```

4．写出下列程序的输出结果_____。

```
#include<stdio.h>
fun(int  x)
{    if(x/2>0)
          fun(x/2);
     printf("%d",x);
}
void main( )
{    fun(6);
     return 0;
}
```

5．写出下列程序的输出结果_____。

```
#include<stdio.h>
void main( )
{    int a=1,b=2,c=3;
     ++a;
     c+=b++;
     {  int b=3,c;
        c=b*3;
        a+=c;
        printf("first:%d,%d,%d\n",a,b,c);
        a+=c;
        printf("second:%d,%d,%d\n",a,b,c);
     }
     printf("third:%d,%d,%d\n",a,b,c);
}
```

二、选择题

1．一个 C 语言程序的执行是从_____。

　　A．本程序的 main 函数开始，到 main 函数结束

　　B．本程序文件的第一个函数开始，到本程序文件的最后一个函数结束

　　C．本程序的 main 函数开始，到本程序文件的最后一个函数结束

　　D．本程序文件的第一个函数开始，到本程序 main 函数结束

2．在 C 语言中，局部变量默认的存储类型是_____。

　　A．auto　　　　　　B．register　　　　　　C．static　　　　　　D．extern

3．下列叙述错误的是_____。

    A．一个函数中可以有多条 return 语句

    B．调用函数必须在一条独立的语句中完成

    C．函数中可以通过 return 语句传递函数值

    D．主函数 main 也可以带有形参

4．下列叙述错误的是_____。

    A．在不同函数中可以使用相同名字的变量

    B．形式参数是局部变量

    C．在函数内定义的变量只在本函数范围内有效

    D．在函数内的复合语句中定义的变量在本函数范围内有效

5．有如下函数调用语句 fun(rec1,rec2+rec3,(rec4,rec5));，该函数调用语句中，含有的实参个数是_____。

    A．3　　　　　　　　B．4　　　　　　　　C．5　　　　　　　　D．有语法错误

6．函数 f 定义如下，执行语句"sum=f(5)+f(3);"后，sum 的值应为_____。

```
int f(int m)
{    static int i=0;
     int s=0;
     for(;i<=m;i++)s+=i;
     return s;
}
```

    A．21　　　　　　　　B．16　　　　　　　　C．15　　　　　　　　D．8

7．下面程序的输出结果是_____。

```
#include<stdio.h>
void f(int a,int b,int c)
{    a=11;
     b=22;
     c=33;
}
void main( )
{    int a=1,b=2,c=3;
     f(c,b,a);
     printf("%d,%d,%d\n",a,b,c);
}
```

    A．1,2,3　　　　　　B．11,22,33　　　　　　C．3,2,1　　　　　　D．33,22,11

8．以下正确的描述是_____。

    A．函数的定义可以嵌套，但函数的调用不可以嵌套

    B．函数的定义不可以嵌套，但函数的调用可以嵌套

    C．函数的定义和函数的调用都可以嵌套

    D．函数的定义和函数的调用都不可以嵌套

9．对于以下递归函数 f，调用 f(2)的返回值是_____。

```
      int f(int x)
      {
```

```
              return((x<=0)? x:f(x-1)+f(x-2));
        }
```

　　A. -1　　　　　　B. 0　　　　　　C. 1　　　　　　D. 3

10．用数组名作为函数调用的实参，实际上传递给形参的是＿＿＿＿＿＿。

　　A．数组首地址　　　　　　　　　B．数组的第一个元素值

　　C．数组中全部元素的值　　　　　D．数组元素的个数

11．对于以下递归函数 f，调用 f(3)的返回值是＿＿＿＿＿＿。

```
              int f(int n)
        {      if(n)
                     return f(n-1)+n;
               else
                     return n;
        }
```

　　A. 10　　　　　　B. 6　　　　　　C. 3　　　　　　D. 0

12．以下正确的函数定义的首部是＿＿＿＿＿＿。

　　A．double fun(int x,int y)　　　　B．double fun(int x;int y)

　　C．double fun(x,y)　　　　　　　D．double fun int x,y

13．以下不正确的说法是＿＿＿＿＿＿。

　　A．实际参数可以是常量、变量或表达式

　　B．形式参数可以是常量、变量或表达式

　　C．实际参数可以为任意类型

　　D．形式参数应与其对应的实际参数类型一致

14．C 语言规定，函数返回值的类型是由＿＿＿＿＿＿。

　　A．return 语句中的表达式类型所决定

　　B．调用该函数时系统临时决定

　　C．调用该函数时的主调函数类型所决定

　　D．在定义该函数时所指定的函数类型所决定

15．以下程序的正确运行结果是＿＿＿＿＿＿。

```
#include<stdio.h>
int f(int a)
{    int b=0;
     static int c=3;
     b++;
     c++;
     return(a+b+c);
}
void main( )
{    int a=3,i;
     for(i=0;i<3;i++)
     printf("%4d",f(a));
}
```

　　A. 8　　8　　8　　B. 8　　11　　14　　　　C. 8　　10　　12　　　　D. 8　　9　　10

三、编程题

1. 编写一个函数，其功能是判断形式参数是否为小写字母，如果是返回其对应的大写字母，否则返回原字符。

2. 编写函数 reverse(int number)，它的功能是将 number 中的数字逆序输出，在主函数中输入一个整数并调用该函数。例如，reverse(11233)的返回值是 33211。

3. 如果整数 A 的全部因子（包括 1，不包括 A 本身）之和等于 B；整数 B 的全部因子（包括 1，不包括 B 本身）之和等于 A，则将整数 A 和 B 称为亲密数。编写函数求 n 以内的全部亲密数，如 n=3000。

4. 编写一个函数 sort，实现数组元素的升序（或降序）排列。

5. 编写函数统计输入字符串中各个字母出现的次数，其中大小写字母作为同一字母处理，如字母 A 和 a 的出现次数需累加。

6. 编写函数 substring(char s[ ],char sub[ ])，查找字串 sub 在字符串 s 中第一次出现的下标位置。

7. 编写函数 insert(char s1[ ],char s2[ ],int pos)，实现在字符串 s1 中的指定位置 pos 处插入字符串 s2。

8. 编写一个函数 longword(char s1[ ],char s2[ ])，输出字符串 s1 中最长的单词，存放到 s2 中，如果长度相同，取第一个单词。

9. 利用递归函数调用方式，将所输入的字符，以相反顺序打印出来。

第 8 章　指　　针

学习目标

理解变量与内存的实质，掌握其双重属性——内容与地址及其表示方法。

理解基本数据类型变量与指针类型变量的异同及其相互关系。

掌握指针的使用方法：指针初始化，获得变量地址，访问指针所指向的变量。

理解指针与数组的关系，学习如何利用指针处理数组，以及如何使用指针数组。

了解多级指针的定义、内涵及使用方法。

了解指针与函数的关系，掌握指针作为函数参数、函数返回值，以及指向函数的作用和方法。

本章介绍一种新的派生数据类型——指针。与之前所接触到的数据不同，指针以内存地址为值，通过该地址能直接或间接寻找到所需的内存单元，所以认为指针可以指向内存中另一个存储单元中的值，这也是"指针"名称的由来。

指针是 C 语言最显著、最重要的特点之一，C 语言之所以强大，以及它令人着迷的自由性和灵活性，主要来源于指针。C 语言最初的设计意图是让程序员尽可能多地访问硬件，因此指针的使用非常普遍，不理解指针的工作原理就很难成为优秀的 C 语言程序员。

C 语言中的指针有很多用途，例如：

（1）指针允许程序员以更简洁的方式引用大规模的数据结构。数组就是一种较大的数据结构，它由多个数据构成，对数组元素的引用实际上就是由指针来实现的，而数组名称本身就是一个指针。在 12 章中介绍的文件，也需要通过指针来访问。

（2）指针允许程序的不同部分能够共享数据。在［例 7-5］[1]中，主调函数和被调函数就共享了同一个数组中的数据，实现共享的方式是使用数组地址作为参数进行传递，数组地址就是指针。而将指针作为函数值返回的方式，也可使函数返回多个数据值。

（3）利用指针，能够在程序执行过程中预留新的内存空间。到现在为止，在程序中能够使用的内存是在函数的声明部分通过显式声明分配给变量的，而在很多应用中，更需要在程序运行的过程中根据具体情况动态地获得新的内存空间，通过指针指向新的内存空间来读写数据[2]。

（4）指针可以用来记录数据项之间的关系。在高级程序设计应用中，指针被广泛地用于记录单个数值之间的联系，通过指针指向的改变，数据之间的顺序和联系都将灵活地发生变化[3]。

（5）指针可以引用函数，将函数作为参数进行传递。

以上只是指针的部分作用，尽管对于初学者来说指针有点令人费解，难以学习，但是一旦掌握了，就会为它着迷。

---

[1] 见 7.3.1 寻找数组中最大元素
[2] 见第 11 章　指针的高级应用
[3] 见第 11 章　指针的高级应用

8.1 认 识 指 针

要想认识和掌握指针这个强有力的工具，应该先从理解变量和内存开始。

计算机的内存是一系列存储单元的集合，数据存放在存储单元中，而每个单元都有一个"地址"编号。通常，地址是从 0 开始依次编号的，相邻字节的地址值依次增 1，一般用十六进制来表示。

如图 8-1 所示，每个内存字节都有一个唯一的地址编号，地址是从 0 开始连续编号的。

当程序中声明了如下变量时：

```
int  i=20;
```

系统为该 int 型变量分配了存储空间，分别是地址为 FF10、FF11、FF12 和 FF13 的 4 个字节大小的存储空间（这里只是举例说明，不同程序运行的时候分配存储空间的情况并不一样，以下使用的地址值也是沿用此例，并非表示一定分配这样的地址）。其中最低位字节的地址 FF10 为变量 i 的地址。在程序运行的时候，系统总是把变量名 i 和它的地址 FF10 关联，这个地址的概念虽然听上去陌生，地址值也似乎没有出现过，但是实际上我们总是在使用它来访问变量。

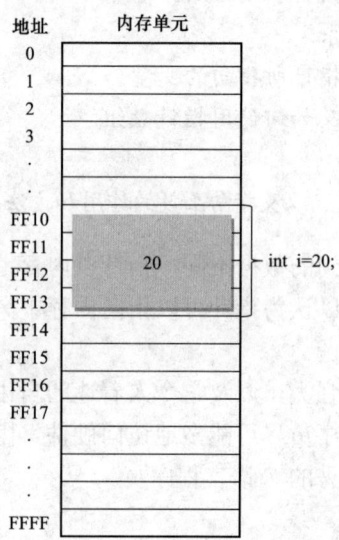

图 8-1 计算机的内存和变量的存储

回忆一下格式化输入函数 scanf 的使用。当我们想使用 scanf 读入变量 i 的值时，要使用的语句是

```
scanf("%d",&i);
```

这个&i 就是 i 的地址，它的值就是 FF10。当程序从缓冲区中读入一个整数时，就会将该整数存入到 FF10 对应的 4 个字节的空间中，取代了空间中原本存放的数值，也就相当于读入了变量 i 的值。

当程序运行以下语句：

```
printf("%d,%X",i,&i);
```

将产生的输出是：

```
20,FF10
```

这里的 20 就是变量 i 在内存中的值，而 FF10 就是变量 i 在内存中的地址。

如果把变量 i 的地址值存放到另一个变量 p 里，当程序访问变量 p 的时候，就可以获得这个变量的值，即变量 i 的地址值，这样也就可以通过该地址值找到变量 i 所在的内存空间，从而实现对变量 i 的访问，如图 8-2 所示。

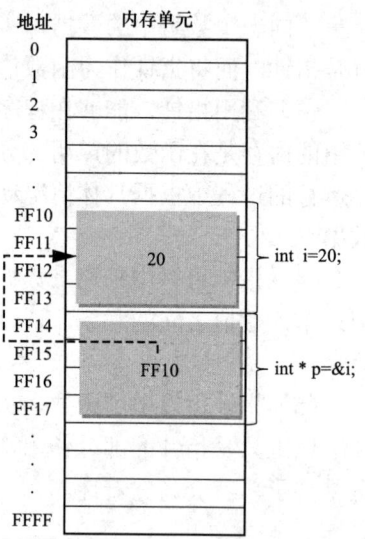

图 8-2 通过指针变量 p 间接访问变量 i

语句：

```
int *p=&i;
```

声明了一个用来存放地址的变量 p，叫作指针变量。该声明语句将&i 的值，也就是 i 的地址值，赋值给了指针变量 p。这里的 "*" 表明 p 是一个指针变量，而不是一个 int 型的变量，它只能用来存放地址，而不能存放普通意义上的整数值。该声明语句中的 int，是说明该指针变量存放的是一个 int 型数据的地址，这一点很重要，它决定了这个指针变量指向的数据究竟是 int 型还是其他类型。

当我们访问指针变量 p 的时候，就能获得 p 的值，也就是 i 的地址值，通过这个地址值，就可以对变量 i 进行访问。比如，我们可以将上面的输入语句改变为

```
scanf("%d",p);
```

该语句执行时，会将从缓冲区中读入的整数存放到 p 的值所对应的内存单元，而 p 的值就是 i 的地址 FF10，也就是&i，这样就实现了和前面的语句

```
scanf("%d",&i);
```

一样的功能——读入变量 i 的值。

这种访问方式是对变量的间接访问，而之前所使用的直接使用变量名称来访问变量的方式是对变量的直接访问。

同样，通过指针变量 p，也可以读取它所指向的变量 i 的值，例如语句

```
printf("%d",*p);
```

实现了对变量 i 的值的输出。这里的*p，表示 p 所指向的变量，也就是 p 的值 FF10 所指向的变量 i。这里的 "*" 是指针运算符，所求得的是后面的地址值所对应的内存空间的值，这和前面声明语句

```
int *p=&i;
```

中的*不同。声明语句中的 "*" 是指针类型说明符，用来表明 p 是一个指针变量，而 p 的指向，即*p，是 int 型的。

这样，我们也可以把类似这样的语句

```
i++;
```

用这样的语句取代

```
(*p)++;
```

了解了 C 语言中的变量的存储和访问，也初步认识了指针变量的定义和使用，我们明白了指针是和两个空间相关的，一个是它自己所占用的内存空间，一个是它的值所指向的内存空间。

8.2 指针变量的声明和初始化

8.2.1 指针变量的声明

在 C 语言中，定义变量的时候必须声明它的具体类型，指针变量也是如此。指针变量的声明形式为

> 类型　*　指针变量名；

其中，"类型"是指针指向数据的类型，"*"是指针类型说明符。这个声明语句向编译器说明了以下三件事：

（1）"*"表示后面声明的是一个指针变量，只用来存放内存地址。

（2）类型表明了指针变量所指向的数据类型，称为指针的基本类型，可以是 int、double、float 或者是 char 等基本数据类型，也可以是指针类型[1]，甚至是函数[2]。

（3）指针变量需要 4 个字节的存储空间来存放一个无符号整型数据，这个大小是固定的，与它指向的数据类型无关。不同的编译系统，指针所占字节数或有不同，不一定是 4 个字节。

例如：

```
int   *p1,*p2;
float  *q;
char  *name;
```

指针一旦声明，就只能指向声明的数据类型。在上面的例子中，p1 和 p2 只能指向 int 型数据，而不能指向 long、float 或者其他类型的数据，q 只能指向 float 型，而 name 也只能指向字符型数据。要说明的是，这四个指针变量的基本类型不同，但是所有的指针变量都是无符号的整型数据，都在内存中占 4 个字节，这个与基本类型无关。

在指针变量的声明语句中，"*"作为指针类型说明符，可以出现在基本类型和指针变量名之间的任何地方，以下三种写法是等价的：

```
int   *p;
int*  p;
int * p;
```

要注意的是，每个指针变量前面都必须有自己的指针类型说明符"*"，例如：

```
int * p,*q;
```

声明了两个指向 int 型数据的指针变量 p 和 q，要注意区分下面的声明语句

```
int * p,q;
```

这个语句声明了一个指向 int 型数据的指针变量 p 和一个 int 型的整型变量 q。

8.2.2　指针变量的初始化

同其他变量一样，指针变量在使用之前必须进行初始化，否则就成了"悬挂指针"。由于未赋初值的指针变量可能是任意值，那么悬挂指针就可能会指向任何内存空间，而编译器并不会检测这类错误，因此没有被初始化的指针变量有可能会导致严重的后果，是务必要避免的。

把合法类型数据的地址复制给指针变量的过程，叫作指针变量的初始化，例如：

```
int i,*p=&i;
```

该语句声明了一个整型变量 i，一个指向 int 型数据的指针变量 p，并且把 i 的地址值&i 赋值给指针变量 p，这样 p 就指向了变量 i。注意这个声明语句不要写成

---

[1] 见 8.6 指向指针的指针
[2] 见 8.7.3 指向函数的指针

```
int *p=&i,i;
```

指针变量只能指向声明的基本类型，不能指向其他类型的数据，以下语句是错误的

```
float f;
int *p=&f;
```

虽然&f也是一个无符号整数，看上去与 int 型数据的地址值很类似，但是不能这样对指针变量 p 进行初始化，p 只能接受 int 型数据的地址值。

除了可以将合法类型的变量地址赋值给指针变量外，还可以对指针变量赋值为 NULL 或 0，此时该指针变量不会指向内存中的任何位置，避免了"悬挂指针"的危害。例如：

```
int *p=NULL,*q=0;
```

但是这样赋初值的指针 p 和 q 并不能指向任何内存单元，在使用前还是要给它们正确赋值。

除了 NULL 和 0 之外，不允许将其他常量直接赋值给指针变量，例如下面语句是错误的：

```
int *p=20,*q=0xff10;
```

同时需要说明的是，也不能将地址值赋值给 int 型变量，例如下面语句是错误的

```
int a=20,b=&a;
```

另外要注意的是有关寻址运算符"&"。这个运算符在介绍 scanf 语句的时候就介绍过了，它是个一元运算符，作用是求后面变量在内存中的存储地址。要注意的是，"&"的运算对象必须是变量，不能对常量或表达式做取地址运算。这就是说，下面的声明语句是错误的

```
int *p=&20;
int a,b,*q=&(a+b);
```

在遵循以上规则的基础上，对指针的赋值可以很灵活。我们可以用不同的指针指向同一个数据，例如：

```
int n;
int *p1=&n, *p2=&n, *p3=&n;
```

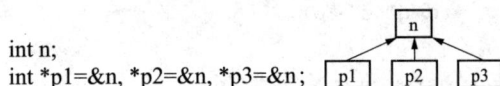

也可以在不同的语句中将同一个指针变量分别指向不同的数据，例如：

```
int a, b, c, *p=&a;
......
p=&b;
......
p=&c;
```

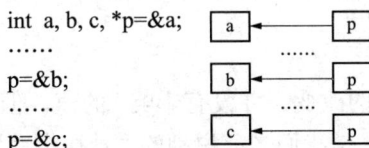

8.3　指针变量的使用

8.3.1　通过指针访问变量

通过前面的介绍，我们已经基本了解如何通过指针来访问内存中的其他变量了。

【例 8-1】　通过指针访问变量。首先来看下面的程序：

源程序：

```
#include<stdio.h>
```

```
void main( )
{    int  i=10,*p=&i;
     *p=*p+2;
     printf("i=%d,*p=%d\n",i,*p);
}
```

运行结果：

```
i=12,*p=12
Press any key to continue
```

程序说明：

在这个程序中，语句

$$*p=*p+2;$$

是通过*p来实现对变量 i 的间接访问的。"*"是指针运算符，也叫间接运算符，还有个名称叫反引用运算符。它是个一元运算，所求得的是运算对象（地址值）所指向的数据。在这个程序中，指针 p 被初始化为 int 型变量 i 的地址值，因此*p 实际上就相当于变量 i，上面这个赋值语句等价于

$$i=i+2;$$

对*p 的赋值，实际上就是对 i 的赋值。

若只想改变*p 的值，而不改变 i 的值，就不能让 p 指向 i。例如将程序修改为

源程序：

```
#include<stdio.h>
void main( )
{    int  i=10,*p;
     *p=i+2;
     printf("i=%d,*p=%d\n",i,*p);
}
```

运行结果：（如果程序可以正常运行）

```
i=10,*p=12
Press any key to continue
```

程序说明：

从运行结果上看，*p 的值的改变，并没有影响 i 的值，但是该程序有很大的问题。

指针 p 并没有赋初值，也就是我们之前说到的"悬挂指针"。如果程序可以正常运行，那么 p 可能指向了一个未知的但是可以使用的内存空间，并非指向 i（实际上是指向 i 的可能性非常小，但也不排除恰好指向 i），因此对*p 的赋值并不会影响 i 的值。但是这样的程序是非常危险的，因为 p 可能会指向内存的任意位置，更多的时候这样的程序是不能运行的，甚至有可能带来灾难性的后果，这样的程序是一定要避免的。

为了避免"悬挂指针"的危害，可以改为如下的程序：

源程序：

```
#include<stdio.h>
void main( )
{    int  i=10,j,*p=&j;
```

```
        *p=i+2;
        printf("i=%d,*p=%d\n",i,*p);
}
```

运行结果：

```
i=10,*p=12
Press any key to continue
```

程序说明：

该程序中，p 指向了另一个 int 型的变量 j，既没有将指针变量 p 指向 i，又避免了"悬挂指针"的危害。

【例 8-2】 通过指针访问变量实现：输入两个数，将它们从大到小输出，但不要交换这两个数。

源程序：

```
#include<stdio.h>
void main( )
{     int a,b,*p1=&a,*p2=&b,*p=NULL;
      printf("请输入两个整数:");
      scanf("%d%d",&a,&b);
      if(a<b)
      {   p=p1;
          p1=p2;
          p2=p;
      }
      printf("较大数是%d,较小数是%d\n",*p1,*p2);
}
```

运行结果：

```
请输入两个整数:1  2
较大数是2,较小数是1
Press any key to continue
```

程序说明：

在这个程序中，指针 p1 和 p2 最初分别指向了变量 a 和变量 b。scanf 语句读入了 a 和 b 的值之后，如果 a 比 b 小，就将 p1 和 p2 的值进行交换，使得 p1 指向 b，而 p2 指向 a。这种方式并不是将*p1 和*p2 进行交换，也就是说并没有交换 a 和 b 的值，只是将指针变量 p1 和 p2 的指向进行了交换，从而实现了 p1 总是指向较大数，而 p2 总是指向较小数，却不改变变量 a 和 b 的数值。

本例实现的方式有很多，上面只是其中的一种实现方法。

8.3.2　指针变量的地址

前面提到，指针是和两个空间相关的，一个是它自己所占用的内存空间，一个是它的值所指向的内存空间。作为一个变量，指针变量也是要存放在内存中的，它存放的是一个地址，而变量本身也有一个地址。

【例 8-3】 考虑下面程序以图 8-2 所示的内存为例，将得到什么运行结果。

源程序：

```
#include<stdio.h>
void main( )
{    int i=20,*p=&i;
    printf("i:地址:%X,值:%d\n",&i,i);
    printf("p:地址:%X,值:%X,指向:%d\n",&p,p,*p);
}
```

运行结果：

```
i:地址:FF10,值:20
p:地址:FF14,值:FF10,指向:20
Press any key to continue
```

程序说明：

（1）p 存放的是 i 的地址值 FF10，它也是有自己的地址的，&p 的值是 FF14。

（2）以上地址值只是举例，读者在运行程序时，通常会得到不同的运行结果。

清楚这个概念以后，就会发现，其实指针变量和所有的变量一样，具有值和地址两个属性，因此指针也是可以被别的指针所指向的，称作指向指针的指针[1]。

8.3.3　指针变量的算术运算

指针有具体数值，可以进行一些合法的算术运算。

［例 8-1］的程序中有一个语句：

$$*p=*p+2;$$

该语句对 p 指向的变量 i 的值加了数值 2，i 由 10 变为了 12。

是否可以对指针变量进行算术运算呢？

例如：

$$p=p+2;$$

又是如何计算的呢？

对指针变量可以进行的算术运算有：自增、自减、加 n 和减 n，而乘法和除法都是非法的。

例如：

```
int  i,*p=&i;
p++;
```

这里的 p++(等价于 p=p+1)，并非是给 p 指向的变量 i 加 1，而是表示 p 指向对应类型的下一个数据值（(*p)++实现的是 i++ 的功能）。

假如在这段程序中，i 的地址为 FF10，那么执行了 p++ 之后，p 的值就变为了 FF14，而并非 FF11，因为 p++ 的功能是使 p 指向 FF10 后面的下一个 int 型数据，而一个 int 型数据占 4 个字节，因此 p 变成了 FF14。由此我们也就能理解执行了类似 p=p+2；或 p=p-1；的语句后指针变量的指向变化和数值变化了。

指针之间也可以进行减法运算。例如：

```
int  i,*p=&i,*q=&i;
p++;
```

---

[1] 见 8.6 指向指针的指针

```
printf("%d",p-q);
```

这段代码将输出 1。变量的声明部分给指针变量 p 和 q 都赋初值为 i 的地址，也就是说 p 和 q 都指向了变量 i。语句 p++；执行后，p 指向了 i 后面的那个 int 数据（虽然我们并不知道那是什么）。p–q 所求出的值，就是这两个指针的指向之间相差的 int 型数据的个数，即 1。

不要对指针变量进行乘法或除法运算，也不要在指针之间进行加法运算，下面语句都是错误的：

```
int  i,*p=&i,*q=&i;
p=p*1;
printf("%d",p+q);
```

了解指针变量的算术运算，从而理解指针指向的变化，将对后面的学习奠定基础。

8.4　指　针　与　数　组

我们已经知道，数组名的值就是数组的首地址，也就是下标为 0 的数组元素的地址。在 [例 7-5] 中[1]，将数组名作为参数传递，实质上就是将地址作为参数的传递。数组与地址有密不可分的关系，对数组元素的访问也是通过数组首地址的偏移寻址来实现的。

对数组元素的访问，可以通过传统的下标法（如 a[1]），也可以通过指针法，即通过指向数组元素的指针找到所需的数组元素。

8.4.1　指针与一维数组

首先我们来回顾一下对一维数组的定义和访问。例如有如下声明：

```
int  a[6]={1,2,3,4,5,6};
```

该语句声明了一个名为 a 的 int 型数组，该数组由 6 个 int 型的元素构成，a 的值是数组的首地址，即&a[0]，数组在内存中的存放情况如图 8-3 所示。

元素地址	FF20	FF24	FF28	FF2C	FF30	FF34
值	1	2	3	4	5	6
数组元素	a[0]	a[1]	a[2]	a[3]	a[4]	a[5]

图 8-3　数组在内存中的存储

在数组中，作为数组的首地址的数组名 a 是一个地址常量，也叫指针常量。一旦数组被声明了，这个地址值就固定下来了（本例中 a 的值是 FF20），是不能被改变的。数组的第一个元素是 a[0]，因此 a 的值就等于 a[0] 的地址值，即&a[0]，因此可以说指针常量 a 指向数组的第一个元素 a[0]。这样，*a 就是 a[0]，在程序中，完全可以使用*a 来表示 a[0]。

数组的最大特点之一，是所占的内存空间是连续的。对其他数组元素的访问也可以通过下标的方式，例如 a[2]，下标 2 是指该元素相对于第一个数组元素 a[0] 而言，向后偏移了 2 个数据位置（int 型的数组，每个元素数据占 4 个字节，故偏移了 8 个字节）。a+2 的值就是 a[2] 的地址，即&a[2]。也就是说，指针常量(a+2)指向数组元素 a[2]，*(a+2)就是 a[2]。

我们之前的程序中，就是使用这种方式来访问数组元素的，例如：

```
int  a[6],i;
for(i=0;i<6;i++)
```

[1] 见 7.3.1 寻找数组中最大元素

```
{    scanf("%d",&a[i]);
     printf("%d",a[i]);
}
```

这段代码还可以写为

```
int  a[6],i;
for(i=0;i<6;i++)
{    scanf("%d",a+i);
     printf("%d",*(a+i));
}
```

可以看出指针(a+i)指向数组元素 a[i]，因此*(a+i)就是 a[i]。实际上，用 a[i]访问数组元素，就是要先计算出(a+i)的值，然后通过这个地址值来找到元素 a[i]，也就是说，a[i]的本质就是使用*(a+i)的方式来访问数组元素的。

在数组中，作为数组的首地址的数组名是一个地址常量，一旦数组被声明了，这个地址值就固定下来了，是不能被改变的。对数组元素访问，是通过计算类似(a+i)这样的偏移后的地址来实现的。

而指针变量是一个存放地址的变量，它的值可以被改变。指针变量可以指向普通类型的数据，也可以指向数组元素。使用一个指针变量 p 来指向数组元素，既可以使用类似上面介绍的计算偏移地址的方式（如*(p+2)）来访问数组元素，也可以通过指针的移动（例如 p++）将指针指向其他的数据元素，再通过指针的指向（例如*p）来访问所需的元素。例如，上面那段代码可以写为

```
int  a[6],i;
int  *p=a;
for(i=0;i<6;i++)
{    scanf("%d",p);
     printf("%d",*p);
     p++;
}
```

这段代码在声明指针变量 p 的时候，使用语句

```
int  *p=a;
```

指针 p 是一个指向 int 型数据的指针，被赋初值为 a，也就是说 p 最初指向数组的第一个元素 a[0]。在 for 循环体中依次使用 scanf("%d",p); 和 printf("%d",*p); 分别读入和输出了 p 所指向的数组元素的值，而 p++; 则是指针 p 的指向移动到了下一个数组元素，这样就实现了对整个数组元素的依次访问。要说明的是，这段代码结束后，p 已经移动到了最后一个数组元素后面的数据单元，也就是不再指向任何合法的数组元素了，如果需要再次使用，需要重新对 p 进行赋值。

综上所述，在有如下声明时：

```
int  a[6],*p=a;
```

以下对数组元素 a[2]的访问方式都是等价的：

（1）a[2]

（2）p[2]

（3）*(a+2)

（4）*(p+2)

其中（1）和（2）称为下标表示法，（3）和（4）称为指针表示法，虽然下标表示法看上去更简洁，但实际上下标表示法在本质上也是按照指针表示法执行的，也就是说会计算出 a+2 或者 p+2 的值，通过这个地址值来找到所需访问的数组元素。

【例 8-4】 用指针访问数组的方式，计算数组中数据的平均值。

源程序：

```
#include<stdio.h>
#define N 10
void main( )
{    int  a[N]={0},i,sum=0;
     int  *p=a;
     printf("请输入%d 个整数:",N);
     for(i=0;i<N;i++)
     {    scanf("%d",p);
          p++;
     }
     p=a;
     for(i=0;i<N;i++)
     {    sum+=*p;
          p++;
     }
     printf("这%d 个数的平均值是:%.2f\n",N,(float)sum/N);
}
```

运行结果：

```
请输入 10 个整数:1  2  3  4  5  6  7  8  9  10
这 10 个数的平均值是:5.50
Press any key to continue
```

程序说明：

这个程序使用了两个 for 循环：

（1）第一个 for 循环实现了读入数组元素的功能，由于是一边读入数组元素，一边改变指针变量 p 的指向，因此当这个循环结束的时候，p 已经指向了 a[N−1]后面的数据单元，也就是已经不再指向数组 a 中的任何元素了。如果要继续使用指针 p，这一点要格外注意。

（2）第二个 for 循环实现了对数组元素求和的功能，由于第一个 for 循环后 p 指向的改变，不能直接使用指针 p，而是必须在第二个 for 循环开始之前重新对 p 进行赋值，使它再次指向 a[0]，即使用语句：

```
                          p=a;
```

该程序可以简化为

源程序：

```
#include<stdio.h>
#define N 10
void main( )
```

```
{       int  a[N]={0},i,sum=0;
        int *p=a;
        printf("请输入%d 个整数:",N);
        for(i=0;i<N;i++)
        {     scanf("%d",p);
              sum+=*p++;
        }
        printf("这%d 个数的平均值是:%.2f\n",N,(float)sum/N);
}
```

程序说明：

该程序只使用了一个 for 循环，循环体中有两个语句

```
                    scanf("%d",p);
                    sum+=*p++;
```

scanf 实现了对 p 所指向的数组元素的读入，语句 sum+=*p++; 实现了对 p 所指向的数组元素的累加求和，并在求和后执行了 p++，也就是将指针 p 指向了下一个数组元素，为下一次循环的执行做好准备。这个语句实际上相当于

```
                    sum+=*p;
                    p++;
```

这里我们对指针变量的自增运算的各种形式进行一下归纳和说明：

（1）*p++ 涉及两个一元运算：指针运算符"*"和自增运算符"++"。这两个运算符都是一元运算符，优先级相同，结合方向自右向左，所以 *p++ 相当于 *(p++)。根据自增运算符的运算规则，*(p++) 是先求 *p 的值（即 p 指向的数据）参与表达式计算，然后再执行 p++（即将指针 p 的指向往后移动一个数据单元）。

（2）*(p++) 和 (*p)++ 的区别：

➢ *(p++) 是在求解表达式之后，对指针变量 p 执行自增运算，也就是将指针变量的指向往后移动一个数据单元，p 原本所指向的数组元素不受任何影响；

➢ (*p)++ 是在求解表达式之后，对 (*p) 执行自增运算，也就是将 p 指向的数组元素的值加 1，而 p 的值并不改变，也就是说 p 的指向不发生变化。

读者可以将上面程序中的语句：

```
                    sum+=*p++;
```

改为

```
                    sum+=(*p)++;
```

看看运行结果有什么不同。

（3）*(p++) 和 *(++p) 的区别：

➢ *(p++) 是先求 *p 的值（即 p 指向的数据）参与表达式计算，当表达式的值求解完毕后，再执行 p++（即将指针 p 的指向往后移动一个数据单元）；

➢ *(++p) 是先执行 p++（即将指针 p 的指向往后移动一个数据单元），再将 *p 的值（即 p 指向的数据）参与表达式计算，此时参与计算的 *p 的值是指针 p 的指向移动后所指向的数据，而不再是原来的指向了。

上面程序中，for 循环体第一次执行开始时，指针 p 指向 a[0]，语句

```
                    sum+=*(p++);
```

是将读入的 a[0]累加到 sum 中。如果将该 for 循环改为

```
for(i=0;i<N-1;i++)
{    scanf("%d",p);
     sum+=*(++p);
}
```

当该 for 循环体第一次执行时，scanf("%d",p);读入了 a[0]的值，然后 sum+=*(++p);先将指针变量 p 的指向改变为指向 a[1]，然后将 a[1]累加到 sum 中，自然这样的程序是错误的。

8.4.2　指针与字符串

字符串是特殊的字符数组，例如：

```
        char  str[]="China";
```

这个声明语句在内存中申请了 6 个字节的空间给字符串 str（最后一个字节用来存放空字符），数组名 str 的值就是数组的首地址，可以认为这个地址指向了字符串"China"。

也可以用指针的方式来创建字符串，例如：

```
        char  *s="China";
```

不同的是，这个声明语句在内存中申请了 6 个字节的空间用来存放字符串常量"China"，同时声明了一个 4 个字节的指针变量 s，存放了这个字符串常量的首地址，可以认为指针变量 s 指向了字符串常量"China"。

对字符串的许多操作，可以用指向字符串的指针来实现。

【例 8-5】　用指针访问字符串的方式，计算字符串的长度。

源程序：

```
#include<stdio.h>
void main( )
{    char *s="China";
     int len=0;
     printf("字符串\"%s\"",s);
     while(*s!='\0')
     {    len++;
          s++;
     }
     printf("的长度是%d。\n",len);
}
```

运行结果：

```
字符串"China"的长度是5。
Press any key to continue
```

程序说明：

该程序在 while 循环中，一边统计字符个数（len++），一边将指针 s 指向移动到下一个字符（s++）。当 while 的循环条件（*s!='\0'）不再满足时，统计结束，此时 s 指向空字符。如果此时再执行类似这样的输出：

```
        printf("%s",s);
```

将不会得到任何输出。

这个程序还可以改写为如下的程序：

源程序：

```
#include<stdio.h>
void main( )
{    char *s="China",*p=s;
     while(*p!='\0')
          p++;
     printf("字符串\"%s\"的长度是%d。\n",s,p-s);
}
```

程序说明：

（1）该程序也会得到相同的输出结果。不同的是，该程序在一开始声明了两个指针变量 s 和 p，都指向了字符串常量"China"。在 while 循环中，只是移动了指针 p 的指向，使其在循环结束时指向了字符串末尾的空字符，并没有统计字符个数，而 p-s 的值就是字符串中的字符数。可以看出，由于 s 并没有改变指向，所以使用 printf("%s",s); 仍然会得到"China"的输出。

（2）使用字符数组和使用指针来操作字符串还是有区别的。指向字符串的指针是地址变量，可以对其重新赋值，例如：

```
char *s="China";
s="Beijing";
```

该语句并非是改变"China"的值，而是将另一个字符串常量"Beijing"的首地址赋值给指针变量 s，此时 s 由指向字符串常量"China"改变为指向另一个字符串常量"Beijing"。但是，字符串名是地址常量，是不能接受再次赋值的，因此下面语句是错误的：

```
char str[]="China";
str="Beijing";
```

（3）在上面的声明中，str 的值是字符数组"China"的首地址，该字符数组是数组变量，其数组元素的值是可以被改变的。例如，下面语句是可以执行的：

```
*str='A';
```

该语句执行后，原字符数组变为了"Ahina"。但是，上面声明的指针变量 s，只是指向了一个字符串常量"China"，而字符串常量是不能被修改的，所以下面语句是错误的：

```
*s='A';
```

8.4.3 指针与二维数组

1. 指向二维数组元素的指针

指针可以指向二维数组中的元素。例如：

```
int  a[10][10]={0};
int  *p=&a[0][0];
```

这里声明了一个 10 行 10 列的 int 型二维数组 a，一个指向 int 型数据的指针变量 p，并将二维数组首行首列的元素 a[0][0] 的地址赋值给 p，这样 p 就指向了二维数组 a 中的元素 a[0][0]。由于 a[0] 的值就是 a[0][0] 的地址，因此上面的声明语句也可以写作：

```
int  *p=a[0];
```

虽然 a 的值和 a[0]的值是相同的，该声明语句是否可以改写成如下所示？

```
int  *p=a;
```

要说明这个问题，首先通过图 8-4 来了解二维数组中的各个组成部分：

假设该二维数组的首地址是 FF00，即 &a[0][0]是 FF00。由于 a[0]就是&a[0][0]，因此 a[0]的值也是 FF00，而*a[0]就是元素 a[0][0]。既然 a[0]是一个数组元素的地址，

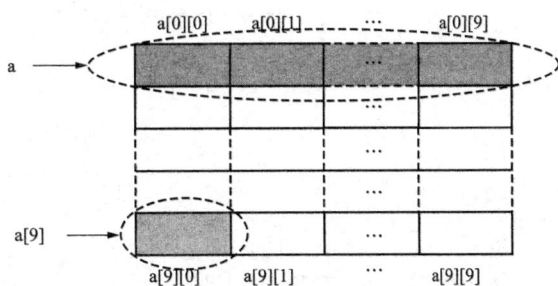

图 8-4　二维数组 a[10][10]的结构

那么 a[0]+1 就是 a[0][0]向后偏移 1 个 int 型数据的地址，也就是 a[0][1]的地址，这个值是 FF04。

而数组名 a 的值是整个二维数组的首地址，也是该二维数组首行的行地址，这个值也等于 FF00。由于 a 表示的是行地址，所以 a+1 是从首行向后偏移一整行（10 个 int 型数据，40 个字节）的行地址，这个值是 FF28。

a+1 指向了二维数组的第二行，a+1 的值就是第二行的地址，也可以表示为&a[1]。&a[1] 是 C 语言的一种地址计算方法，表示第二行的行地址，虽然在内存中并不存在元素 a[1]，但是可以认为 a+1 就是&a[1]，同理*(a+1)就是 a[1]。

另一方面，&a[1][0]和 a[1]都表示 a[1][0]的地址，也就是第二行的首地址，它们的值和 a+1 的值是相等的。

所以，a+i，&a[i]，a[i]，&a[i][0]，*(a+i)的值都是相同的，但是它们的含义并不相同。其中，a+i 和&a[i]表示第二行的行地址，并非是任何数组元素的地址；而 a[i]，&a[i][0]，*(a+i) 则表示第 i 行第一个元素 a[i][0]的地址，也就是第 i 行的首地址。

既然 a 表示的是二维数组的行地址，并非是 int 型数组元素的地址，那么下面这个声明语句是错误的：

```
int  *p=a;
```

a[i]+j 是数组元素 a[i][j]的地址，因此*(a[i]+j)就是数组元素 a[i][j]。由于 a[i]就是*(a+i)，所以 a[i]+j，也就是 a[i][j]的地址，可以用*(a+i)+j 来表示，因此*(*(a+i)+j)就是元素 a[i][j]。

由于内存是个一维的线性空间，并没有行列的概念，在内存中，某一行的最后一个元素后面就是下一行的首元素，因此，用指针 p 指向二维数组的元素时，可以通过*(p++)的方式遍历整个二维数组。

【例 8-6】　用指针访问二维数组的方式，计算矩阵每行的行和。

源程序：

```
#include<stdio.h>
void main( )
{    int  a[3][4]={{1,2,3,4},{5,6,7,8},{9,10,11,12}},i,j,sum;
     int  *p=a[0];
     for(i=0;i<3;i++)
     {    sum=0;
          printf("第%d行(",i+1);
          for(j=0;j<4;j++)
          {    printf("  %d",*p);
```

```
                sum+=*(p++);
        }
        printf(")的行和是:%d。\n",sum);
    }
}
```

运行结果：

```
第 1 行( 1   2   3   4)的行和是:10。
第 2 行( 5   6   7   8)的行和是:26。
第 3 行( 9  10  11  12)的行和是:42。
Press any key to continue
```

【例 8-7】 编写出程序读入矩阵元素，并且利用指针遍历矩阵所有元素，要求输出矩阵和矩阵元素的最大值。

源程序：

```
#include<stdio.h>
#include<stdlib.h>
void main( )
{    int a[10][10];
     int *p;
     int num,max,i;
     printf("请输入方阵的阶数:");
     scanf("%d",&num);
     if(num<1 || num>10)
     {    printf("Wrong number!\n");
          exit(0);
     }
     printf("请输入%d 阶方阵的元素:\n",num);
     for(i=0;i<num;i++)
     {    for(p=a[i];p<=&a[i][num-1];p++)
              scanf("%d",p);                    /*输入 num×num 阶数组*/
     }
     max=a[0][0];
     printf("方阵是:\n");                        /*遍历数组,输出 num×num 阶数组*/
     for(i=0;i<num;i++)
     {    for(p=a[i];p<=&a[i][num-1];p++)
          {    printf("%6d ",*p);
               if(max<*p)                        /*求最大值数组元素*/
                   max=*p;
          }
          printf("\n");
     }
     printf("方阵中最大元素是:%d\n",max);          /*输出最大元素*/
}
```

运行结果：

请输入方阵的阶数:4。
请输入 4 阶方阵的元素:

```
 1  3  0  9
-10  8  7  3
 5  5  5  5
 1  7  8  6
```
方阵是：
```
    1        3        0        9
  -10        8        7        3
    5        5        5        5
    1        7        8        6
```
方阵中最大元素是:9
Press any key to continue

程序说明：

本例首先读入矩阵的列数，并且假设矩阵为方阵；然后按行读入矩阵的各个元素，计算矩阵的最大值；最后打印输出矩阵和矩阵的最大值。

2. 指向一行数据的指针——行指针

在［例8-7］中有如下声明：

```
int  a[10][10]={0};
int  *p=&a[0][0];
```

指针 p 是指向数组元素的指针，不能指向一行数据，因此下面声明是错误的：

```
int  *p=a;
```

但是指针除了可以指向数组元素外，也可以指向一行数据，我们称之为行指针。

行指针是指向一行的指针，实质上就是指向了一个一维数组，行指针声明的格式为

类型(＊ 行指针变量名)［数组长度］；

其中，"类型"是行指针所指向的行数据（即一维数组）的基本类型，"数组长度"是行指针所指向这一行数据的元素个数（即所指向一维数组的大小）。例如：

```
int(*q)[4];
```

表示指针 q 指向一行包括 4 个 int 型元素的数据（即 4 个元素的一维数组）。

由于行指针指的是一行数据，自然可以接受表示一行地址的地址值，所以下面声明是正确的：

```
int  a[3][4]={0};
int(*q)[4]=a;
```

要注意的是，行指针 q 所指向行的大小，必须与 a 的行大小相同，下面声明是错误的：

```
int(*q)[3]=a;
```

由于 q 指向了二维数组 a 的首行数据，因此*q 相当于 a[0]，即*a，那么*q+j 就是 a[0][j]的地址，所以*(*q+j)就是 a[0][j]。

［例8-6］如果采用行指针的方式，可以改为下面的程序：

源程序：

```
#include<stdio.h>
void main( )
{    int a[3][4]={{1,2,3,4},{5,6,7,8},{9,10,11,12}},i,j,sum;
     int(*q)[4]=a;
```

```
for(i=0;i<3;i++)
{     sum=0;
      printf("第%d行(",i+1);
      for(j=0;j<4;j++)
      {     printf("  %d",*(*q+j));
            sum+=*(*q+j);
      }
      printf(")的行和是:%d。\n",sum);
      q++;
}
}
```

程序说明：

这个程序中，*(*q+j)表示 q 所指向的这一行数据的第 j+1 个元素，每行数据处理完毕后，用语句 q++使行指针移动到下一行。

该程序的运行结果与［例 8-6］中程序一致。

8.5　指　针　数　组

C 语言中的数组可以是任意类型，如果一个数组中的元素都是指向同一类型数据的指针，则该数组称为指针数组。例如：

```
char * color[5]={"red","blue","green","yellow","brown"};
```

声明了一个指针数组，数组名为 color，包含 5 个元素，每个元素都是指向一个字符串的指针，如图 8-5 所示。

这里，color[0]是一个字符类型的指针，指向字符串"red"。color[0]的值是字符串"red"的首地址，*color[0]则代表该地址的内容，也就是字符'r'。如果需要输出字符串"red"，可以使用语句：

```
printf("%s",color[0]);
```

我们也可以使用二维数组 color[5][7]，如图 8-6 所示。

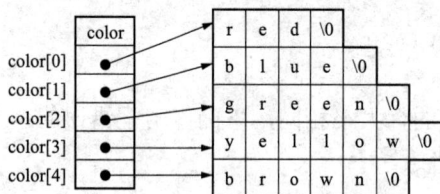

图 8-5　指针数组

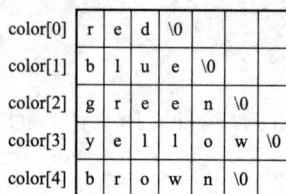

图 8-6　二维数组

在该二维数组中，color[0]作为行名，其值也是第一行字符串"red"的首地址，color[0][0]或*color[0]的值就是字符'r'。如果需要输出字符串"red"，也可以使用语句：

```
printf("%s",color[0]);
```

但是要注意，二维数组中的行名 color[0]是一个地址常量，不可改变；而指针数组中的元素 color[0]则是一个指针变量，可以被重新赋值，指向其他字符。

　　并且，这种二维数组存放多个字符串的方式，与上面所讲述的用指针数组指向多个字符串的方式，在内存中的存储也不相同。在声明二维数组的时候，必须指定列长，也就是说二维数组的每一行所包含的元素个数必须相等。为了存放所有的字符串，二维数组必须按照最长的字符串来定义列数，就会浪费许多内存单元。例如，图 8-6 中的二维数组，列长至少要定义为 7，才能存放下字符串"yellow"。而对于字符串"red"，这样的列长显然浪费了内存空间。

　　很显然，用指针数组的方式，则会节省内存。在对字符串的操作上，用指针数组也会灵活很多。例如，对若干字符串排序的时候，不需要改变字符串的位置，只需要改变指针数组中指针元素的指向即可，这比在二维数组中移动字符串要节省更多的时间。

【例 8-8】　将字符串按字母顺序排序后输出。

源程序：

```
#include<stdio.h>
#include<string.h>
void main( )
{    char * name[ ]={"Follow me","BASIC","Great Wall","FORTRAN","Computer"};
     char * temp;
     int i,j,k;
     for(i=0;i<4;i++)
     {    k=i;
          for(j=i+1;j<5;j++)
               if(strcmp(name[k],name[j])>0 )
                    k=j;
          if(k!=i)
          {    temp=name[i];
               name[i]=name[k];
               name[k]=temp;
          }
     }
     for(i=0;i<5;i++)
          printf("%s\n",name[i]);
}
```

运行结果：

```
BASIC
Computer
FORTRAN
Follow me
Great Wall
Press any key to continue
```

程序说明：

　　在本程序中，定义了一个一维指针数组 name，其 5 个指针元素分别指向不同的字符串。程序使用选择排序法，使得这个 5 个指针元素分别指向排序后的字符串。过程是：按照字母顺序，首先选择出最小的字符串所对应的指针 name[k]，将其与 name[0]的值互换，就实现了使得 name[0]指向最小的字符串。依次类推，依次使得其他指针元素指向按字母顺序排列的字符串。

　　声明一维指针数组的形式为

类型　* 指针数组名[数组长度]；

其中"类型"是数组元素指向数据的基本类型，"数组长度"是指针数组的大小。例如：

$$int \ * \ p[5];$$

请注意与

$$int(*p)[5];$$

的区别。前者是表示定义了一个指针数组 p，该数组包括 5 个指针元素，每个元素都是一个指向 int 型数据的指针；后者则表示定义了一个行指针 p，该指针指向一个长度为 5 的一维数组（行数据）。

8.6　指向指针的指针

指针不仅可以指向简单数据类型，也可以指向另一个指针，从而形成如图 8-7 所示的指针链。

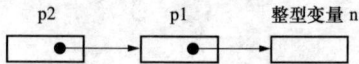

图 8-7　指向指针的指针

图 8-7 中，指针 p1 直接指向一个整型变量 n，我们称它为一级指针。对于这样的一级指针，我们已经非常熟悉了，声明它的方式为

$$int *p1;$$

可以用

$$p1=&n;$$

来使它指向整型变量 n。我们可以用*p1 来表示它的指向，也就是变量 n。

图中的另一个指针 p2 所指向的并不是一个类似 n 这样的简单数据，而是指向了指针 p1。也就是说，p2 存放的是 p1 的地址，而 p1 存放的则是整型变量 n 的地址，这就形成了 p2 指向 p1，而 p1 指向整型变量 n 的"指针链"。我们称 p2 为二级指针，也就是指向指针的指针。

声明二级指针数组的形式为

类型　** 二级指针名；

三级或更多级指针的声明依次类推。

声明 p2 使用这样的语句：

$$int **p2;$$

该语句声明的 p2 是一个指向 int 类型的指针的指针，而不是指向 int 类型。可以用

$$p2=&p1;$$

来对它赋值，使 p2 指向指针 p1（p2 存放 p1 的地址）。而

$$p2=&n;$$

是错误的。我们可以用*p2 来表示它的指向，也就是变量 p1。也可以使用**p2 来表示它所指向的 p1 的指向，也就是 int 型的变量 n。在这里，n、*p1 和**p2 是等同的；而&n、p1 和*p2 的值也是等同的。

【例 8-9】　二级指针示例 1。

源程序：

```c
#include<stdio.h>
void main( )
{    int n=5,*p1,**p2;
     p1=&n;
     p2=&p1;
     printf("%d,%d,%d\n",n,*p1,**p2);
}
```

运行结果：

```
5,5,5
Press any key to continue
```

【例 8-10】　二级指针示例 2。

源程序：

```c
#include<stdio.h>
void main( )
{    char *name[5]={"gain","much","stronger","point",0};
     char ** p=name;
     int i;
     while(*p)
     {    for(i=0;*(*p+i);i++)
               printf("%c",*(*p+i));
          printf("\n");
          p++;
     }
}
```

运行结果：

```
gain
much
stronger
point
Press any key to continue
```

程序说明：

（1）程序声明了一个指针数组 name，数组中的每个元素都指向了一个字符串，而最后一个元素 name[4]的值为 0，也就是说这是一个空指针，它不指向任何字符串。

（2）程序定义了一个二级指针 p，并为其赋初值 name，也就是说，指针 p 指向数组 name 的第一个元素 name[0]。

（3）程序使用了一个 while 循环，实现了对字符串的输出。循环条件为*p，即当*p 为真时，执行循环体语句。*p 为真，意味着*p 不为零，在本程序中，p 在一开始指向 name[0]，*p 的值即为 name[0]的值，我们知道，这是字符串"gain"的首地址，自然不为零，于是程序执行循环体。

（4）while 循环体中，嵌套一个 for 循环：

```
for(i=0;*(*p+i);i++)
        printf("%c",*(*p+i));
```

实现了对当前指针 p 指向的数组元素所指向的字符串的输出。第一次执行该循环体时，p 指向 name[0]，因此这个 for 语句相当于：

```
for(i=0;*(name[0]+i);i++)
        printf("%c",*(name[0]+i));
```

通过对指针数组的了解可知，该循环是将 name[0]所指向的字符串"gain"输出。

（5）输出第一个字符串"gain"之后，执行了语句

```
p++;
```

该语句将指针 p 向后指向一个数组元素，也就是指向了 name[1]，此时继续 while 循环。

直到将 name[3]所指向的字符串"point"输出之后，指针 p 向后移动，指向了 name[4]，而 name[4]是一个空指针，其值为 0，也就是*p 的值为 0，while 循环的循环条件不再得到满足，于是结束了 while 循环。程序也结束了。

依次类推，我们可以把三级及三级以上的指针，和二级指针一起统称为多级指针。

8.7 指 针 与 函 数

8.7.1 指针作为函数参数

前面我们已经介绍过 C 语言函数，主程序和函数之间通过参数交换数据。在函数声明和函数定义过程中的参数是形式参数，简称形参；在函数调用语句中所使用的参数是实际参数，简称实参。C 语言函数实参和形参的传递规则是值传递，即将调用语句中实参赋值给形参。这是一种单向传递方式，被调函数的形参得到主调函数的实参值，但在被调函数中改变形参的值并不影响主调函数中实参的值。本节我们将介绍指针变量作为函数参数，进而解释如何在被调函数中改变主调函数变量的值。

［例 7-5］[1]中将数组名称作为参数进行了函数调用，来寻找数组中的最大元素。从函数声明

```
float max_array(float a[ ],int n);
```

中可以看到，形参 a 是以数组名的形式出现的，函数 max_array 在被调用的时候，形参 a 接收到的实参是一个地址值，那么 a 就是用来存放地址的变量，也就是指针变量。所以，这里以数组名的形式出现的 a，实际上是一个指针变量，在函数中以数组元素形式出现的 a[i]，实际上都是指针操作。

【例 8-11】 使用指针作为参数改写［例 7-5］：寻找数组中的最大元素。

源程序：

```
/*寻找数组中的最大元素*/
#include<stdio.h>
#define N 10
float max_array(float *a,int n);        /*函数声明*/
void main( )
{    float array[N],max;
```

---

[1] 见 7.3.1 寻找数组中最大元素

```
    int i;
    printf("请输入%d 个实数:\n",N);
    for(i=0;i<N;i++)
        scanf("%f",&array[i]);
    max=max_array(array,N);                    /*函数调用*/
    printf("数组中最大元素是:%.2f\n",max);
}

float max_array(float *a,int n)               /*函数定义*/
{   int i;
    float max;
    max=*a;
    for(i=1;i<n;i++)
        if(*(a+i)>max)
            max=*(a+i);
    return max;
}
```

程序说明:

（1）本程序与［例 7-5］得到相同的运行结果。

（2）与前面程序不同的是，在本函数中，指针变量 a 的指向一直在移动，通过*a 来访问数组元素；而之前程序的指针变量 a 并不改变其指向，是通过*(a+i)来访问数组元素的。

（3）也可以将函数 max_array 的定义改写为

```
        float max_array(float *a,int n)
        {   int i;
            float max;
            max=*a;
            for(i=1;i<n;i++,a++)
                if(*a>max)
                    max=*a;
            return max;
        }
```

当指针作为函数参数时，传递的是数据的地址，这样主调函数和被调函数就可以通过该地址访问同一个或同一段内存数据，从而实现了数据共享。

【例 8-12】　求一元二次方程 $ax^2+bx+c=0(a\neq0)$ 的根，根据数学知识，我们知道一元二次方程 $ax^2+bx+c=0(a\neq0)$ 的求解，取决于判别式 b^2-4ac 是否大于、等于或小于零。

方程的解为

$$
\begin{cases}
x_1=-\dfrac{b}{2a}+\dfrac{\sqrt{b^2-4ac}}{2a}, x_1=-\dfrac{b}{2a}-\dfrac{\sqrt{b^2-4ac}}{2a} & (b^2-4ac>0)\\[3mm]
x_1=x_2=-\dfrac{b}{2a} & (b^2-4ac=0)\\[3mm]
x_1=-\dfrac{b}{2a}+\dfrac{\sqrt{4ac-b^2}}{2a}i, x_1=-\dfrac{b}{2a}-\dfrac{\sqrt{4ac-b^2}}{2a}i & (b^2-4ac<0)
\end{cases}
$$

要求编写函数求解。

源程序：

```
#include<stdio.h>
#include<math.h>
void main( )
{    float a,b,c,t1,t2;
     int flag;
     int solvroot(float a,float b,float c,float *r1,float *r2);
     printf("输入一元二次方程的参数(a,b,c):");
     scanf("%f,%f,%f",&a,&b,&c);
     flag=solvroot(a,b,c,&t1,&t2);
     if(flag>0)
          printf("方程的两个实根是:x1=%f,x2=%f\n",t1+t2,t1-t2);
     else  if(flag==0)
               printf("方程的实根是:x1=x2=%f\n",t1);
          else
               printf("方程的两个虚根是:x1=%f+%fi,x2=%f-%fi\n",t1,t2,t1,t2);
}
int solvroot(float a,float b,float c,float *r1,float *r2)
{    float delta;
     *r1=-b/(2*a);
     delta=b*b-4*a*c;
     if(delta>=0)
          *r2=sqrt(delta)/(2*a);
     else
          *r2=sqrt(-delta)/(2*a);
     return(int)delta;
}
```

运行结果：

```
输入一元二次方程的参数(a,b,c):1,-3,2
方程的两个实根是:x1=2.000000,x2=1.000000
Press any key to continue
```

程序说明：

（1）指针可以作为函数的参数，在本例中，函数 solvroot(float a,float b,float c,float *r1,float *r2)有五个参数，前三个为基本类型变量，后两个是指针变量，我们重点解释一下指针变量。

（2）在调用函数 solvroot(a,b,c,&t1,&t2)中，对应于形参 float *r1，float *r2 的两个实参是 &t1，&t2。调用时将实参的值赋值给形参，即分别将变量 t1，t2 的地址赋值给指针变量 r1，r2。如图 8-8 所示。

在子函数中，对*r1，*r2 的赋值实际上是对变量 t1，t2 的赋值。

（3）语句*r1=-b/(2*a);的功能为将-b/(2*a)的值写入到 r1 所指向的变量的单元，r1 指向的变量是 t1，因此子函数调用结束后，主函数中变量 t1 的值为-b/(2*a)。

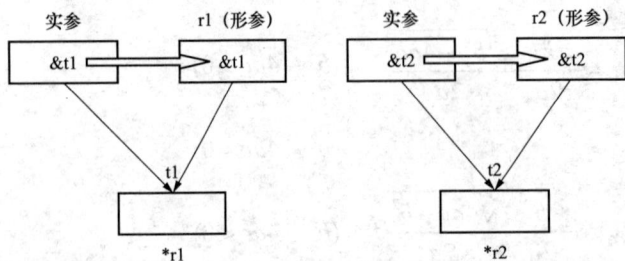

图 8-8　函数参数为指针

当把实参地址传递给子函数时，接收该地址的形参必须是指针。为区别于基本类型数据作为函数参数的"按值调用"，我们将使用指针传递函数变量地址的函数调用称为"按引用调用"。"按引用调用"的函数可以修改在调用中所使用的变量的值。

8.7.2　指针作为函数返回值

我们已经知道，函数是可以返回一个数值的。如果返回的这个值是指针，那么实际上就是返回了一个地址，通过该地址可以访问一个或一段数据，从而实现了函数返回多个值的功能。我们先来看一个例子。

【例 8-13】　函数返回指针值的示例——求两个数中的较大数。

源程序：

```
#include<stdio.h>
int * max(int *,int *);
void main( )
{    int a=10,b=20,*p=NULL;
     p=max(&a,&b);
     printf("%d\n",*p);
}
int * max(int *x,int *y)
{    if(*x>*y)
          return x;
     else
          return y;
}
```

运行结果：

```
20
Press any key to continue
```

程序说明：

该程序将&a 和&b 作为参数传递，这样就实现了在 max 函数中，*x 和*y 访问的就是主函数中的 a 和 b。max 函数的类型为(int *)，也就是说 max 返回的是一个指向 int 型数据的指针，即 a 和 b 中较大数的指针。

8.7.3　指向函数的指针

指针可以指向整数、实数、字符和数组，称为数据指针。此外，指针也可以指向一个函数，称为函数指针。

在 C 语言中，函数名代表函数的入口地址。当程序在执行过程中调用某函数时，程序控制转移的位置就是由该函数名表示的该函数代码的入口地址。当一个指针存放该入口地址，则称该指针为指向函数的指针，简称函数指针。

例如，程序中已定义函数 f：

$$float\ f(int\ x,int\ y);$$

则可以定义函数指针 p：

$$float(*\ p)(int,int);$$

并给函数指针 p 赋值：

$$p=f;$$

这样，函数 f 的入口地址就赋值给了函数指针 p，也就是说，函数指针 p 指向了函数 f。那么在程序中调用函数 f 的时候，可以使用原来我们熟悉的调用方式，如

$$f(3,5)$$

也可以使用函数指针进行调用，如

$$(* \ p)(3,5)$$

函数指针最常用的用途是将一个函数作为另一个函数的参数，也就是将函数名传递给形参，此时，接收函数名的形参应当是函数指针。

【例 8-14】 已知定积分 $\int_a^b f(x)\mathrm{d}x$ 的求解公式为 $\int_a^b f(x)\mathrm{d}x = \dfrac{(b-a)(f(a)+f(b))}{2}$。编写一个程序，求：

（1） $\int_1^2 \sin(x)\cos(x)\mathrm{d}x$；

（2） $\int_0^{1.5} \dfrac{x^2}{2}\mathrm{d}x$。

源程序：

```c
#include<stdio.h>
#include<math.h>
/* 通用定积分公式 */
double integral(double(* func)(double),double a,double b)
{
    return(b-a)*((*func)(a)+(*func)(b))/2;
}
double f1(double x)
{
    return sin(x)*cos(x);
}
double f2(double x)
{
    return x*x/2;
}

void main( )
{    double(* p)(double);
    p=f1;
    printf("%lf\n",integral(p,1,2));
    p=f2;
    printf("%lf\n",integral(p,1,2));
    printf("%lf\n",integral(f2,1,2));
}
```

运行结果：

```
0.038124
1.250000
1.250000
```

Press any key to continue

程序说明：

（1）在这段程序的主函数中，声明了一个函数指针 p，首先使 p 指向函数 f1。

（2）第 1 次调用函数 integral(p,1,2)时，将指针 p 的值，即 p 指向的函数 f1，传递给形参，即函数指针 func。integral 函数中计算表达式(b–a)*((*func)(a)+(*func)(b))/2，实际上就是在计算(b–a)*(f1(a)+f1(b))/2 的值。之后，指针 p 指向了函数 f2。

（3）第 2 次调用函数 integral(p,1,2)时，将指针 p 指向的函数 f2 传递给形参 func，这样，integral 函数返回的就是(b–a)*(f2(a)+f2(b))/2；的值。

（4）当 p 指向 f2 时，调用函数 integral(p,1,2)，与直接调用函数 integral(f2,1,2)得到的值是一样的，因此运行结果中第 3 行的值和第 2 行一致。

下面我们给出函数指针的声明及使用规则。

函数指针的声明形式为

函数值类型(* 函数指针名)(形参表);

其中"函数值类型"指定函数返回值的类型，形参表应当与该指针要指向的函数的形参表一致。例如：

```
int(* p)(float,float);
```

如果程序中定义了函数：

```
int f(float x,float y);
```

函数名 f 表示该函数代码的入口地址。则可以这样赋值：

```
p=f;
```

即将指针 p 指向函数 f 的程序代码入口。

需要注意 int(* p)(float,float); 与 int * p(float x,float y); 的区别。前者是表示定义了一个函数指针 p，指向一个返回类型为 int 型的函数；后者则表示定义了一个函数 p，其返回值为一个指向 int 型数据的指针。

通过指针函数调用函数的一般格式为

(* 函数指针名)(实参表);

当函数指针 p 指向函数 f 的时候，程序调用函数 f 时，就可以这样调用：

```
(* p)(1.2,4.5)
```

等价于原来我们常用的调用方式：

```
f(1.2,4.5)
```

注意函数指针与数据指针的区别：

（1）数据指针指向内存中的数据存储区；而函数指针则是指向程序代码存储区。

（2）目标运算符*作用于数据指针，是用来访问指针所指向的数据；而目标运算符*作用于函数指针，则是将程序控制转移到指针所指向的函数入口处，执行函数体。

（3）数据指针可以进行自增和自减等运算；函数指针则不能进行这些运算。

注意在定义函数指针的时候，不要写成这种形式：

```
int * p( );
```

这表示函数 p 返回一个指向 int 型数据的指针。

8.8　小　　　结

1. 指针类型及其定义

指针类型变量用下面语句定义：

$$类型　*　指针变量名；$$

其中，"类型"是指针指向数据的类型，"*"是指针类型说明符。

2. 与指针变量有关的运算

（1）寻址运算。运算符&表示取变量的地址，假设 a 为一个整型变量，&a 表示取变量 a 的地址。

（2）指针运算。指针运算"*"表示对指针变量进行间接寻址，即取指针变量所指向的变量。假设 p 是一个指向整型的指针变量，则*p 表示取 p 所指向的整数。

（3）赋值运算。可以对指针变量进行赋值运算，可以把一个变量的地址赋给指针变量，也可以把一个指针变量的值赋给另一个指针变量。不同类型的指针赋值需要注意类型转换。

（4）指针加减。指针变量可以与整数值进行加减运算。

指针变量不能与整数作乘除运算，另外，两个指针变量相加无意义。

（5）指针比较。当两个指针指向相同数据类型变量时，可以使用关系运算符对它们进行比较操作。

3. 指针与数组

指针可以指向数组中的数组元素，也可以指向字符串，也可以作为行指针指向一行数据。

行指针是指向一行的指针，实质上就是指向了一个一维数组，行指针声明的格式为

$$类型(*　行指针变量名)[数组长度]；$$

4. 指针数组

如果一个数组中的元素都是指向同一类型数据的指针，则该数组称为指针数组。声明一维指针数组的形式为

$$类型　*　指针数组名[数组长度]；$$

5. 指向指针的指针

指针不仅可以指向一般概念的数据，也可以指向另一个指针，通过多次引用找到所需的数据，称为多级指针。声明二级指针数组的形式为

$$类型　**　二级指针名；$$

6. 指针与函数

（1）指针作为函数参数。函数的参数可以是指针，例如：

```
int f(int *a1,char *c1)
```

函数 f 的参数 a1 是指向整数的指针，参数 c2 是指向字符型的指针。调用函数 f 时，相应的实参必须是地址。这种函数调用方式称为"按引用调用"。

（2）指针作为函数返回值。函数的返回值可以是指针类型，例如：

$$int *f( )$$

函数 f 的返回一个地址，指向整型变量。需要注意的是，所返回的地址必须是调用函数中的变量地址，如果返回的值是被调用函数中局部变量的地址，将产生错误。

（3）指针指向函数。指针可以指向函数 f 的程序代码入口，称为函数指针。函数指针的声明形式为

函数值类型(* 函数指针名)(形参表)；

习题 8

一、判断题

1. 可以将任意整数赋值给指针。

2. 两个指针变量不可以做加法运算。

3. 两个指针变量不可以做减法运算。

4. 数组名作为函数参数，实际上传递的是指针。

5. 函数中局部变量的值在其他函数中没有办法加以改变。

6. 定义 int(*p)[4]声明 p 为有四个整数元素的数组的指针。

二、填空题

1. 指针变量的值是内存单元的＿＿＿＿＿＿。

2. ＿＿＿＿是取地址操作符。

3. ＿＿＿＿是取值操作符。

4. ＿＿＿＿和＿＿＿＿是可以赋给指针变量的常数。

5. 不能对＿＿＿＿类型指针进行取值操作。

6. 给定以下语句：

```
int a=5,b=20;
int *p=&a,*q=&b;
```

下列表达式：

（1）(*p)++的值是＿＿＿＿；

（2）--(*q)的值是＿＿＿＿；

（3）*p+(*p) --的值是＿＿＿＿；

（4）++(*q) -*p 的值是＿＿＿＿。

7. 下面程序是把从终端读入的一行字符作为字符串放在字符数组中，然后输出。请填空。

```
#include<stdio.h>
void main( )
{   int i;
    char s[80],*p;
    for(i=0;i<79;i++)
    {   s[i]=getchar( );
```

```
                if(s[i]=='\n')
                    break;
        }
        s[i]=_____;
        p=_____;
        while(*p )
            putchar(*p++);
    }
```

8. 下面程序是判断输入的字符串是否是"回文"，（顺读和倒读都一样的字符串称"回文"，如 level）。请填空。

```
# include<stdio.h>
# include<string.h>
void main( )
{    char s[81],*p1,*p2;
     int n;
     gets(s);
     n=strlen(s);
     p1=s;
     p2=_____;
     while(_____)
     {    if(*p1!=*p2 )
              break;
          else
          {    p1++;
               _____;
          }
     }
     if(p1<p2)
         printf("NO\n");
     else
         printf("YES\n");
}
```

9. 以下函数把 b 字符串连接到 a 字符串的后面，并返回 a 中新字符串的长度。请填空。

```
strcen(char a[ ],char b[ ])
{    int num=0,n=0;
     while(*(a+num) != _____)
         num++;
     while(b[n] )
     {    *(a+num)=b[n];
          num++;
          _____};
     }
     return(num);
}
```

10. 以下函数的功能是删除字符串 s 中的所有数字字符。请填空。

```
void dele(char *s)
{    int n=0,i;
```

```
    for(i=0;s[i];i++)
        if(_____)
            s[n++]=s[i];
    s[n]= _____;
}
```

11. 以下程序的执行结果是_____。

```
# include<stdio.h>
void main( )
{   char s[ ]="abcdefg";
    char *p;
    p=s;
    printf("ch=%c\n",*(p+5));
}
```

12. 以下程序的执行结果是_____。

```
# include<stdio.h>
void main( )
{   int a[ ]={2,3,4};
    int s,i,*p;
    s=1;
    p=a;
    for(i=0;i<3;i++)
        s *=*(p+i);
    printf("s=%d\n",s);
}
```

13. 如果可以正常运行，则下面程序的执行结果应当是_____。

```
# include<stdio.h>
# include<string.h>
void main( )
{   char *p1,*p2,str[20]="xyz";
    p1="abcd";
    p2="ABCD";
    strcpy(str+1,strcat(p1+1,p2+1));
    printf("%s",str);
}
```

14. 阅读程序

```
# include<stdio.h>
void main( )
{   char str1[ ]="people and compuer",str2[10];
    char *p1=str1,*p2=str2;
    scanf("%s",p2);
    printf("%s",p2);
    printf("%s\n",p1);
}
```

运行上面的程序，输入字符串 PEOPLE AND COMPUTER，程序的输出结果是_____。

15. 以下程序的执行结果是_____。

```
#include<stdio.h>
int fun(int x,int y,int *cp,int *dp)
{    *cp=x+y;
     *dp=x-y;
}
void main( )
{    int a,b,c,d;
     a=30;
     b=50;
     fun(a,b,&c,&d);
     printf("%d,%d\n",c,d);
}
```

三、选择题

1．下面几个字符串处理表达式中能用来把字符串 str2 连接到字符串 str1 后的一个是_____。

    A．strcat(str1,str2);　　　　　　　　B．strcat(str2,str1);

    C．strcpy(str1,str2);　　　　　　　　D．strcmp(str1,str2);

2．设有两字符串"Beijing""China"分别存放在字符数组 str1[10]，str2[10]中，下面语句中能把"China"连接到"Beijing"之后的为_____。

    A．strcpy(str1,str2);　　　　　　　　B．strcpy(str1,"China");

    C．strcat(str1,"China");　　　　　　　D．Strcat("Beijing",str2);

3．下列字符串赋值语句中，能正确把字符串"C program"赋给数组的语句是_____。

    A．char a[ ]={'C',' ','p','r','o','g','r','a','m'};

    B．char a[10];strcpy(a+2,"C program");

    C．char a[10];a="C program";

    D．char a[10]="C program";

4．判断字符串 a 和 b 是否相等，应当使用_____。

    A．if(a==b)　　　　　　　　　　　　B．if(a=b)

    C．if(strcpy(a,b))　　　　　　　　　　D．if(strcmp(a,b))

5．执行下面代码段，选择出 i 的正确结果_____。

```
int i;
char * s="a\045+045\tb";
for(i=0;s++;i++);
```

    A．5　　　　　　　　B．8　　　　　　　C．11　　　　　　　D．12

6．如下程序的执行结果是_____。

```
# include<stdio.h>
void main( )
{   int a[ ]={1,2,3,4,5,6};
    int *p;
    p=a;
    *(p+3)+=2;
    printf("%d,%d\n",*p,*(p+3));
}
```

　　A. 1，3　　　　　　B. 1，6　　　　　C. 3，6　　　　　　D. 1，4

7. 若有以下定义，则对 a 数组元素的正确引用是＿＿＿＿。

```
int a[5],*p=a;
```

　　A. *(++a)　　　　B. a+2　　　　　C. *(p+5)　　　　D. *(a+2)

8. 若有以下定义，则对 a 数组元素地址的正确引用是＿＿＿＿。

```
int a[5],*p=a;
```

　　A. p+5　　　　　B. * a+1　　　　C. &a+1　　　　　D. &a[0]

9. 若有定义：int a[2][3]；则对 a 数组的第 i 行第 j 列（假设 i，j 已正确说明并赋值）元素值的正确引用为＿＿＿＿。

　　A. *(*(a+i)+j)　　　　　　　　　B. (a+i)[j]

　　C. *(a+i+j)　　　　　　　　　　D. *(a+i)+j

10. 若有定义：int a[2][3]；则对 a 数组的第 i 行第 j 列（假设 i，j 已正确说明并赋值）元素地址的正确引用为＿＿＿＿。

　　A. *(a [i]+j)　　　B. (a+i)　　　　C. *(a+j)　　　　D. a[i]+j

11. 设有下面的程序段：

```
char s[ ]="china";
char *p;
p=s;
```

则下列叙述正确的是＿＿＿＿。

　　A. s 和 p 完全相同

　　B. 数组 s 中的内容和指针变量 p 中的内容相等

　　C. s 数组长度和 p 所指向的字符串长度相等

　　D. * p 与 s[0]相等

12. 若有说明：

```
int *p,m=5,n;
```

以下正确的程序段是＿＿＿＿。

　　A. p=&n;　　　　　　　　　　　B. p=&n;
　　　scanf("%d",&p);　　　　　　　　scanf("%d",*p);

　　C. scanf("%d",&n);　　　　　　　D. p=&n;
　　　*p=n;　　　　　　　　　　　　*p=m;

13. 下面程序段的运行结果是输出＿＿＿＿。

```
char str[ ]="ABC",*p=str;
printf("%s\n",*(p+1));
```

　　A. 66　　　　　B. BC　　　　　C. 字符'B'的地址　　D. B

14. 已有定义 int k=2，*ptr1，*ptr2；且 ptr1 和 ptr2 均已指向同一个变量 k，下面不正确执行的赋值语句是＿＿＿＿。

　　A. k=*ptr1+*ptr2;　　　　　　　B. ptr2=k;

C. ptr1=ptr2;   D. k=*ptr1*(*ptr2);

15. 若有下面定义和语句

```
int a=4,b=3,*p,*q,*w;
p=&a;
q=&b;
w=q;
q=NULL;
```

则以下选项中错误的语句是_____。

    A. *q=0;   B. w=p;   C. *p=&a;   D. *p=*w;

16. 有以下程序

```
# include<stdio.h>
int * f(int *x,int *y)
{    if(*x<*y)
          return x;
     else
          return y;
}
void main( )
{    int a=7,b=8,*p,*q,*r;
     p=&a;q=&b;
     r=f(p,q);
     printf("%d,%d,%d\n",*p,*q,*r);
}
```

执行后输出结果是_____。

    A. 7,8,8   B. 7,8,7   C. 8,7,7   D. 8,7,8

17. 有以下程序

```
# include<stdio.h>
void main( )
{    int x[8]={8,7,6,5},*s;
     s=x+3;
     printf("%d\n",s[2]);
}
```

执行后输出结果是_____。

    A. 随机值   B. 0   C. 5   D. 6

18. 有以下程序

```
# include<stdio.h>
void main( )
{    char str[ ]="xyz",*ps=str;
     while(*ps)
          ps++;
     for(ps--;ps-str>=0;ps--)
          puts(ps);
}
```

执行后输出结果是_____。

A. yz	B. z	C. z	D. x
xyz	yz	yz	xy
xyz	xyz		

19. 若有说明：`int i,j,*p=&i;`则下面语句中与`i=j;`等价的语句是_____。

  A. `*p=*&j;` B. `i=*p;` C. `i=&j;` D. `i=**p;`

20. 执行以下程序后，y 的值是_____。

```
# include<stdio.h>
void main( )
{   int a[ ]={2,4,6,8,10};
    int y=1,x,*p;
    p=&a[1];
    for(x=0;x<3;x++)
        y+=*(p+x);
    printf("%d\n",y);
}
```

  A. 17   B. 18   C. 19   D. 20

四、编程题

1. 编写函数，用指针实现矩阵相加，并且将结果矩阵的指针作为函数返回值。

2. 编写程序，用指针实现读入一行数列，求数列的和，平均值，最大，最小值，并且输出它们。

3. 编写程序，用指针实现读入一个已经由小到大排序的数组和一个整数值，并且将该整数插入到正确的位置，使数组保持由小到大的排序。

4. 编写程序，用指针实现读入字符串 s，字符串 s1，字符串 s2，如果 s1 是字符串 s 的子串，则用 s2 替换 s 中的 s1，并且将替换后的 s 输出。

5. 编一程序，将字符串中的第 m 个字符开始的全部字符复制到另一个字符串。要求在主函数中输入字符串及 m 的值并输出复制结果，要求在被调函数中完成复制。

6. 设有一数列，包含 10 个数，已按升序排好。现要求编一程序，它能够把从指定位置开始的 n 个数按逆序重新排列并输出新的完整数列。进行逆序处理时要求使用指针方法。试编程。（例如：原数列为 2，4，6，8，10，12，14，16，18，20，若要求把从第 4 个数开始的 5 个数按逆序重新排列，则得到新数列为 2，4，6，16，14，12，10，8，18，20。）

7. 编一程序，从一个 3 行 4 列的二维数组中找出最大数所在的行和列，并输出最大值及所在行列值。要求将查找和输出的功能编一个函数，二维数组的输入在主函数中进行，并将二维数组通过指针参数传递的方式由主函数传递到子函数中。

8. 编一程序，设置一个排序函数 sort，该函数将数组按照从小到大的顺序进行排序，其中有两个形式参数，一个为指向数组的指针 p，另一个为数组的元素个数 n。在主函数 main( )中要求从键盘输入 10 个数存入数组 data[10]中，同时要求调用函数 sort 对 data 进行排序，并在 main( )中输出最终的排序结果。

第9章 结 构 体

学习目标

理解结构体的概念以及在编程中的重要作用；

理解结构体类型和结构体变量的差别；

能够通过"."和"–>"运算符引用结构体成员；

理解结构体数组、结构体指针；

理解结构体变量、结构体数组以及结构体指针作为函数参数的使用方法。

数组作为一种构造型数据结构，能够将多个相同类型的变量聚集起来构成一个整体上的概念。一般情况下，我们需要对数组中的单个元素进行操作，但有时候也可以对数组进行整体使用，比如字符串数组。

在程序设计中，数组是非常有用的一个数据存储工具，但是它受到了某种约束，即：数组中的元素必须具有相同的数据类型。如果试图将一组类型相异的数据看作一个整体进行存储，显然是无法用数组解决的。比如学生的基本信息，包括：学号、姓名、性别、年龄及成绩等多个组成成分。其中，每个成分的数据类型不一定相同。姓名和学号应为字符串型，年龄应为整型，性别可以是字符型，成绩可为整型或实型。使用已有的知识，保存这些数据需要定义多个独立的变量，而彼此独立的变量无法反映出它们之间紧密的内在关系。例如，如何将同一个学生的姓名和学号联系在一起？某一个分数究竟是哪个学生的？那么在 C 语言中，有没有其他的数据结构可以实现这种存储呢？答案是肯定的，那就是结构体。在 C 语言中，不同于只能表示相同类型数据集合的数组，结构体可以表示不同类型数据的集合。

本章主要介绍结构体的基本概念及其方法，包括结构体变量、结构体指针变量和结构体数组作为函数参数的使用方法。有关结构体与指针的高级应用将在第 11 章中介绍和讨论。

9.1 结 构 体 概 述

C 语言中的结构体是一种构造类型，由若干成员组成，每个成员可以是一个基本数据类型，也可以是一个已定义的构造类型。

9.1.1 结构体类型定义

我们通过学生信息描述来介绍结构体类型。例如一个学生信息包含多个属性：学号、姓名、性别、年龄、成绩、住址，每个属性的类型不同，如果分别定义独立的变量存储上述各个属性，则并不能反映它们同属于一个学生数据的内在联系。因此，可以构造一个学生的结构体类型，如下定义：

```
struct student
{   char  num[10];
    char  name[10];
    char  sex;
```

```
        int   age;
        float  score;
        char  addr[30];
    };
```

该类型是用户自己构造的数据类型，包含 6 个成员，共同描述了学生信息。其中，struct 是结构体定义的关键字，student 是结构体的名称，需满足标识符合法命名规则，大括号{}中的内容是结构体的成员说明。

与整型或实型等数据类型相似，结构体类型的定义是一种类型说明，只是描述了该结构体的组织形式，并不为其分配内存空间，也不能直接对其赋值。如果想要使用这种结构体类型，那必须声明该结构体类型的变量，然后对变量进行赋值或者使变量参与其他的运算。

定义结构体的一般形式为

```
        struct 结构体类型名
        {       数据类型  成员 1;
                ……
                数据类型  成员 n;
        };
```

其中，struct 是定义结构体类型时使用的关键字，不能省略；结构体名必须是合法标识符；每个成员也必须作类型说明，成员的类型可以不相同；结构体成员名必须互不相同，但成员名可以与程序中的变量名相同，二者不代表同一对象。例如，程序中可以定义一个另外的变量 num，它与结构体成员中的 num 互不干扰。

9.1.2　结构体变量定义

在前面章节中，我们学习了如何定义变量并赋值。类似的，我们也可以在定义结构体类型之后，声明一个结构体类型的变量，如下：

```
        struct student
        {   char  num[10];
            char  name[10];
            char  sex;
            int   age;
            float  score;
            char  addr[30];
        };
        struct student  stu1;
```

其中，struct student 必须是用户已经定义的结构体类型名，stu1 是该类型的变量名，必须符合标识符命名规则。

注　意

　　结构体类型只是描述了结构体中成员的组织形式，并不会分配内存空间，不能对结构体类型进行运算。一旦定义了结构体变量，就会为该变量分配内存空间，并能够对结构体变量进行赋值、初始化等操作。结构体变量各个成员都具有自己独立的存储空间，结构体变量所占用的存储空间原则是其各成员类型所占字节总和，但不是简单的累加，具体因系统而异。

定义结构体变量的形式有如下三种：

（1）形式 1：先定义类型，再定义变量。

```
struct  结构体类型名
{        数据类型   成员 1;
          ......
         数据类型   成员 n;
};
struct  结构体类型名  结构体变量 1,结构体变量 2;
```

（2）形式 2：定义类型的同时定义变量。

```
struct   结构体类型名
{        数据类型   成员 1;
          ......
         数据类型   成员 n;
}结构体变量 1,结构体变量 2;
```

（3）形式 3：无结构体类型名，直接变量定义。

```
struct
{        数据类型   成员 1;
          ......
         数据类型   成员 n;
}结构体变量 1,结构体变量 2;
```

第 3 种定义形式，在 struct 后省略了结构体类型名。这种方式定义的结构体类型只能使用一次，即结构体变量的定义必须与结构体类型的定义同时进行，之后便无法再使用该结构体类型定义新的变量。

前面 stu1 的定义采用的是第 1 种形式，即先定义结构体类型，再定义结构体变量。

9.1.3 结构体变量使用

1. 成员变量引用

结构体是一种构造型数据结构，在程序中使用结构体变量时，往往不把它作为一个整体来使用。在 ANSI C 中除了允许具有相同类型的结构体变量相互赋值以外，一般对结构体变量的使用，包括赋值、输入、输出、运算等都是通过逐个引用结构体变量的成员来实现的。

比如，可以通过如下操作对 stu1 的成员进行赋值：

```
stu1.age=17;
stu1.score=95;
```

其中，"."是结构体成员运算符，连接结构体变量名和成员名，它在所有的运算符中优先级最高。stu1.age=17 表示给结构体变量 stu1 的成员 age 赋值为 17；stu1.score=95 表示给结构体变量 stu1 的成员 score 赋值为 95。

引用成员变量的一般形式为

结构体变量.成员名

2. 结构体变量初始化

可以在定义结构体变量的同时对其进行初始化：

```
struct student  stu1={"10001","张山",'M',19,92,"北京市海淀区"};
```

其中，初始化表由{}括起，逗号隔开的数据对应赋值给结构体变量的每个成员。

初始化的一般形式为

struct 结构体名 结构体变量={初始数据列表};

【例 9-1】 结构体变量的初始化。

源程序：

```
#include<stdio.h>
void main( )
{   struct student
    {   long int num;
        char name[20];
        char addr[20];
    }a={89031,"Li Lin","123 Beijing Road"};
    printf("学号:%ld\n 姓名:%s\n 地址:%s\n",a.num,a.name,a.addr);
}
```

运行结果：

```
学号:89031
姓名:Li Lin
地址:123 Beijing Road
Press any key to continue
```

9.1.4 结构体嵌套定义

在实际应用中，一个较大的实体可能由多个成员组成，而这些成员中有一些可能由更小的成员构成。比如，我们可以定义一个学生结构体类型 struct student，同时声明了一个变量 stu1：

```
struct date
{
    int year,month,day;
};
struct student
{   int   num;
    char  name[10];
    struct date  birth;
};
struct student stu1;
```

其中，首先定义一个日期结构体类型 struct date，然后在学生结构体类型 struct student 定义中使用了该类型，用来定义该类型中的成员 birth。我们可以这样给变量 stu1 的 birth 成员的 year，month 和 day 赋值。

```
stu1.birth.year=1998;
stu1.birth.month=12;
stu1.birth.day=10;
```

说明：

（1）在定义嵌套的结构体类型时，必须先定义成员的结构体类型，再定义主结构体类型。

（2）引用嵌套定义的结构体变量时，需要逐级引用其最低一级成员。

下面对结构体做一个总结：

（1）结构体类型定义只是描述了结构体的组织形式，并不为结构体类型分配内存空间。

（2）结构体变量必须先定义，再使用。如：

```
struct student stu1;
stu1.age=18;
```

（3）使用结构体变量需要引用其成员。表示结构体变量成员的一般形式是

结构体变量名.成员名

（4）与数组不同，相同类型结构体变量赋值运算可以整体操作。比如：

```
struct student
{   int   num;
    char  name[10];
};
struct student stu1={32656,"LiuFang"};
struct student stu2=stu1;
```

（5）结构体类型可以嵌套定义，即结构体成员中的数据类型本身又是结构体类型。对于嵌套定义的结构体变量，需要逐级引用至其最低一级成员。例如前面嵌套定义的学生结构体变量 stu1，引用其最低一级成员的方式为

stu1.birth.year

需要注意如下常见编程错误：

（1）错例 1：

```
struct stu{
{   int num;
    char  name[10];
    float  score;
}={1,"wangbin",98};
```

错误分析：struct stu 是结构体类型，不占内存空间，不能对其赋值。

（2）错例 2：

```
struct stu
{   int num;
    char  name[10];
    float  score;
}
stu s;
```

错误分析：首先，结构体类型定义之后"}"后必须加";"；其次，结构体类型名为 struct stu，而不是 stu，关键字 struct 不可省略，声明变量应为

struct stu s;

（3）错例 3：

```
struct  stu
{   int num;
    char  name[10];
    float  score;
};
struct stu s;
scanf("%d%s%f",s);
```

错误分析：不能整体读入结构体变量值，应为

```
scanf("%d%s%f",&s.num,s.name,&s.score);
```

9.2　结构体变量作为函数参数

上一节中，我们通过例子说明如何定义一个结构体类型并使用它。我们也可以写几个学生信息基本操作的函数，比如，判断学生成绩等级、输出学生信息等。

通常，有三种函数参数的设计方法：

（1）结构体成员作为函数参数；

（2）结构体变量作为函数参数；

（3）结构体指针作为函数参数。

每一种方法都有它的优缺点。本节主要介绍结构体变量作为函数参数的用法，结构体指针作为函数参数将在 9.5 节中详细介绍。

9.2.1　输出某学生的信息

【例 9-2】 输出某学生信息。设结构体变量 stu，其成员有学号、姓名和成绩。要求在主函数中输出学生信息。

题目分析：

首先需要定义一个学生结构体类型；然后定义一个输出函数；主函数调用该函数进行输出。

源程序：

```
#include<stdio.h>
struct student
{    int num;
     char name[10];
     float score;
};
void OutPut(struct student stu)
{
     printf("学生信息是:\n 学号\t 姓名\t\t 成绩\n%d\t%s\t%.2f\n",
                    stu.num,stu.name,stu.score);
}
void main( )
{    struct student stu1={10001,"ZhangShan",95};
     OutPut(stu1);
}
```

运行结果：

学生信息是：

学号	姓名	成绩
10001	ZhangShan	95.00

Press any key to continue

程序说明：

（1）struct student 是学生结构体类型定义，包含三个成员：学号、姓名、成绩。

（2）OutPut( )函数以 struct student 类型的变量 stu 作为形参，输出学生信息。

（3）主函数中，首先定义了 struct student 类型的变量 stu1，并进行初始化；然后调用函数 OutPut( )，将实参 stu1 的值传递给形参 stu，然后在 Output( )函数中进行输出。

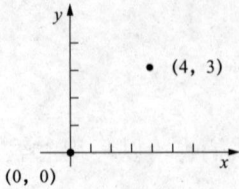

9.2.2　平面上两点之间的距离

【例 9-3】　求平面上两点之间的距离。

题目分析：

图 9-1　平面上的点

如图 9-1 所示，平面上的点由一对坐标确定。假定 x 坐标和 y 坐标都是实数，可以自己构造一个点的结构体类型；然后定义两点之间的距离函数，通过函数调用，求任意两点之间的距离。

源程序：

```
#include<stdio.h>
#include<math.h>
float GetDis(struct point,struct point);
struct point
{    float x;
     float y;
};
float GetDis(struct point p1,struct point p2)
{
     return sqrt((p2.x-p1.x)*(p2.x-p1.x)+(p2.y-p1.y)*(p2.y-p1.y));
}
void main( )
{    struct point pt0={0.0,0.0};              /* 原点 */
     struct point pt1,pt2,pt3;                /* 变量定义 */
     printf("请输入第 1 个点的坐标:");         /* 输入提示信息 */
     scanf("%f%f",&pt1.x,&pt1.y);             /* 读入 pt1 */
     printf("请输入第 2 个点的坐标:");         /* 输入提示信息 */
     scanf("%f%f",&pt2.x,&pt2.y);             /* 读入 pt2    */
     pt3=pt1;
     printf("第 1 个点的坐标是:(%.1f,%.1f),",pt1.x,pt1.y);
     printf("原点到第 1 个点的距离是:%f\n",GetDis(pt0,pt1));
     printf("第 2 个点的坐标是:(%.1f,%.1f),",pt2.x,pt2.y);
     printf("原点到第 2 个点的距离是:%f\n",GetDis(pt0,pt2));
     printf("第 3 个点的坐标是:(%.1f,%.1f),",pt3.x,pt3.y);
     printf("原点到第 3 个点的距离是:%f\n",GetDis(pt0,pt3));
}
```

运行结果：

```
请输入第 1 个点的坐标:1  1
请输入第 2 个点的坐标:2  2
第 1 个点的坐标是:(1.0,1.0),原点到第 1 个点的距离是:1.414214
第 2 个点的坐标是:(2.0,2.0),原点到第 2 个点的距离是:2.828427
第 3 个点的坐标是:(1.0,1.0),原点到第 3 个点的距离是:1.414214
Press any key to continue
```

程序说明：

（1）struct point 是一个点结构体类型，该结构体类型有两个成员 x 和 y，分别表示其平面上的横纵坐标。

（2）GetDis( )函数为平面上两点之间的距离函数，该函数以两个结构体变量作为形参，函数返回值为两个点之间的距离，是 float 型数据。

（3）主函数中，首先定义了结构体变量 pt0、pt1、pt2、pt3，其中 pt0 初始化为原点；然后，读入 pt1 和 pt2，并输出。程序中通过语句 pt3=pt1，对 pt3 赋值，然后 3 次调用函数 GetDis( )计算并输出 pt0 和 pt3、pt0 和 pt2、pt2 和 pt1 之间的距离。

9.3　结　构　体　数　组

9.3.1　结构体数组的定义和初始化

前面两小节内容通过学生结构体的定义和基本操作，使我们熟悉了结构体类型以及结构体变量的使用。如果我们只保存一个学生信息，可以定义一个学生结构体变量，但如果需要保存 10 个学生的信息，定义结构体数组就非常必要了。结构体数组的定义方法同结构体变量类似，如下所示：

```
struct student
{   int    num;
    char   name[20];
    char   sex;
    float  score;
}   student[5];
```

数组 stu 是一个结构体数组，共有 5 个元素：student[0]～student[4]。每个数组元素都是 struct student 类型的结构体变量，包括 4 个成员变量。可以在定义结构体数组的同时进行初始化，如下：

```
struct student
{   int num;
    char name[20];
    char sex;
    float score;
}student[5]={   {101,"Li ping",'M',45},
                {102,"Zhang ping",'M',62.5},
                {103,"He fang",'F',92.5},
                {104,"Cheng ling",'F',87},
                {105,"Wang ming",'M',58}
            };
```

当对全部元素作初始化赋值时，也可不给出数组长度。

由于结构体数组 stu 中的每个元素都是结构体类型，使用方法和同类型的结构体变量相同。如 stu[0].num 和 stu[0].name 分别表示结构体数组元素 stu[0]的"学号"和"姓名"成员项。其一般引用格式为

结构体数组名[下标].结构体成员名

此外，由于结构体数组中的所有元素都属于相同的结构体类型，因此，数组元素之间可以直接赋值，如：

```
                                    stu[1]=stu[0];
```

9.3.2 计算学生的平均成绩

【例 9-4】 计算学生的平均成绩和不及格的人数。首先定义一个学生信息结构体类型，包括：学号、姓名、性别、成绩；因为需要统计学生成绩，因此还需定义一个结构体数组，并通过初始化保存多个学生的信息。

源程序：

```
#include<stdio.h>
#include<math.h>
struct stu  /* 学生结构体定义 */
{    int num;
     char *name;
     char sex;
     float score;
} student[5]={{101,"Li ping",'M',45}, {102,"Zhang ping",'M',62.5},
              {103,"He fang",'F',92.5},{104,"Cheng ling",'F',87},
              {105,"Wang ming",'M',58} };
void main( )
{    int i,c=0;                    /* 循环控制变量、不及格人数 */
     float ave,s=0;                /* 平均成绩、总成绩 */
     for(i=0;i<5;i++)
     {    s+=student[i].score;
          if(student[i].score<60)
               c+=1;
     }
     ave=s/5;
     printf("平均成绩是:%.2f\n 其中不及格的人数是:%d 人\n",ave,c);
}
```

运行结果：

```
平均成绩是:69.00
其中不及格的人数是:2 人
Press any key to continue
```

程序说明：

程序中首先定义了学生结构体类型，并对其进行了初始化。在主函数中，通过 for 循环统计总成绩和不及格人数，分别保存在变量 s 和 c 中；然后输出总成绩、平均成绩和不及格人数。

上述程序实现的功能非常简单，读者可以自己完善功能，比如保存学生的多门课成绩、计算每个学生的平均成绩、按平均分排序等。

9.3.3 候选人得票统计程序

【例 9-5】 编写候选人得票统计程序。设有 3 个候选人、10 张选票，每次输入一个得票的候选人名字，统计每个候选人得到的票数并输出。

源程序：

```
#include<stdio.h>
#include<string.h>
struct person
{    char name[20];
```

```
      int  count;
}leader[3]={"Li",0,"Zhang",0,"Wang",0};
void main( )
{    char name[20];
     int i;
     printf("请输入 10 张选票的所投候选人姓名:\n");
     for(i=1;i<=10;i++)
     {    scanf("%s",name);
          for(int j=0;j<3;j++)
              if(strcmp(name,leader[j].name)==0)
                  leader[j].count++;
     }
     printf("统计结果:\n");
     for(i=0;i<3;i++)
          printf("%5s:%d 票\n",leader[i].name,leader[i].count);
}
```

运行结果:

请输入 10 张选票的所投候选人姓名:
Li Li Li Zhang Zhang Zhang Wang Li Li Li
统计结果:
    Li:6 票
Zhang:3 票
 Wang:1 票
Press any key to continue

程序说明:

（1）程序定义了一个全局结构体数组 leader，它有 3 个元素，每个元素包含两个成员 name 和 count，即姓名和票数。在定义数组时初始化，使 3 位候选人得票都先置为 0。

（2）在主函数中定义字符数组 name，存放候选人名字，在 10 次循环中，每次先输入一个候选人名，然后与 3 个候选人名比较，相同名字候选人的票数增 1。leader[j]是数组 leader 中的第 j 个元素，leader[j].name 是成员名，语句 leader[j].count++中，成员运算符的优先级高于"++"，相当于(leader[j].count)++。最后输出 3 人的得票数。

9.4 结 构 体 指 针

9.4.1 结构体指针概念

结构体指针变量的定义如同前面章节中指针变量的定义方法，可以定义一个学生结构体类型的指针变量:

```
struct student
{   char  num[10];
    char  name[10];
    char  sex;
    int   age;
}stu1;
struct student  *p_stu=&stu1;
```

这里定义了一个 struct student 类型的结构体变量 stu1，和一个结构体指针变量 p_stu，并且初始化使得 p_stu 指向结构体变量 stu1。那么，*p_stu 即为 p_stu 所指的结构体变量 stu1，(*p_stu).age 即 p_stu 所指结构体变量 stu1 的成员 age。下面语句输出的就是 p_stu 所指的结构体变量 stu1 的 age 成员的值。

```
printf("student\'s age is %d\n",(*p_stu).age);
```

成员运算符 "." 的优先级高于取目标运算符的优先级，如果将(*p_stu).age 写成* p_stu.age 是非法的。* p_stu.age 相当于*(p_stu.age)，由于 p_stu 不是结构体变量，所以不能用 p_stu.age 进行引用。

引用 p_stu 所指目标的成员，除了使用*p_stu.age 的表示方式，还可以使用 p_stu –>age。"–>" 为取结构体指针所指目标成员的运算符，优先级与 "." 相同。就本例而言，下面 3 条语句是等价的：

```
stu1.age=16;
(*p_stu).age=16;
p_stu->age=16;
```

结构体指针变量的语法规则：

（1）结构体指针变量定义的一般形式为

> struct 结构体类型名   *结构体指针名；

（2）同其他指针变量一样，结构体指针变量使用前必须初始化。

（3）通过结构体指针变量，引用其所指目标结构体成员的一般形式为

> (*结构体指针名).成员名

或

> 结构体指针名->成员名

两种形式功能一样，但一般使用后者。

例如，指出以下代码段中的错误使用。

```
struct  stu
{    int num;
     char name[10];
     float score;
};
struct stu  s,*p;
scanf("%d%s%f",&p.num,&p->name,&(*p).score);
```

错误分析：

（1）p 是结构体指针变量，使用之前应赋初值；

（2）指针 p 访问成员的方式应为 p->num 或者(*p).num 的方式，p.num 是错误的；

（3）p–>name 为数组名，读入一个字符串时，前面不能加 "&"。

9.4.2 图书信息输出

【例 9-6】 设图书信息包括：书号、书名、售空标志（T 或 F）和价格。写程序，输出某本图书信息。

源程序：

```
#include<stdio.h>
#include<string.h>
struct book
{    long    num;              /* 书号 */
     char    name[20];         /* 书名 */
     char    marking;          /* 售空标志 */
     float   price;            /* 价格 */
};
void main( )
{    struct book  boo_1,*p=&boo_1;
     boo_1.num=89101;
     strcpy(boo_1.name,"math");
     boo_1.marking='T';
     boo_1.price=30;
     printf("书号:%ld\t 书名:%s\t 售空:%c\t 书价:%f\n",
               boo_1.num,boo_1.name,boo_1.marking,boo_1.price);
     printf("书号:%ld\t 书名:%s\t 售空:%c\t 书价:%f\n",
               (*p).num,(*p).name,(*p).marking,(*p).price);
     printf("书号:%ld\t 书名:%s\t 售空:%c\t 书价:%f\n",
               p->num,p->name,p->marking,p->price);
}
```

运行结果：

```
书号:89101  书名:math  售空:T  书价:30.000000
书号:89101  书名:math  售空:T  书价:30.000000
书号:89101  书名:math  售空:T  书价:30.000000
Press any key to continue
```

程序说明：

程序首先声明了结构体类型 struct book，在主函数中定义了 struct book 类型的变量 boo_1 和指针变量 p，并使 p 指向 boo_1；然后对 boo_1 成员赋值；最后使用 3 个 printf 语句，采用 3 种不同形式输出 boo_1，结果完全相同。

9.4.3 指向结构体数组的指针

前面已经介绍过，可以使用指针变量来引用数组元素。同样，也可以使用指向结构体数组的指针来引用结构体数组元素。

【例 9-7】 设学生信息包括：学号、姓名、性别和成绩。写程序，初始化 5 个学生信息，然后将其输出。

源程序：

```
#include<stdio.h>
struct student
{    int num;
     char *name;
     char sex;
     float score;
}student[5]={{101,"Li ping",'M',45},    {102,"Zhang ping",'M',62.5},
             {103,"He fang",'F',92.5},{104,"Cheng ling",'F',87},
             {105,"Wang ming",'M',58}  };
void main( )
```

```
{    struct student *p;
     printf("学号\t 姓名\t\t 性别\t 年龄\n");
     for(p=student;p<student+5;p++)
         printf("%d\t%-15s\t%2c\t%2d\n",p->num,p->name,p->sex,p->score);
}
```

运行结果：

学号	姓名	性别	年龄
101	Li ping	M	0
102	Zhang ping	M	0
103	He fang	F	0
104	Cheng ling	F	0
105	Wang ming	M	0

Press any key to continue

程序说明：

程序中，p 是指向 struct student 结构体类型数据的指针变量。在 for 语句中，p 赋值为数组的首地址，即 p 首先指向 student[0]。在第一次循环中输出 student[0]的各个成员值，然后执行 p++，使 p 自加 1，指向下一个元素 student[1]，输出该元素的各个成员。依次再执行 3 次循环，输出 student[2]、student[3]、student[4]各元素的各个成员值，最后，结束循环。

注意：

（1）如果 p 的初值为 student，即指向第一个数组元素，则 p 加 1 后，指向下一个数组元素的起始地址。例如：(++p)->num 先使 p 自加 1，然后得到它指向元素的成员 num 的值。而 (p++)->num 先得到 p->num 的值，然后使 p 自加 1。

（2）程序中定义的 p 是一个指向 struct student 结构体数据的指针变量，它可用来指向一个 struct student 型的变量，但不能指向其成员。

如：p=&stu[1]是合法的，而 p=stu[1].name 的用法是错误的，编译时将给出编译错误信息提示。

9.5　结构体指针作为函数参数

9.5.1　输出某学生信息

【例 9-8】　通过调用函数，输出某个学生的信息。设学生信息结构体类型有 3 个成员：学号、姓名和 3 门课成绩。

方法 1：使用结构体变量作为函数参数。

结构体变量作为函数参数的用法，已经在 9.2 节中详细介绍过。

源程序：

```
#include<stdio.h>
#include<string.h>
struct student
{    int    num;
     char   name[20];
     float  score[3];
};
void Print(struct student);
```

```
void main( )
{    struct student stu;
     stu.num=1001;
     strcpy(stu.name,"Li Hong");
     stu.score[0]=66;
     stu.score[1]=78;
     stu.score[2]=89;
     Print(stu);
}
void Print(struct student stu)
{    printf("%d\n%s\n%.1f\n%.1f\n%.1f\n",
                    stu.num,stu.name,stu.score[0],stu.score[1],stu.score[2]);
}
```

运行结果：

```
1001
Li Hong
66.0
78.0
89.0
Press any key to continue
```

程序说明：

程序中 struct student 被定义在函数外部。main( )函数中的 stu 定义为 struct student 类型的变量，Print( )函数中的形参 stu 也定义为 struct student 类型的变量。在 main( )函数中对 stu 的成员进行了赋值，调用 Print( )函数时，实参 stu 向形参 stu 进行"值传递"，在 Print( )函数中输出各成员值。

方法 2：使用指向结构体变量的指针作为函数参数。

源程序：

```
#include<stdio.h>
#include<string.h>
struct student
{    int    num;
     char   name[20];
     float  score[3];
};
void Print(struct student*);
void main( )
{    struct student stu;
     stu.num=1001;
     strcpy(stu.name,"Li Hong");
     stu.score[0]=66;
     stu.score[1]=78;
     stu.score[2]=89;
     Print(&stu);
}
void Print(struct student *pstu)
{    printf("%d\n%s\n%.1f\n%.1f\n%.1f\n",
          pstu->num,pstu->name,pstu->score[0],pstu->score[1],pstu->score[2]);
}
```

程序说明：

该程序中，Print 函数的形参 pstu 为指向 struct student 类型变量的指针变量。主函数调用该函数时，将结构体变量 stu 的起始地址&stu 作实参，传递给形参 pstu，使 pstu 指向 stu，然后输出 pstu 所指结构体变量的各个成员值，即输出主函数中结构体变量 stu 的各个成员值。

用指针变量作函数参数，只需复制结构体变量的地址，因此更加有效。

9.5.2　统计学生成绩等级

【例 9-9】　按成绩等级统计学生人数。要求：输入若干个学生的学号、姓名和成绩，调用函数完成统计功能。

源程序：

```c
#include<stdio.h>
#define MAXSIZE 50
/*学生信息结构体定义*/
struct student
{    char  no[10];
     char  name[10];
     float score;
};
/*统计成绩等级*/
void GetLevelStatis(struct student *p,int,int lev[ ]);
void main( )
{    struct student stu[MAXSIZE];                  /* 结构体数组定义 */
     int level[5]={0};                             /* 成绩等级数组定义并初始化 */
     int n,i;
     printf("输入学生人数:");                       /* 输入学生信息 */
     scanf("%d",&n);
     printf("输入%d 学生信息:\n",n);                 /* 输入学生信息 */
     for(i=0;i<n;i++)
         scanf("%s%s%f",stu[i].no,stu[i].name,&stu[i].score);
     GetLevelStatis(stu,n,level);                  /* 按成绩等级统计学生人数 */
     for(i=0;i<5;i++)                              /* 输出统计结果 */
         printf("等级为%c 的人数为%d\n",'A'+i,level[i]);
}
/*  按成绩等级统计学生人数  */
void GetLevelStatis(struct student *p,int n,int lev[ ])
{    int i;
     for(i=0;i<n;i++,p++)
         if(p->score>=90)
             lev[0]++;
         else if(p->score>=80)
                 lev[1]++;
             else if(p->score>=70)
                     lev[2]++;
                 else if(p->score>=60)
                         lev[3]++;
                     else
                         lev[4]++;
}
```

运行结果：

```
输入学生人数:10
输入 10 个学生信息:
10  zhangsan  90
11  dingjuan  89
12  wangbing  79
13  liqiang   40
14  liulin    90
15  liuhua    58
16  zhouxiao  79
17  tiantian  90
18  daiwei    65
19  wunan     80
等级为 A 的人数为 3
等级为 B 的人数为 2
等级为 C 的人数为 2
等级为 D 的人数为 1
等级为 E 的人数为 2
Press any key to continue
```

程序说明:

(1) 程序定义了结构体类型 struct student, 定义了主函数和 GetLevelStatis( ) 函数。

(2) 在主函数中, 首先定义了结构体数组 stu 和整型数组 level, 并输入了 10 个学生的信息; 然后调用 GetLevelStatis( ) 函数进行统计, 最后输出统计结果。主函数调用 GetLevelStatis( ) 时, 将实参 stu 传递给形参 p, 实参变量 n 传递给形参 n, level 传递给形参 lev; 然后转去执行 GetLevelStatis( ) 函数, 通过结构体指针 p 移动(p++)和操作, 完成统计, 并将统计结果保存在 lev 数组中。

(3) 该程序中, GetLevelStatis( ) 函数中的形参 p 是一个结构体指针变量, 接受传来的实参, 即结构体数组首地址。也可以将函数头改为 void GetLevelStatis(struct student p[ ], int n, int lev[ ]), 与原来定义完全等价。

结构体变量和结构体指针都可以作为函数的参数, 但在函数调用过程中, 传递的参数不同。结构体变量作为函数参数时, 在参数传递过程中, 实参结构体的每一个成员值都需要传递给形参结构体中的对应成员。如果结构体参数包含的成员很多, 就需要花费较多的时间进行复制; 如果用结构体指针作为函数形参, 则只需将实参结构体变量的地址复制给形参指针变量, 因此更加有效。

9.6　结构体综合应用实例

结构体能够解决很多规模较大的实际应用问题, 比如电话号码簿管理、学生信息管理、图书管理等。在这些实际问题中, 需要处理的数据类型都是一条一条记录, 即结构体。本节将通过两个实例来学习使用结构体解决实际问题的方法。

9.6.1　电话号码簿管理

电话号码簿是日常生活中很熟悉并且经常使用的工具。本节设计一个电话号码簿管理系统, 包括基本功能: 根据姓名查找电话号码; 修改某个联系人的电话信息; 删除号码簿上某个联系人的信息。

【例 9-10】 电话号码簿管理。

源程序：

```c
#include<stdio.h>
#include<string.h>
#include<process.h>
#define MAXSIZE 50
/*联系人结构体定义*/
struct TelInfo
{    char name[10];
     char telno[10];
};
int   Append(struct TelInfo telList[ ],int *len,struct TelInfo telInfo);
char * Find(struct TelInfo telList[ ],int *len,char *name);
int   Delete(struct TelInfo telList[ ],int *len,char *name);
void  Out(struct TelInfo telList[ ],int len);
/*增加联系人,插入成功返回1,否则返回0*/
int Append(struct TelInfo telList[ ],int *len,struct TelInfo telInfo)
{    int length;                      /* 局部变量,表的长度 */
     length=*len;
     if(length==MAXSIZE)
          return 0;
     telList[length]=telInfo;
     length++;
     *len=length;
     return 1;
}
/*根据联系人查找电话号,查找成功返回指向电话号的指针,否则返回空指针*/
char * Find(struct TelInfo telList[ ],int *len,char *name)
{    int i,length=*len;
     for(i=0;i<length;i++)
          if(strcmp(telList[i].name,name)==0)
               return telList[i].telno;
     return NULL;
}
/*删除指定姓名的联系人,删除成功返回1,否则返回0*/
int Delete(struct TelInfo telList[ ],int *len,char *name)
{    int i,j,length=*len;
     for(i=0;i<length;i++)
          if(strcmp(telList[i].name,name)==0)
               break;
     if(i<length)                        /* 删除 telList[i] */
     {    for(j=i;j<length;j++)
               telList[j]=telList[j+1];
          (*len)--;
          return 1;
     }
     else
          return 0;
}
/*输出信息*/
```

```
void Out(struct TelInfo telList[ ],int len)
{   int i,length=len;
    printf("\n 姓名         号码\n");
    for(i=0;i<length;i++)
        printf("%10s%10s\n",telList[i].name,telList[i].telno);
}
/*主函数*/
void main( )
{   int    choice;                    /* 操作项 */
    char   name[10];                  /* 联系人姓名 */
    struct TelInfo telList[MAXSIZE];  /* 联系人信息结构体数组 */
    int    len=0;                     /* 电话表中当前记录数  */
    while(1)
    {   printf("手机通信录功能选项:1:插入 2:删除 3:查询 4:输出 0:退出\n 请选择操作:");
        scanf("%d",&choice);
        switch(choice)
        {   case 1:  struct TelInfo  tel;
                     printf("输入要插入的姓名、电话(以空格隔开)\n");
                     scanf("%s%s",tel.name,tel.telno);
                     Append(telList,&len,tel);
                     break;
            case 2:  printf("请输入要删除的联系人姓名:\n");
                     scanf("%s",name);
                     Delete(telList,&len,name);
                     break;
            case 3:  printf("请输入要查找的联系人姓名:\n");
                     scanf("%s",name);
                     if(char *p=Find(telList,&len,name))
                            printf("该联系人的电话为:%s\n",p);
                     else
                            printf("没有该联系人! \n");
                     break;
            case 4:  printf("电话号码表为:");
                     Out(telList,len);
                     break;
            case 0: return;
            default:continue;
        }
    }
}
```

程序说明：

（1）虽然程序较长，但结构非常清晰。程序包含四个功能函数：增加函数 Append( )，删除函数 Delete( )，查找函数 Find( )和输出函数 Out( )。main( )函数中通过菜单选择，调用相应的函数执行功能。

（2）程序首先定义了 struct TelInfo 结构体，包含两个成员：联系人姓名和电话。

（3）主函数中定义了一个结构体数组 telList，用来保存联系人电话；定义了变量 len，存放当前存储在数组 telList 中的联系人个数，最大可为 MAXSIZE（即 50）。name 是主函数中定义的字符数组，当删除和查找的时候需要使用：读入要删除或者查找的联系人的姓名保存在 name 数组中，然后将 name 作为实参调用相应函数，完成对该联系人的相应操作。

（4）增加函数 Append( )和删除函数 Delete( )都使用了指针变量 len 作为形参，函数调用返回时，变量 len 所指目标值会发生相应变化（增 1 或减 1）。这两个函数的类型都为 int，返回 1 时表示操作成功，返回 0 时表示操作失败。Find( )函数类型为 char 型指针，如果找到，返回指向电话号的指针，否则，返回 NULL。

读者可以自己运行程序，按菜单提示做相应操作。

9.6.2   学生成绩管理系统

【例 9-11】 学生成绩管理系统。学生信息包括：学号、姓名、三门课成绩、总成绩。

需要具备的基本功能包括：输入学生各基本项、自动计算总成绩、查询某个学生的基本信息、删除某个学生信息、增加一条学生信息等。

源程序：

```c
#include<stdio.h>
#include<string.h>
#include<process.h>
#define MAXSIZE 50
/*学生信息结构体定义*/
struct student
{    char sNo[10];
     char sName[10];
     float fScore[3];
     float fTotal;
};
/*学生信息表结构体定义*/
struct sqlist
{    struct student elem[50];
     int length;
};
/*构造一个空表*/
void Init(sqlist *sl)
{
     sl->length=0;
}
/*输出学生信息表*/
int OutPut(sqlist sl)
{    int i;
     if(!sl.length)
     {    printf("表为空! ");
          return 0;
     }
     printf("表如下(包含%d 个记录):",sl.length);
     printf("\n 学号\t 姓名\t 成绩 1\t 成绩 2\t 成绩 3\t 总成绩\t\n ");
     for(i=0;i<sl.length;i++)
     {  printf("%s\t%s\t%.2f\t%.2f\t%.2f\t%.2f\t\n",sl.elem [i].sNo,
          sl.elem[i].sName,sl.elem[i].fScore[0],sl.elem[i].fScore[1],
          sl.elem[i].fScore[2],sl.elem [i].fTotal);
     }
```

```
        return 1;
}
/*增加一个学生信息*/
int Append(sqlist *sl,struct student elem)
{    int i;
     if(sl->length==MAXSIZE)
     {    printf("表满,不能插入");
          return 0;
     }
     sl->elem[sl->length]=elem;
     sl->elem[sl->length].fTotal=0;
     for(i=0;i<3;i++)
          sl->elem[sl->length].fTotal+=sl->elem[sl->length].fScore[i];
     sl->length++;
     return 1;
}
/*删除一个学生信息*/
int Delete(sqlist *sl,char *no)
{    int i;
     if(!sl->length)
     {    printf("表空,不能删除");
          return 0;
     }
     for(i=0;i<sl->length;i++)
          if(strcmp(sl->elem[i].sNo,no)==0)
               break;
     if(i<sl->length)
     {    for(int j=i;j<sl->length;j++)
               sl->elem[j]=sl->elem[j+1];
          sl->length--;
          return 1;
     }
     else return 0;
}
/*根据学号查找一个学生信息*/
int Find(sqlist sl,char *no)
{    int i;
     for(i=0;i<sl.length;i++)
          if(strcmp(sl.elem[i].sNo,no)==0)
          {    printf("找到的学生成绩信息\n%s\t%s\t%f\t%f\t%f\n",sl.elem[i].sNo,
                    sl.elem[i].sName,sl.elem[i].fScore[0],
                    sl.elem[i].fScore[1],sl.elem[i].fScore[2]);
               return 1;
          }
     if(i>sl.length-1)
     {    printf("没有该记录! ");
          return 0;
     }
}
void main( )
{    char    ch;                          /* 操作代码 */
```

```
        sqlist    sl;                          /*  学生表结构体变量,存储学生信息 */
        char no[10];                           /*  标志,保存函数返回值 */
        int flag;
        struct  student elem;
        printf("/*****学生成绩管理系统*****/\n");
        printf("\n 本系统基本操作如下:\n  0:退出\n  1:初始化\n  2:输出\n");
        printf("  3:插入\n  4:删除\n  5:按学号查询\n \n");
        printf("请输入操作提示:(0～5)");
        while(1)
        {    ch=getchar( );
             switch(ch)
             {    case '0':  return;
                            break;
                  case '1':  Init(&sl);
                            break;
                  case '2':  OutPut(sl);
                            break;
                  case '3':  printf("输入插入元素:学号 姓名 成绩1 成绩2 成绩3\n");
                            scanf("%s%s%f%f%f",elem.sNo,elem.sName,
                                &elem.fScore[0],&elem.fScore[1],&elem.fScore[2]);
                            flag=Append(&sl,elem);
                            if(flag)
                                    printf("插入成功! ");
                            else
                                    printf("插入失败! ");
                            break;
                  case '4':  printf("输入删除学号:");
                            scanf("%s",no);
                            flag=Delete(&sl,no);
                            if(flag)
                                    printf("删除成功! ");
                            else
                                    printf("删除失败! ");
                            break;
                  case '5':  printf("输入学号:");
                            scanf("%s",no);
                            flag=Find(sl,no);
                            break;
                  default:  continue;
             }
             printf("请输入操作提示:(0～6)");
        }
    }
```

程序说明：

该程序和〔例 9-10〕的程序结构和功能基本相同，不同之处有以下几点：

（1）定义了学生信息结构类型 struct student 和学生信息表类型 struct sqlist。struct sqlist 将学生类型的结构体数组和数组中存储的元素个数（即表长）组织为一个结构体，即学生信息表，方便了操作。

（2）增加了一个 Init( )函数，设置当前学生信息表为空表。

（3）Append( )和 Delete( )函数都以指向 struct sqlist 类型的指针变量 sl 作为形参。相应的，主函数中定义了 struct sqlist 类型的变量 sl，调用 Append( )和 Delete( )函数时，传递该变量的地址。

读者可以自己运行程序，按菜单提示做相应操作。

9.7 小　　　结

本章介绍了结构体类型，主要有以下内容：

（1）结构体是一种用户自定义的构造类型，描述了不同类型变量的组织形式，不能对其赋值；使用时需要定义结构体变量，只能给结构体变量赋值。结构体可以嵌套定义。

（2）结构体变量通常不能整体引用，需要逐个引用成员变量。引用成员变量的运算符是"."或者"–>"；前者是结构体变量引用成员，后者是结构体指针变量引用其目标成员。

（3）结构体类型描述了成员在内存中的组织形式，并不占内存空间；结构体变量分配内存单元。结构体变量各个成员都具有自己独立的存储空间，结构体变量所占用的存储空间原则是其各成员类型所占字节总和，但不是简单的累加，具体因系统而异。

（4）结构体变量和结构体指针都可以作为函数参数，但结构体变量作为函数参数，需要将实参结构体变量的每一个成员复制给形参结构体变量的对应成员；而结构体指针作函数参数时，只需要复制一个地址，因此更加有效。

习 题 9

一、填空题

1. 定义结构体的关键字是_____。

2. 若有以下定义和语句，则 sizeof(a)的值是_____，而 sizeof(b)的值是_____。

```
struct
{   int m;
    char n;
    int y;
} a;
struct
{   float p;
    char q;
    struct tu r;
} b;
```

3. 下面定义的结构体类型包含两个成员。其中，成员变量 info 存入整型数据；成员变量 link 是指向自身结构体的指针。请将定义补充完整。

```
struct node
{   int info;
    _____ link;
};
```

4. 完成结构体 struct list 的定义。struct list 包含 3 个成员：成员 sp 是指向字符的指针，成员 next 是指向 struct list 结构体的指针，成员 data 用以存放整型数。

```
struct list
{   char *sp;
    _____;
    _____;
};
```

5. 下面程序的功能是：首先定义学生结构体，包含学生姓名和 3 门课成绩；然后初始化 3 个同学的信息，并对每个同学的成绩求和。请在程序的空白处添上适当的语句，使该程序完整。

```
struct STU
{   char num[10];
    float score[3];
};
void main( )
{    struct STU s[3]={{"20021",90,95,85},{"20022",95,80,75},
                      {"20023",100,95,90}},*p=s;
    int i,j;
    float sum;
    for(i=0;i<3;i++)
    {   _____;
        for(j=0;j<3;j++)
            sum=sum+p->score[j];
        printf("%6.2f\n",sum);
        _____;
    }
}
```

6. 下面程序用来输出结构体变量 ex 所占存储单元的字节数，请填空。

```
#include<stdio.h>
struct st
{    char name[20];
    double score;
};
void main( )
{    struct st ex;
    printf("ex size:%d\n",sizeof(_____));
}
```

7. 若有以下的说明和语句，则表达式 p->a 的值是_____。

```
struct we
{   int a;
    int *b;
}*p;
int x0[ ]={11,12},x1[ ]={31,32};
struct we x[2]={100,x0,300,x1};
p=x;
```

8. 以下程序用于在结构体数组中查找最高分和最低分的学生姓名和成绩。请填空。

```
#include<stdio.h>
void main( )
{    int max,min,i,j;
```

```
struct
{    char name[8];
     int score;
}stud[5]={"李平",92,"王兵",72,"钟虎",83,"孙逊",60,"徐军",88};
max=min=0;
for(i=1;i<5;i++)
     if(stud[i].score>stud[max].score)
          _____;
     else if(stud[i].score<stud[min].score)
          _____;
     printf(_____);
     printf(_____);
}
```

二、选择题

1. 在 C 语言中，当定义一个结构体类型，并定义该结构体类型的变量后，系统分配给该变量的内存大小是_____。

　　A. 原则是各成员所占内存空间的总和

　　B. 第一个成员所占内存空间

　　C. 成员中所有成员空间最大者

　　D. 成员中所有成员空间最小者

2. 以下对结构体成员变量引用非法的是_____。

```
struct student
{   int age;
     int num;
} stu1,*p;
```

　　A. stu1.num　　　　B. student.age　　　　C. p->num　　　　D. (*p).age;

3. 下面程序的运行结果是_____。

```
#include<stdio.h>
void main( )
{   struct   abcd
    {  int m;
      int n;
    }cm[2]={1,2,3,7};
    printf("%d\n ",cm[0].n/cm[0].m*cm[1].m);
}
```

　　A. 0　　　　　　B. 1　　　　　　C. 3　　　　　　D. 6

4. 设有如下定义，若使 p1 指向 dt 中的 m 域，正确的语句是_____。

```
struct student
{  int m;
    float n;
}dt;
int *p1;
```

　　A. p1=&m　　　　B. p1=dt.m　　　　C. p1=&dt.m　　　　D. *p1=dt.m

5. 下面对结构体变量 s 定义合法的是_____。

A. struct s
```
{   double m;
    char n;
};
```

B. struct
```
{   float m;
    char n;
};struct s;
```

C. struct stu
```
{   double a;
    char b;
}s;
```

D. stu
```
{   double a;
    char b;
};stu s;
```

6. 设有如下定义，下面各输入语句中错误的是_____。

```
struct ss
{   char name[10];
    int age;
    char sex;
}std[3],*p=std;
```

A. scanf("%d",&(*p).age)   B. scanf("%s",&std.name)

C. scanf("%c",&std[0].sex)   D. scanf("%c",&(p->sex))

7. 若有如下程序：

```
struct stu
{   int age;
    int num;
};
struct stu  s[3]={{20,1001},{18,1002},{19,1003}};
void main( )
{   struct stu *p;
    p=s;
    …
}
```

则下面不正确的引用是_____。

A. (p++)->num   B. p[2].age   C. (*p).num   D. p.age

8. 若有以下定义，则以下引用错误的是_____。

```
struct date
{   int day,mon,year;
};
struct person
{   char name[20];
    int age;
    struct date birthday;
}s,*ps=s;
```

A. s.birthday.day   B. ps->birthday.mon

C. ps.name[4]   D. ps->name[6]

9. 有如下定义：

```
struct date
{   int year,month,day;
};
```

```
                struct worklist
            {    char name[20];
                 char sex;
                 struct date birthday;
            }person;
```

对结构体变量 person 的出生年份进行赋值时，下面正确的赋值语句是_____。

A. year=1978   B. birthday.year=1978

C. person.birthday.year=1958   D. person.year=1958

10. 下面运算符中，优先级最低的是_____。

A. ( )   B. .   C. ->   D. *

三、写出程序运行结果

1.
```c
#include<stdio.h>
struct info{   char a,b,c;   };
void main( )
{    struct  info s[2]={{'a','b','c'},{'d','e','f'}};
     int t;
     t=(s[0].b-s[1].a)+(s[1].c-s[0].b);
     printf("%d\n",t);
}
```

运行结果：_____

2.
```c
#include<stdio.h>
void main( )
{    struct s
     {     int n;
           int *m;
     } *p;
     int d[5]={10,20,30,40,50};
     struct  s  arr[5]={100,d,200,d+1,300,d+2,400,d+3,500,d+4};
     p=arr;
     printf("%d\n",++p->n);
     printf("%d\n",(++p)->n);
     printf("%d\n",++*(p->m));
}
```

运行结果：_____

3.
```c
#include<stdio.h>
    struct info
    {    int k;
         char *s;
    }t;
    void f(struct info t)
    {    t.k=1997;
         t.s="Borland";
    }
    void main( )
    {    t.k=2000;
         t.s="inprise";
```

```
        f(t);
        printf("%d\n",t.k);
        printf("%s\n",t.s);
    }
```

运行结果：＿＿＿＿＿＿＿＿＿＿＿＿＿＿＿＿＿＿

四、编程题

1. 数学中的复数可通过如下结构体进行描述：

```
            struct complex
            {   int real;/*实部*/
                int im;/*虚部*/
            };
```

试写出两个函数，分别求两复数的和与积。其函数原型分别为

```
struct complex cadd(struct complex creal,struct complex cim);
struct complex cmult(struct complex creal,struct complex cim);
```

参数和返回值皆为结构体类型。

2. 改写上面两函数，使其原型为

```
struct complex cadd(struct complex *creal,struct complex *cim);
struct complex cmult(struct complex *creal,struct complex *cim);
```

即参数为结构体变量指针。

3. 编写一个程序，输入若干人员的姓名及电话号码，以字符'#'表示输入结束。然后输入姓名，查找对应的电话号码。

4. 编写一程序，从键盘输入 10 本书的名称及定价，存放在一个结构体数组中。从中查找定价最高和最低的书，并输出。

5. 利用结构体类型，编写程序实现下面功能：

（1）根据输入的日期，求出这天是该年的第几天；

（2）根据输入的年份和天数，求出对应的日期。

6. 每个学生的信息包括：学号、姓名和数学、语文、英语的成绩。编写函数完成以下功能：

（1）从键盘输入 10 个学生数据，并保存；

（2）求出每个学生的平均成绩；

（3）求出每个学生的总成绩；

（4）求出每门课的平均成绩；

（5）按每个学生的总成绩升序输出。

第10章 共用体与枚举

学习目标

理解共用体概念以及在编程中的作用；

理解结构体类型和共用体类型的差别；

理解枚举概念以及在编程中的作用；

掌握使用 typedef 定义新类型的方法及作用。

10.1 共 用 体

10.1.1 共用体概念

在实际问题中，结构中的某些成员取值依赖于该结构中的其他成员。例如在学校的教师和学生都填写如表 10-1 所示的人员基本信息表。

表 10-1 人员基本信息表

姓　名	年　龄	职　业	单　位
ZhangSan	10	student	124
WangBing	25	teacher	computer_department
……			

"职业"一项可分为"教师"和"学生"两类。如果"职业"项为"学生"，"单位"一项应填入班级编号；如果"职业"项为"教师"，"单位"一项应填入某系某教研室。班级可用整型变量表示，教研室只能用字符数组类型表示。如何把这两种类型不同的数据都填入"单位"这个变量中呢？C 语言提供了一种称为共用体（联合）的数据类型。

1. 共用体类型定义

共用体，又称联合，是一种构造类型的数据结构。在一个共用体内可以定义多种不同数据类型的成员，一个被说明为该共用体类型的变量，允许装入该共用体所定义的任何一种类型数据。这和前面学习的整型变量只能保存整型数据，实型变量只能保存实型数据是完全不同的。

共用体类型的一般定义形式为

```
union 共用体名
{    类型说明符 成员名1;
     类型说明符 成员名2;
     …….
     类型说明符 成员名n;
};
```

其中，union 是关键字，{}中为成员表，含有若干成员，每个成员都需要进行类型说明，成员名的命名应符合标识符的规定。"共用体"和"结构体"定义形式相似，只需要把关键字 struct 换成 union 即可。

如本节开头的例子，要求"班级"和"教研室"这两种类型不同的数据都填入"单位"这个变量中，就必须把"单位"定义为包含整型和字符型数组这两种类型的"共用体"。

我们可以定义一个类型 perdata，包括班级 classNo 和教研室 office 两个成员，如下：

```
union perdata
{
    int classNo;
    char office[30];
};
```

perdata 为共用体类型，它含有两个成员：一个为整型，成员名为 classNo；另一个为字符数组，数组名为 office。共用体定义之后，即可进行共用体变量说明，被说明为 perdata 类型的变量，可以存放整型数据或存放字符串。

2. 共用体变量声明

共用体类型变量的定义类似于结构体变量的定义，有三种形式（以声明 perdata 类型的变量 a 和 b 为例）：

（1）先定义类型，再定义变量。例如：

```
union perdata
{   int classNo;
    char office[30];
};
union perdata  a,b;
```

（2）定义类型的同时定义变量。例如：

```
union perdata
{   int classNo;
    char office[30];
}a,b;
```

（3）省略结构体类型名称，直接定义变量。例如：

```
union
{   int classNo;
    char office[30];
}a,b;
```

> **注 意**
>
> 共用体变量和结构体变量含义不同。结构体变量各个成员同时存在，所占内存长度原则是各成员的内存长度之和。共用体变量每一个时刻只可以存储一个成员，所占内存长度通常是最长成员的长度；若该最长的存储空间对其他成员数据类型长度不满足整除关系，该最大空间自动延伸。例如 perdata 类型变量的成员 classNo 占 4 字节，成员 office 占 30 字节，但不满足整除关系，因此延伸至 32 字节。共用体变量 a 和 b 的存储空间都为 32 字节。

3. 共用体变量引用

共用体变量必须先定义，然后才可以被引用。不能引用共用体变量本身，只能引用其中的成员。例如，定义了如下共用体类型和共用体变量：

```
union item
{   char c;
    int n;
    double d;
}a;
```

则语句 printf("%d",a)；是错误的，而语句 printf("%d",a.class)；是正确的。

变量 a 是共用体 union item 类型，包括 3 个成员：字符型成员 c、整型成员 n 和双精度实型成员 d。每个成员的类型不同，所占存储空间的大小也不同。因为只给共用体变量 a 分配了 8 字节的存储空间（按照最长的 double 型的长度进行分配），因此每次只能使用其中的一

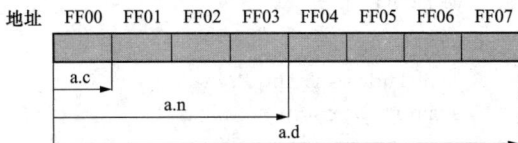

图 10-1　共用体变量的成员共享一个存储空间

个成员。存储情况如图 10-1 所示，每个成员的起始地址都是一样的，为 FF00，变量 a 所占的存储空间是 FF00～FF07 的 8 字节（这里的地址值只是举例）。

当给 a.c 赋值'A'时，FF00 对应的 1 字节中存放的就是字符'A'的 ASCII 码。当我们再给 a.n 赋值 1 时，FF00～FF03 对应的 4 字节中存放的就是整数 1，FF00 对应的字节中的字符'A'的 ASCII 码已经被 0 所取代。

因此，共同体变量在某个时刻只能保留一个成员的值，所有的成员共享一段存储空间，这也就是"共用体"名称的由来。这里所谓的"共享"不是指把多个成员同时装入一个共用体变量内，而是指该共用体变量可被赋予任一成员值，但每次只能赋一种值，赋入新值则冲去旧值。如前面介绍的"单位"变量，如定义为一个可装入"班级"或"教研室"的共用体后，就允许赋予整型值（班级）或字符串（教研室）。或者赋予整型值，或者赋予字符串，但是不能把两者同时赋予它。

4. 共用体类型的特点

使用共用体类型数据，可以增加程序的灵活性，对同一段内存空间的值在不同情况下作不同的用途。但使用时需要注意以下几点：

（1）同一内存段可放几种不同类型的成员，但每一瞬间只能存放一种。例如：

```
union data
{   int i;
    char ch;
    float f;
}a,b,c;
a.i=1;
a.ch='A';
a.f=2.1;
```

在完成以上三个运算后，只有 a.f 是有效的，a.i 及 a.ch 都不再有效，printf("%f",a.f); 的输出是有效的，但 printf("%c",a.c); 的输出是错误的。因此，引用共同体变量时应该特别注意当前放的是什么数据。

（2）共用体变量地址及其各成员地址都是同一地址。即&a，&a.i，&a.c，&a.f 值相同。

（3）不能对共用体变量名赋值，也不能在定义时进行初始化。

（4）不能把共用体变量作为函数参数，也不能使函数返回共同体变量，但可以使用指向

共用体的指针。

（5）允许定义共用体数组。

10.1.2　人员管理

【例 10-1】　设有一个教师与学生通用的表格，教师数据有姓名、年龄、职业、教研室四项。学生数据有姓名、年龄、职业、班级四项。编程输入人员信息，再以表格输出。

源程序：

```
#include<stdio.h>
#include<string.h>
struct person
{   char   name[10];
    int    age;
    char   job[10];
    union
    {   int    classNo;
        char   office[30];
    }depa;
};
void main( )
{   struct person body[2];
    int n,i;
    for(i=0;i<2;i++)
    {   printf("请输入:姓名,年龄,职业(student 或 teacher)和部门(班级或教研室):\n");
        scanf("%s%d%s",body[i].name,&body[i].age,body[i].job);
        if(strcmp(body[i].job,"student")==0)
                scanf("%d",&body[i].depa.classNo);
        else if(strcmp(body[i].job,"teacher")==0)
                scanf("%s",body[i].depa.office);
    }
    printf("姓名\t\t 年龄\t 职业\t\t 班级/教研室\n");
    for(i=0;i<2;i++)
    {   if(strcmp(body[i].job,"student")==0)
                printf("%-15s\t%d\t%s\t\t%d\n",
                    body[i].name,body[i].age,body[i].job,body[i].depa.classNo);
        else
                printf("%-15s\t%d\t%s\t\t%s\n",
                    body[i].name,body[i].age,body[i].job,body[i].depa.office);
    }
}
```

运行结果：

```
请输入:姓名,年龄,职业(student 或 teacher)和部门(班级或教研室):
ZhangSan 10 student 124
请输入:姓名,年龄,职业(student 或 teacher)和部门(班级或教研室):
WangBing 25 teacher computer_department
姓名            年龄        职业            班级/教研室
ZhangSan       10         student         124
WangBing       25         teacher         computer_department
Press any key to continue
```

程序说明：

（1）程序定义了结构体类型 struct person。该结构体共有四个成员，其中的成员项 depa 是一个共用体类型，这个共用体类型又由两个成员组成：一个为整型类型 classNo，一个为字符数组 office。

（2）主函数中，定义了结构体数组 body 来存放人员数据。程序的第一个 for 语句，用来输入人员的各项数据。具体操作为：先输入前三个成员 name、age 和 job，然后判别 job 成员项，如为"student"，则对共用体成员 depa.classNo 输入（对学生赋班级编号）；如果是"teacher"，则对 depa.office 输入（对教师赋教研组名）。程序中的第二个 for 语句用于输出各成员项的值。

注意：在用 scanf 语句输入时，凡为数组类型的成员，无论是结构体成员还是共用体成员，在该项前不能再加"&"运算符。如程序中 body[i].name 是一个数组类型，body[i].depa.office 也是数组类型，因此在这两项之前不能加 "&" 运算符。

10.2　枚　　举

10.2.1　枚举概念

在实际问题中，有些变量的取值被限定在一个有限的范围内。例如，一个星期内只有 7 天，一年只有 12 个月，一个班每周有 6 门课程等。如果把这些量说明为整型、字符型或其他类型显然是不妥当的。为此，C 语言提供了一种称为"枚举"的类型。在"枚举"类型的定义中，应列举出所有可能的取值。使用"枚举"类型的变量时，其变量取值不能超过类型所定义的取值范围。

枚举类型是一种基本数据类型，而不是一种构造类型，因为它不能再分解为任何基本类型。

1. 枚举类型的定义

枚举类型定义的一般形式为

> enum 枚举名
> { 枚举值表 };

enum 是关键字，定义枚举类型必须用 enum 开头。

在枚举值表中应罗列出所有可用值，这些值也称为枚举元素。例如：

```
enum weekday
{Sun,Mon,Tue,Wed,Thu,Fri,Sat};
```

该枚举名为 weekday，枚举值共有 7 个，即一周中的 7 天。枚举元素由系统定义了一个表示序号的数值，从 0 开始顺序定义为 0，1，2，…。如在 weekday 中，Sun 值为 0，Mon 值为 1，…，Sat 值为 6。

2.枚举变量的声明

如同结构体和共用体中的变量定义，枚举变量也有三种不同的定义方式：

（1）先定义类型，后定义变量。例如：

```
enum weekday
{Sun,Mon,Tue,Wed,Thu,Fri,Sat};
enum weekday a,b,c;
```

（2）定义类型的同时，定义变量。例如：

```
enum weekday
{Sun,Mon,Tue,Wed,Thu,Fri,Sat} a,b,c;
```

（3）直接定义变量。例如：

```
enum
{Sun,Mon,Tue,Wed,Thu,Fri,Sat} a,b,c;
```

对于前两种定义了枚举类型名称 weekday 的方式而言，可以这样定义枚举类型变量：

```
enum weekday day1=Mon;
```

day1 为声明的枚举类型变量，对其赋值为 Mon。也可以输出 day1，例如：printf("%d",day1);
将输出整数 1。

凡被说明为 weekday 类型的变量，其取值只能是"Sun，Mon，Tue，Wed，Thu，Fri，Sat"这 7 天中的某一天。

10.2.2 枚举类型的应用

【例 10-2】 星期枚举类型定义

源程序：

```
#include<stdio.h>
enum weekday
{Sun,Mon,Tue,Wed,Thu,Fri,Sat} a,b,c;
void main( )
{    a=Sun;
     b=Mon;
     c=Tue;
     printf("%d,%d,%d\n",a,b,c);
}
```

运行结果：

```
0,1,2
Press any key to continue
```

程序说明：

（1）枚举元素是常量而不是变量，不能在程序中用赋值语句再对它赋值。例如，对枚举类型 weekday 的元素再作以下赋值：Sun=5; Mon=2; Sun=Mon; 都是错误的。

（2）枚举元素值从 0 开始顺序定义为 0，1，2…。如在 weekday 中，Sun 值为 0，Mon 值为 1，…，Sat 值为 6。

（3）只能把枚举值赋值给枚举变量，不能把整型数值直接赋值给枚举变量。如：a=Sum; b=Mon; 是正确的；a=0; b=1; 是错误的。如一定要把数值赋予枚举变量，则必须用强制类型转换，如：

```
a=(enum weekday)2;
```

其意义是将顺序号为 2 的枚举元素赋值给枚举变量 a，相当于：

```
a=Tue;
```

（4）枚举元素不是字符常量也不是字符串常量，使用时不要加单引号或双引号。

【例 10-3】 编写程序，输入当天是星期几，计算并输出 n 天后是星期几。例如，今天是星期六，若求 3 天后是星期几，则输入 6，3，即输出"3 天后是星期 2"。

源程序:

```
#include<stdio.h>
enum week
{Sun,Mon,Tue,Wed,Thu,Fri,Sat };

enum week day(enum week w,int n)
{
    return(enum week)(((int)w+n)%7);
}

void main( )
{    enum week w0,wn;
     int n;
     printf("输入当天为星期几和之后的天数:");
     scanf("%d%d",&w0,&n);
     wn=day(w0,n);
     if(wn==Sun)
         printf("%d 天后是星期天!\n",n);
     else
         printf("%d 天后是星期%d\n",n,wn);
}
```

运行结果:

```
输入当天为星期几和过的天数:3  2
2 天后是星期 5
Press any key to continue
```

10.3　用 typedef 定义类型

C 语言不仅提供了丰富的数据类型,而且还允许由用户自己定义类型说明符,也就是说允许由用户为数据类型取"别名"。类型定义符 typedef 即可用来完成此功能。例如,有整型量 a,b,其说明如下:

$$int\ a,b;$$

其中,int 是整型变量的类型说明符。int 的完整写法为 integer,为了增加程序的可读性,可把整型说明符用 typedef 定义为

$$typedef\ int\ INTEGER$$

以后就可用 INTEGER 代替 int 对整型变量进行定义。例如:

$$INTEGER\ a,b;$$

它等效于

$$int\ a,b;$$

使用 typedef 定义数组、指针、结构等类型,将带来很大的方便。不仅使程序书写简单,而且使意义更为明确,增强了可读性。例如:

```
typedef  char  NAME[20];
```

NAME 被说明为长度为 20 的字符数组类型。可以使用 NAME 进行变量定义：

```
NAME  a1,a2,s1,s2;
```

完全等效于

```
char  a1[20],a2[20],s1[20],s2[20];
```

又如：

```
typedef struct student
{    char name[20];
     int age;
     char sex;
}STU;
```

定义 STU 为 struct stu 的结构类型，可用 STU 进行结构体变量的定义：

```
STU body1,body2;
```

等同于

```
struct stu  body1,body2;
```

利用 typedef 定义的一般形式为

typedef 原类型名 新类型名

其中，"原类型名"中含有定义部分，"新类型名"一般用大写表示，以便于区别。有时也可用宏定义来代替 typedef 的功能，但是宏定义是由预处理完成的，而 typedef 则是在编译时完成的，后者更为灵活方便。

归纳起来，定义一个新的类型名的步骤如下：

（1）按定义变量的方法写出定义体（如：int data）；

（2）将变量名换成新类型名（如 int DATATYPE）；

（3）在前面加上 typedef（如：typedef int DATATYPE）；

（4）用新类型名去定义变量（如：DATATYPE data）。

对数组定义新类型名的步骤如下：

（1）按数组定义变量的方法写出定义体（如：int s[10]）；

（2）将变量名换成新类型名（如 int INTPOINTER[10]）；

（3）在前面加上 typedef（如：typedef int INTARRAY[10] ）；

（4）用新类型名去定义变量（如：INTARRAY s）。

对指针类型定义新类型名的步骤如下：

（1）按指针定义变量的方法写出定义体（如：int *p）；

（2）将变量名换成新类型名（如 int *INTPOINTER）；

（3）在前面加上 typedef（如：typedef int *INTPOINTER）；

（4）用新类型名去定义变量（如：INTPOINTER p）。

注意：typedef 只是对已经存在的类型增加一个别名，并没有创造新的类型。当不同源文件中用到同一类型数据时，常用 typedef 声明一些数据类型，把它们单独存放在一个文件中，然后在需要用到时通过 #include 命令将其包含进来。

10.4　小　　　结

本章介绍了共用体类型和枚举类型，主要内容如下：

（1）共用体是一种构造类型，各成员不能同时存在。同一时刻，只有一个成员存在于内存中。共用体变量在内存中所占的字节数，通常是最长成员的长度；若该最长成员长度对其他成员数据类型长度不满足整除关系，则所占空间自动延伸。

（2）共用体变量不能作为函数的参数，函数也不能返回指向共用体的指针。

（3）枚举是一种基本数据类型。枚举变量的取值是有限的，枚举元素是常量，不是变量。枚举元素和整数属于不同类型。

（4）typedef 向用户提供了一种自定义类型的说明手段，可以给任何类型取一个符合习惯的可读性强的别名。

习 题 10

一、填空题

1. 程序运行结果是_____。

```
#include<stdio.h>
void main( )
{    union
     {   char i[2];
         int k;
     }stu;
     stu.k=10;
     printf("%d\n",stu.i[0]);
}
```

2. 程序运行结果是_____。

```
#include<stdio.h>
union myun
{   struct
    {int x,y,z;} u;
    int k;
}a;
void main( )
{    a.u.x=4;
     a.u.y=5;
     a.u.z=6;
     a.k=0;
     printf("%d\n",a.u.x);
}
```

3. 用 typedef 定义一维整型数组：

```
typedef int ARRAY[10];
```

则对整型数组 a[10]、b[10]、c[10]可定义为_____。

4. 共用体类型变量 u 定义如下：

$$union\{int\ x;char\ c[10];\}u;$$

变量 u 在内存中占空间是_____（字节数）。

二、选择题

1. 以下对 c 语言中共用体类型的正确叙述是_____。

　　A. 一旦定义了一个共用体变量后，即可引用该变量或变量中的任意成员

　　B. 一个共用体变量中可以同时存放其所有成员

　　C. 一个共用体变量中不能同时存放其所有成员

　　D. 共用体类型数据可以出现在结构体类型定义中，但结构体类型数据不能出现在共用体类型定义中

2. 以下枚举类型的定义中，正确的是_____。

　　A. enum a={one，two，three}　　　　　B. enum a{one=9，two=−1，three}

　　C. enum a={"one"，"two"，"three"}　　D. enum a{"one"，"two"，"three"}

3. 以下 typedef 的叙述中，错误的是_____。

　　A. 用 typedef 可以定义各种类型名

　　B. 用 typedef 可以增加新类型

　　C. 用 typedef 只是将已存在的类型用一个新的标识符来代表

　　D. 使用 typedef 有利于程序的通用和移植

4. 以下程序输出结果是_____。

```
#include<stdio.h>
void main( )
{   union
    {   unsigned int n;
        unsigned char c;
    }u1;
    u1.c='A';
    printf("%c\n",u1.n);
}
```

　　A. 产生语法错误　　　　　　　　　　B. 随机值

　　C. A　　　　　　　　　　　　　　　D. 65

5. 设有如下说明，则能正确定义结构体数组并对其赋值的语句是_____。

```
typedef struct
{   int n;
    char c;
    double x;
}STD;
```

　　A. STD tt[2]={{1, 'A', 62}, {2, 'B', 75}}

　　B. STD tt[2]={1, "A", 62, 2, "", 75}

　　C. struct tt[2]={{1, 'A'}, {2, 'B'}}

D.　struct tt[2]={{1，"A"，62，5}，{2，"B"，75，0}}

6. 若要说明一个类型名 STP，使得定义语句 STP s；等价于 char *s；，以下选项中正确的是_____。

    A.　typedef STP char *s　　　　　　B.　typedef *char STP

    C.　typedef STP *char　　　　　　　D.　typedef char* STP

7. 下面程序的输出结果是_____。

```
#include<stdio.h>
void main( )
{    enum team{my,your=4,his,her=his+10};
     printf("%d %d %d %d\n",my,your,his,her);
}
```

    A. 0 1 2 3　　　　　B. 0 4 0 10　　　　　C. 0 4 5 15　　　　　D. 1 4 5 15

8. 以下程序的输出结果是_____。

```
#include<stdio.h>
union myun
{  struct{int x,y,z;}u;
   int k;
}a;
void main( )
{  a.u.x=4;
   a.u.y=5;
   a.u.z=6;
   a.k=0;
   printf("%d\n",a.u.x);
}
```

    A. 4　　　　　　　B. 5　　　　　　　C. 6　　　　　　　D. 0

9. 以下程序执行后的输出结果是_____。

```
# include<stdio.h>
void main( )
{    char *s[ ]={"one","two","three"},*p;
     p=s[1];
     printf("%c, %s\n",*(p+1),s[0]);
}
```

    A. n, two　　　　　B. t, one　　　　　C. w, one　　　　　D. o, two

10. 以下程序执行后的输出结果是_____。

```
# include<stdio.h>
void main( )
{    int a[ ][3]={{1,2,3},{4,5,0}},(*pa)[3],i;
     pa=a;
     for(i=0;i<3;i++)
          if(i<2)
               pa[1][i]=pa[1][i]-1;
          else
               pa[1][i]=1;
```

```
    printf("%d\n",a[0][1]+a[1][1]+a[1][2]);
}
```

    A. 7 　　　　　　　B. 6 　　　　　　　C. 8 　　　　　　　D. 无确定值

11. 设有以下定义：

```
        int a[4][3]={1,2,3,4,5,6,7,8,9,10,11,12};
        int(*ptr)[3]=a,*p=a[0];
```

则下列能正确表示数组元素 a[1][2]的表达式是_____。

    A. *((*ptr+1)[2]) 　　　　　　　　B. *(*(p+5))

    C. (*ptr+1)+2 　　　　　　　　　　D. *(*(a+1)+2)

12. 下列程序的输出结果是_____。

```
# include<stdio.h>
void main( )
{    static int num[5]={2,4,6,8,10};
    int *n,**m;
    n=num;
    m=&n;
    printf("%d    ",*(n++));
    printf("%d\n",**m);
}
```

    A. 4 　4 　　　　　B. 2 　2 　　　　　C. 2 　4 　　　　　D. 4 　6

13. 若有以下定义和语句

```
            int w[2][3],(*pw)[3];
            pw=w;
```

则对 w 数组元素的非法引用是_____。

    A. *(w[0]+2)　　　B. *(pw+1)[2]　　　C. pw[0][0]　　　D. *(pw[1]+2)

三、编程题

  1. 设有一个教师与学生通用的表格。教师数据有姓名，单位，住址，职称四项；学生数据有姓名，班级，住址，入学成绩四项。要求：编程输入人员信息，再以表格输出，并根据姓名查找教师或学生的信息。

  2. 编写函数，求一组字符串中按字典顺序的最大字符串和最小字符串，字符串总数不超过 20 个，每个字符串长度不超过 80，要求用字符数组实现。

第 11 章　指针的高级应用

学习目标

学习用指针实现动态分配内存的方法，掌握动态分配内存库函数；

学习指向结构的指针，初步掌握链表数据结构概念并且实现链表的基本操作。

11.1　动 态 内 存 分 配

到目前为止，如果需要存储多个同类型或同结构的数据时，我们会想到使用一个数组。例如，我们要存储一个班级学生在某一个科目上的成绩，可以定义一个 float 型数组：

```
float  score[50];
```

从定义这个数组开始，就有一个问题困扰着我们：数组到底应该有多大？大多数情况下，我们不能确定数组的大小，所以我们只好把数组定义得足够大。这样，程序在运行时，就申请了固定大小的内存空间。

也许我们能够知道学生的数量，但事实上我们所面临的大多数情况是：数据是动态的。也就是说，在程序运行的时候，数据项的数量是变化的。比如有人退学了，或者又来了新的插班生。这样我们就要不断地修改程序以满足数量的需要。这种固定大小的内存分配方法称为静态内存分配。

但是静态内存分配方法存在着比较严重的缺陷。为了让程序正常运行，我们只好定义足够大的数组，而在大部分情况下，会浪费大量的内存空间。而在少数情况下，当我们所定义的数组不够大时，就可能引起下标越界错误，甚至导致严重后果。

为了解决上述问题，我们可以采用动态内存的分配和管理。

所谓动态内存分配，是指在程序执行的过程中动态地分配或回收存储空间的内存分配方法。动态内存分配不需要预先分配固定的存储空间，而是在运行时根据程序的需要分配内存，或者释放不再需要的空间，因而可以优化存储空间的使用。

相对于静态内存分配，动态内存分配有以下几个特点：

（1）动态内存分配是在运行时完成的，根据程序的需要进行内存分配和释放，属于按需分配，内存的分配与释放需要占用 CPU 资源；而静态内存分配是在编译时完成的，需要在编译前确定内存块的大小，属于按计划分配，不需要占用 CPU 资源。

（2）动态内存分配需要指针或引用数据类型的支持，而静态内存分配不需要。

（3）动态内存分配是把内存的控制权交给了程序员，而静态内存分配则是把内存的控制权交给了编译器。

11.1.1　动态分配内存函数

C 语言本身并不具备对内存进行动态管理的能力，它是通过 4 个内存管理库函数来实现内存的动态分配和释放的，见表 11-1。这些函数有助于我们动态地分配和释放内存构建复杂的应用程序，使程序能够智能地使用内存。

这些函数被定义在 stdlib.h 头文件中。

表 11-1　　　　　　　　　　　　　**内 存 管 理 库 函 数**

函数	功　　　能
malloc(size)	分配 size 个字节的内存空间，返回指向所分配空间开头的指针
calloc(n,size)	分配 n 个长度为 size 个字节的存储空间，返回指向所分配空间开头的指针
realloc(p,size)	调整指针 p 所指的内存空间大小为 size 个字节的新存储空间
free(p)	释放由指针 p 指向的已分配的存储空间

11.1.2　malloc 函数

函数原型：

```
void * malloc(unsigned size)
```

功能：在内存的动态存储区中分配 size 个字节的连续的存储空间。

返回值：返回一个空类型的指针，指向所分配存储空间的起始地址。如果该函数执行失败（如由于空间不足等原因），则返回空指针 NULL。

说明：

（1）由于所申请的内存空间的数据类型没有确定，malloc 函数将返回 void 类型的指针。在使用该函数时，需要用强制类型转换将函数返回的地址转换成所需类型。例如：

```
int *p;
p=(int *)malloc( 100 * sizeof(int));
```

该语句成功运行后，将分配一个大小为 100 个 int 类型的内存空间，该内存块的首地址被赋值给 int 类型的指针 p。

malloc 函数常被用来为结构体之类的复杂数据类型分配存储空间。例如：

```
struct student *p;
p=( struct student *)malloc( sizeof( struct student));
```

其中，sizeof(struct student)是求 student 结构体类型的字节数。

（2）malloc 函数分配的是连续的存储空间，如果空间无法满足分配的要求，则分配失败。此时，malloc 函数返回空指针 NULL。因此在使用内存指针之前，应当检查内存分配是否成功。例如：

```
if( ( p=( int *)malloc( 100 * sizeof( int)))==NULL )
{    printf( "No space available.\n");
     exit( 1);
}
```

exit 函数的原型为

```
void exit(int state)
```

exit 函数功能是关闭所有文件和缓冲区，并中止程序的执行，返回调用过程。参数 state 的值为 0 时，说明程序属于正常中止，state 的值为非 0 时说明非正常中止。exit 函数也被定义在 stdlib.h 头文件中。

11.1.3　calloc 函数

函数原型：

```
void * calloc(unsigned n,unsigned size)
```

功能：在内存的动态存储区中分配 n 个长度为 size 个字节的连续的存储空间。

返回值：返回一个空类型的指针，指向所分配存储空间的起始地址。如果该函数执行失败（如由于空间不足等原因），则返回空指针 NULL。

说明：

（1）和 malloc 函数一样，calloc 函数返回 void 类型的指针。在使用该函数时，需要用强制类型转换将函数返回的地址转换成所需类型。例如：

```
struct student *p;
p=(struct student *)calloc(2,sizeof(struct student));
```

其中，sizeof(struct student)是求 student 结构体类型的字节数。本语句按 student 结构体类型的长度，分配 2 块连续的内存区域，并将返回的地址值强制转换为 student 结构体类型，并将其赋值给 student 结构体类型的指针 p。

（2）calloc 函数分配的也是连续的存储空间，所以也有可能会分配失败。此时，calloc 函数返回空指针 NULL。因此在使用内存指针之前，应当检查内存分配是否成功。

11.1.4　realloc 函数

函数原型：

```
void * realloc(void *p,unsigned size)
```

功能：为指针 p 重新分配 size 个字节的新的连续的存储空间。

返回值：返回一个空类型的指针，指向重新分配的存储空间的起始地址。如果该函数执行失败（如由于空间不足等原因），则返回空指针 NULL。

需要强调的是，当调用 realloc 函数时，p 必须指向内存块，且该内存块一定是之前通过 malloc 函数或 calloc 函数分配的。size 表示内存块的新长度，该长度可能会大于或小于原有的内存块的长度。

说明：

（1）当扩展内存块时，realloc 函数不会对新增加的内存块的字节进行初始化。

（2）如果 realloc 函数不能按要求扩大内存块，那么它会返回空指针，并且在原有的内存块中的数据不会发生改变。

（3）如果 realloc 函数调用时以空指针作为第一个实参，那么它与 malloc 函数的功能一样。

（4）如果 realloc 函数调用时以 0 作为第二个实参，那么它会释放掉内存块。

11.1.5　free 函数

函数原型：

```
void free(void *p)
```

功能：释放由 malloc( )、calloc( )和 realloc 分配的内存空间，p 指向所释放内存空间的首地址。

说明：free 函数在调用中，如果使用了非法的指针，可能产生问题甚至引起系统崩溃。

要注意的是：

（1）函数所释放的不是指针本身，而是指针所指向的内存空间。

（2）要释放由 realloc 函数分配的多个连续的内存块，只需要释放一次即可。试图单独释放每个内存块是错误的。

需要注意的是，在 C 语言中，动态分配的内存在使用结束后，必须使用 free 函数将其释放掉。这是因为动态分配的内存都来自一个称为"堆"的存储池。如果在程序执行结束前没有使用 free 函数释放这块动态分配的内存，该内存将永远得不到释放，所以以后再也不能使用此内存块了。长期这样，堆中的内存将耗尽，如果内存耗尽的话，再使用 malloc 函数时，将返回空指针。

11.1.6　动态分配内存编程实例

1. 动态分配内存空间

【例 11-1】 编写一个程序，读入由用户指定个数的整数，然后逆序输出这些数值。

源程序：

```c
#include<stdio.h>
#include<stdlib.h>
#define NULL 0
void main( )
{    int size,*p,*table;
     printf("请输入数字个数:");
     scanf("%d",&size);
     /*用 malloc 函数动态分配内存空间*/
     if((table=(int *)malloc(size*sizeof(int)))==NULL)
     {        printf("No space available.\n");
              exit(1);
     }
     /*读入 size 个整数*/
     printf("请输入%d 个整数:",size);
     for(p=table;p<table+size;p++)
              scanf("%d",p);
     /*逆序输出这些整数*/
     for(p=table+size-1;p>=table;p--)
              printf("%d 的存储地址是:%x。\n",*p,p);
     free(table);
}
```

运行结果：

```
请输入数字个数:5
请输入 5 个整数:12  34  6  54  33
33 的存储地址是:490f10。
54 的存储地址是:490f0c。
6 的存储地址是:490f08。
34 的存储地址是:490f04。
12 的存储地址是:490f00。
Press any key to continue
```

程序说明：

（1）在本程序中，我们并没有声明长度固定的数组，而是用动态内存分配的方式，根据用户指定的长度 size，分配了连续的类似数组的内存空间。

在语句：

```
if(( table=(int *)malloc(size*sizeof(int)))==NULL)
{       printf("No space availabe\n");
        exit(1);
}
```

中，malloc 函数在内存的动态存储区中分配一段连续的内存空间，空间大小为 size*sizeof(int) 个字节，也就是 size 个 int 类型的连续的内存空间。malloc 函数返回所分配空间的起始地址，函数原型将返回值定义为 void 类型的指针，所以在这段程序中，使用(int *)强制将其转换为指向 int 型数据的指针。该地址值赋值给指针变量 table。如果这段内存空间分配是失败的，函数返回空指针 NULL。这个 if 语句就是在测试 malloc 函数是否正确地分配了 size*sizeof(int) 个字节的内存空间。如果失败，则执行 exit(1)，该函数的作用是关闭所有文件和缓冲区，并中止程序的执行，返回调用过程。

（2）当 malloc 分配成功，程序继续往下执行，语句：

```
for(p=table;p<table+size;p++)
        scanf("%d",p);
```

读入了 size 个整数到这块连续的内存空间中。

（3）语句：

```
for(p=table+size-1;p>=table;p--)
        printf("%d is stored at address %x.\n",*p,p);
```

逆序输出了这 size 个整数及其地址。我们可以看出，这块内存空间是连续的。

（4）函数 free(table) 将 table 所指向的内存空间释放，该内存空间是由 malloc 函数创建的。

2. 释放动态分配的内存空间

【例 11-2】 编写一个程序，分配一块内存空间，保存一个学生的数据。输出该学生信息后，将该内存空间释放。

源程序：

```
#include<stdio.h>
#include<stdlib.h>
#define NULL 0
void main( )
{   struct student
    {   int sno;
        char *name;
        char sex;
    } *p;
    /*动态分配内存空间*/
    p=(struct student *)malloc(sizeof(struct student));
    p->sno=101;
    p->name="John";
    p->sex='M';
    printf("学号:%d   姓名:%s   性别:%c.\n",p->sno,p->name,p->sex);
    /*释放内存空间*/
```

```
        free(p);
    }
```

运行结果：

```
学号:101    姓名:John    性别:M.
Press any key to continue
```

程序说明：

该程序使用 free 函数，将 p 所指向的内存空间释放，该内存空间必须是由 malloc 或 calloc 函数创建的。

变量在编译时所占的内存空间，是由系统根据其存储类型来进行分配和释放的。对于动态分配的内存空间，当不再需要用它存储信息时，可以由函数 free 来释放，以供日后使用。当存储空间有限时，这种由程序控制的空间释放就变得很重要。

3. 改变动态分配的内存空间的大小

【例 11-3】 编写一个程序，动态分配一块内存空间，保存一个字符串。然后修改该内存空间的大小，以存储更大的字符串。

源程序：

```
#include<stdio.h>
#include<string.h>
#include<stdlib.h>
#define NULL 0
void main( )
{    char *str;
     /*第 1 次动态分配 10 字节的内存空间 */
     if((str=(char *)malloc(10))==NULL)
     {        printf("No space available.\n");
              exit(1);
     }
     strcpy(str,"Hello!");
     printf("String:%s\n",str);
     /*重新分配内存空间,增加到 20 字节的内存空间*/
     if((str=(char *)realloc(str,20))==NULL)
     {        printf("Reallocation failed.\n");
              exit(1);
     }
     strcpy(str,"Hello world!");
     printf("New string:%s\n",str);
     /*释放内存空间*/
     free(str);
}
```

运行结果：

```
String:Hello!
New string:Hello world!
Press any key to continue
```

程序说明：

（1）本程序在开始使用 malloc 函数在内存中分配了一个长度为 10 字节的存储空间，用来存放字符串"Hello!"。我们都知道，10 字节的空间，最多可以存放长度为 9 的字符串。因此，如果想再存放长度为 10 字节及以上的字符串，必须改变空间大小。

（2）程序使用 realloc(str,20) 在内存中重新分配了指针 str 所指向的内存空间，长度为 20 字节，并把该空间的首地址作为函数值返回。语句：

```
if((str=(char *)realloc(str,20))==NULL)
{       printf("Reallocation failed.\n");
        exit(1);
}
```

用来测试重新分配内存空间是否失败，与前面的 if 语句类似。

当程序成功地重新分配了 20 字节的内存空间，就可以顺利地存放较长的字符串了。

动态内存分配和管理过程中需要注意的问题：

（1）在使用 malloc、calloc 和 realloc 函数分配存储空间时，要考虑所申请的连续的存储空间有可能会分配失败，此时，malloc 函数返回空指针 NULL。因此在使用内存指针之前，应当检查内存分配是否成功。例如：

```
if(( p=(int *)malloc(100 * sizeof(int)))==NULL )
{       printf("No space available.\n");
        exit(1);
}
```

若直接用如下代码：

```
p=(int *)malloc(100 * sizeof(int));
scanf("%d",p);
```

如果分配失败，则指针 p 将无法正确使用。

（2）如果动态分配的内存不再需要时，应该用 free 来释放该空间。如果在内存中申请了大量的内存空间，不再需要却不释放，就会导致大量的空间浪费。在使用 free 函数时，要注意所使用的指针是有效的，否则将产生问题，严重的话会导致系统崩溃。在内存释放后，如果还继续使用指向这片空间的指针是错误的。

（3）释放由 calloc 创建的数组的单个元素是错误的。

11.2　链　　表

当我们存放一组同类型的数据时，经常使用数组。但是使用数组描述一些数据的时候，在操作上有些不方便。比如，我们要用数组存放一个班的信息，由于每个班的人数不同，我们就必须按照最大数量来定义数组的长度，这样经常会浪费内存空间。如果在数组中，学生按照学号升序存放，当要删除一个学生，或增加一个学生的时候，有可能需要调整很多元素在数组中的位置。

我们可以使用另一种结构——链表，其形式如图 11-1 所示。

链表中的每个元素称为一个"结点"，每个结点都包括两个部分：

图 11-1　简单的链表结构

（1）所需的实际数据，例如一个学生的信息，包括学号，姓名，性别等；

（2）一个指针变量，用来指向下一个结点。

链表就是通过这样的指针变量形成"链"的。最后一个结点所包含的指针变量应当指向空地址"NULL"，表示链表到此结束。

11.2.1　链表结点结构

链表中的每个结点各是一个结构体变量，在内存中的存放可以不连续，在链表中的顺序也不是由物理地址所决定的，而是由其逻辑链接所确定。结点的结构表示如下：

```
struct node
{    type member1;
     type member2;
     ……
     struct node * next;
};
```

这个结构中有个很重要的成员，就是指针 next，它用来指向下一个结点。因为存放的是下一个结点的起始地址，所以这个指针是指向相同结构类型的指针，这种结构称为自引用结构。

下面用一个简单的示例来说明链接的概念。例如，两个结点声明如下：

```
struct link
{    int num;
     struct link * next;
}node1,node2;
```

此时内存中创建了这两个结点的存储空间，每个结点包括两个空字段，如图 11-2 所示。

语句：

```
node1.next=&node2;
```

使得结点 node1 中的 next 指针成员指向了结点 node2，这样在 node1 和 node2 之间就建立了一个链接，如图 11-3 所示。

图 11-2　新创建的两个结点　　　　图 11-3　两个结点之间的链接

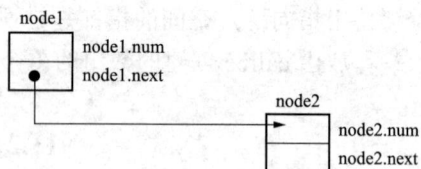

可以通过 node1 的指针成员 next 来访问结点 2：

```
node1.next->num=0;
```

由于链表中的每个结点都是通过上一个结点中的指针成员"链接"起来的，所以想要找到链表中的某个结点，必须通过上一个结点中的指针变量来访问。因此链表必须具有一个头指针"head"，指向链表的第一个结点。如果没有头指针，整个链表都无法访问。

11.2.2　建立和输出静态链表

我们可以把链表看作一种抽象的数据结构，下面通过一个简单的例子，看看链表是如何被创建和访问的。

【例 11-4】　创建和输出一个简单的链表。

源程序：

```
#include<stdio.h>
#include<string.h>
#define NULL 0
struct student
{    int num;
     char name[20];
     struct student * next;
};
void main( )
{    struct student s1,s2,s3,*head,*p;
     s1.num=1001;
     strcpy(s1.name,"Jack");
     s2.num=1009;
     strcpy(s2.name,"Liza");
     s3.num=1028;
     strcpy(s3.name,"Ann");
     head=&s1;
     s1.next=&s2;
     s2.next=&s3;
     s3.next=NULL;
     p=head;
     while(p!=NULL)
     {    printf("%d  %s\n",p->num,p->name);
          p=p->next;
     }
}
```

运行结果：

```
1001  Jack
1009  Liza
1028  Ann
Press any key to continue
```

程序说明：

（1）在这个程序中，头指针 head 指向结点 s1，结点 s1 的指针成员 next 指向结点 s2，结点 s2 指针成员 next 指向结点 s3。而 s3.next=NULL；是使 s3.next 指向空地址 NULL，也就是使其不指向任何有用的存储单元，链表到此结束。

（2）在输出链表的时候，程序使用了指针 p，用来指向当前需要输出的结点。一开始，p=head，这样 p 就指向了第一个结点 s1。在 while 语句中，输出 p 所指向的结点中的数据后，语句 p=p->next;使得指针 p 指向下一个结点。直到输出了最后一个结点 s3 之后，循环结束。

（3）在本例中，所有的结点都是在程序中被静态声明的，而不是动态分配的，用完之后也不能释放，这种链表称为"静态链表"。

11.2.3　建立和输出动态链表

接下来，我们来建立动态链表，也就是在程序的执行过程中，逐个生成结点，通过结点中的指针成员建立起一条"链"。

【例 11-5】 创建和输出一个简单的动态链表。

源程序：

```c
#include<stdio.h>
#include<stdlib.h>
#define  NULL 0
struct student
{    int num;
     char name[20];
     struct student * next;
};
struct student * create( )      /*创建链表,返回指向链表头的指针*/
{    struct student * p,* head;
     int num;
     p=(struct student *)malloc(sizeof(struct student));
     head=p;
     printf("请输入学号(输入 0 退出):");
     scanf("%d",&num);
     if(num==0)
          return NULL;
     else
          do
        {    p->num=num;
             printf("请输入学生姓名:");
             scanf("%s",p->name);
             printf("请输入学号(输入 0 退出):");
             scanf("%d",&num);
             if(num!=0)
             {    p->next=(struct student *)malloc(sizeof(struct student));
                  p=p->next;
             }
             else
             {    p->next=NULL;
                  return head;
             }
        } while(1);
}
void print(struct student * head)   /*输出链表*/
{    struct student * p=head;
     while(p!=NULL)
     {   printf("%d  %s\n",p->num,p->name);
         p=p->next;
     }
     return;
}
void main( )
{    struct student * head;

     head=create( );
     print(head);
}
```

运行结果：

```
请输入学号(输入 0 退出):1001↵
请输入学生姓名:Jack↵
请输入学号(输入 0 退出):1009↵
请输入学生姓名:Liza↵
请输入学号(输入 0 退出):1028↵
请输入学生姓名:Ann↵
请输入学号(输入 0 退出):0↵
1001  Jack
1009  Liza
1028  Ann
Press any key to continue
```

程序说明：

（1）在本例中，create 函数用来创建一个链表，返回指向链表头的指针。函数中声明了两个 struct student 类型的指针 p 和 head，分别用来指向新分配的结点和链表头。

在 create 函数的开始，语句：

```
p=(struct student *)malloc(sizeof(struct student));
```

在内存中动态分配了链表的第一个结点空间，p 指向该新建立的结点，head 也指向该结点。

新结点被创建后，create 函数要求用户输入学生的学号，如果用户输入的学号为 0，表示该链表为空，也就是没有任何结点，于是返回了空地址 NULL，这样，该链表的头指针不指向任何内存单元，也就是链表没有结点。

如果用户输入的学号不为 0，则用一个 do…while 循环，反复生成新结点，读入新数据。语句：

```
p->next=(struct student *)malloc(sizeof(struct student));
```

使得当前结点的 next 成员指向一个新分配的结点，链表就是这样得以延伸的。

当用户输入的学号为 0 时，语句：

```
p->next=NULL;
```

使得当前结点的 next 成员指向空地址 NULL，到此链表结束。函数返回头指针 head 的值，head 指向的是新生成的链表的第一个结点。

（2）print 函数用来输出一个链表，它有一个参数 head，它是一个 struct student 类型的指针。print 函数输出 head 指向的链表，指针 p 用来指向当前要输出的结点，输出当前结点的数据后，语句：

```
p=p->next;
```

使指针 p 指向下一个结点。如此反复，直到 p 指向一个空地址 NULL 的时候为止。

11.2.4　删除链表中的结点

如果想在链表中删除一个结点，只要使指向该结点的指针，指向下一个结点即可。

例如，原链表如图 11-4 所示。

如果想在该链表中删除结点 2，可以让结点 1 中的指向结点 2 的指针成员指向结点 3，这样就在链表中将结点 2 删除了，如图 11-5 所示。

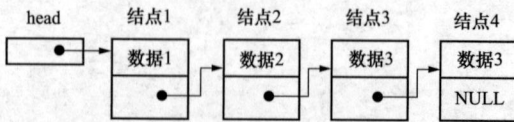

图 11-4　删除结点 2 之前的链表　　　　　图 11-5　删除结点 2 之后的链表

【例 11-6】 编写一个函数，删除一个指定学号的学生结点。

源程序：

```
struct student * deletenode(struct student * head,int num)
{    struct student * p1,* p2=head;
     if(head==NULL)                         /*空链表*/
          printf("List is null!\n");
     else
     {    while(p2->num!=num && p2->next!=NULL)
          {    p1=p2;
               p2=p2->next;
          }
          if(p2->num==num)                  /*找到了需要删除的结点*/
          {    if(p2==head)                 /*需要删除的是第一个结点*/
               {  p1=p2->next;
                  free(head);               /* 释放删除结点所占的内存*/
                  return p1;
               }
               else
               {  p1->next=p2->next;        /*需要删除的不是第一个结点*/
                  free(p2);                 /* 释放删除结点所占的内存*/
               }
          }
          else /*没有找到需要删除的结点*/
               printf("Student number %d not been found!\n",num);
     }
     return head;
}
```

程序说明：

deletenode 函数有两个参数：指针 head 和 int 型的 num，用来在 head 指向的链表中删除学号为 num 的结点，并将删除结点后的链表的首地址作为函数值返回。

函数首先判断链表是否为空，如果 head==NULL，则链表为空，返回即可。否则，就在链表中查找学号和 num 一致的结点。

查找结点的过程是在 while 语句中完成的，循环体：

```
                    p1=p2;
                    p2=p2->next;
```

使得 p1 指向当前结点，p2 指向下一个要查找的结点。

当循环结束时，有如下三种情况：

（1）没有找到要删除的结点，判断依据是 p2->num 与 num 的值不符，此时不需要做额外操作，只要返回链表的头指针即可。

（2）找到了需要删除的结点，并且该结点是链表的第一个结点，判断的依据是 p2 的值与 head 值一致，此时只要返回 p2->next 的值即可。

（3）找到了需要删除的结点，该结点并不是链表的第一个结点，此时只要使

```
p1->next=p2->next;
```

也就是上一个结点的 next 成员指向下一个结点，然后返回链表的头指针即可。

11.2.5　在链表中插入结点

当需要在链表中插入结点的时候，操作也很简单。设原链表如图 11-6 所示。

插入结点有如下三种情况：

（1）将新结点 new 插入到链表的最前面，也就是作为链表的第一个结点，此时只需要使得 new 的 next 成员指向原链表的头结点，然后使原链表的头指针 head 指向 new 即可，如图 11-7 所示。

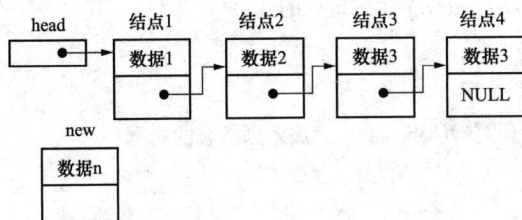

图 11-6　插入新结点 new 之前的链表　　　　图 11-7　将 new 插入到链表的开头

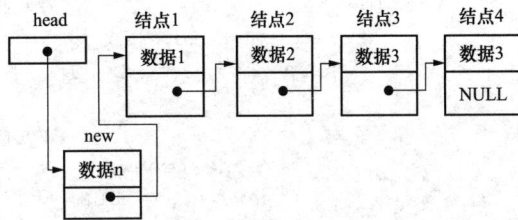

（2）将新结点 new 插入到两个结点之间（假设插入到结点 1 之后，结点 2 之前），此时只需要将 new 的 next 成员指向结点 2，将结点 1 的 next 成员指向 new 即可，如图 11-8 所示。

（3）将新结点插入到链表的末尾，也就是作为链表的最后一个结点，此时只需要将原链表的最后一个结点的 next 成员指向 new，将 new 的 next 成员置为 NULL 即可，如图 11-9 所示。

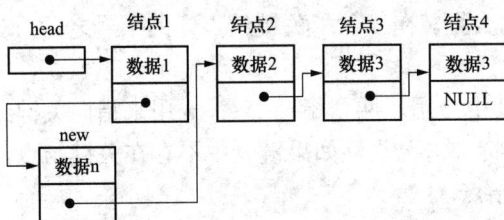

图 11-8　将 new 插入到结点 1 和结点 2 之间　　　图 11-9　将 new 插入到链表的末尾

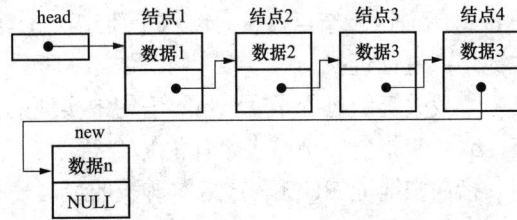

【例 11-7】　编写一个函数，将一个新结点插入到指定结点（称为关键结点）之前。如果未找到关键结点，则将新结点加入到链表的末尾。

源程序：

```
struct student * insertnode(struct student * head)
{    struct student *new,*p=head,*q;
     int key;
     /*生成新结点 new*/
     new=(struct student *)malloc(sizeof(struct student));
```

```
          printf("Input the new student number:");
          scanf("%d",&new->num);
          printf("Input the new student name:");
          scanf("%s",new->name);
          printf("Input the key student number:");
          scanf("%d",&key);
          /*查找关键结点*/
          while(p!=NULL)
          {   if(p->num==key)
                  break;
              else
              {   q=p;
                  p=p->next;
              }
          }
          if(p==head)                    /*把新结点 new 插入到链表的开头*/
          {   new->next=head;
              return new;
          }
          else if(p==NULL)               /*未找到关键结点,将 new 加入到链表的末尾*/
              {   q->next=new;
                  new->next=NULL;
              }
              else                       /*找到了关键结点*/
              {   q->next=new;
                  new->next=p;
              }
          return head;
      }
```

程序说明：

insertnode 函数用来在链表中插入一个结点。函数首先在内存中生成了一个新结点，使指针 new 指向该新结点，然后读入了新结点 new 的数据。在读入了关键结点中的学号之后，对关键结点进行查找。

查找关键的过程是在 while 语句中实现的，其中使用了两个指针变量，p 用来指向关键结点，q 用来指向关键结点之前的那个结点。一个特殊情况是，如果链表中不存在关键结点，则 p 指向空地址 NULL，q 指向链表的最后一个结点。

查找结束时，有以下三种情况：

（1）p==head

说明原链表的第一个结点就是关键结点，那么新结点需要作为第一个结点插入到链表中，此时只需将 new 的 next 成员指向原链表的头结点，然后将 new 作为新链表的头指针返回即可。

（2）p==NULL

说明原链表中不包含关键结点，那么新结点需要加入到链表的末尾，此时只需要将 q 所指向的结点（最后一个结点）的 next 成员指向新结点，并将 new 的 next 成员置为 NULL，然后返回 head 即可。

（3）p!=head && p!=NULL

说明关键结点在链表中，并且不是头结点，此时只需将 q 指向的结点（关键结点前的那个结点）的 next 成员指向新结点，将新结点的 next 成员指向关键结点，然后返回 head 即可。

类似地，我们可以在一个已经排好序的链表中，按照顺序加入新结点。请看下例。

【例 11-8】 编写一个函数，在一个按学号升序排列好的链表中，插入一个新结点。

源程序：

```
struct student * insert(struct student * head)
{    struct student *new,*p=head,*q;
     /*生成新结点 new*/
     new=(struct student *)malloc(sizeof(struct student));
     printf("Input the new student number:");
     scanf("%d",&new->num);
     printf("Input the new student name:");
     scanf("%s",new->name);
     /*查找关键结点*/
     while(p->num<new->num)
     {    q=p;
          p=p->next;
          if(p==NULL)
              break;
     }
     if(p==head)                    /*把新结点 new 插入到链表的开头*/
     {    new->next=head;
          return new;
     }
     else if(p==NULL)               /*将 new 加入到链表的末尾*/
          {   q->next=new;
              new->next=NULL;
          }
          else
          {   q->next=new;
              new->next=p;
          }
     return head;
}
```

在进行链表的综合应用前，我们有必要再次强调一件事情：在使用链表的时候，注意最后一个结点的 next 成员应当设置为指向空地址 NULL，否则会引起逻辑错误。

11.2.6 链表的综合应用

【例 11-9】 构建一个学生信息（包括学号、姓名和成绩）链表，记录按照学号排序，要求实现对链表能够进行插入、删除和遍历操作。

源程序：

```
#include<stdio.h>
#include<stdlib.h>
#define  NULL 0
struct student
{    int num;
```

```
        char name[20];
        float score;
        struct student * next=NULL;
};
struct student * create_Stu( );/* 创建链表 */
struct student * insert_Stu(struct student * head,struct student * new);
                         /* 插入结点 */
struct student * delete_Stu(struct student * head,int num);/* 删除结点 */
void print_Stu(struct student * head);       /* 遍历链表 */

void main( )
{    struct student * head=NULL,* p;
     int choice,num;
     do
     {    printf("Please select operation:\n");
          printf("1.Create  2.Insert  3.Delete  4.Print  0.Exit\n");
          scanf("%d",&choice);
          switch(choice)
          {    case 1:         /*创建链表*/
                    head=create_Stu( );
                    break;
               case 2:         /*插入结点*/
                    if((p=(struct studen *)malloc(sizeof(struct student)))==NULL)
                        printf("No space available. Please select again.\n");
                    else
                    {    printf("New student number:");
                         scanf("%d",&p->num);
                         printf("New student name:");
                         scanf("%s",p->name);
                         printf("New student score:");
                         scanf("%f",&p->score);
                         head=insert_Stu(head,p);
                    }
                    break;
               case 3:    /*删除结点*/
                    printf("Student number you want to delete:");
                    scanf("%d",&num);
                    head=delete_Stu(head,num);
                    break;
               case 4:/*输出链表*/
                    print_Stu(head);
                    break;
          }
     }while(choice !=0);
}
/* 创建链表 */
struct student * create_Stu( )
{    struct student * head=NULL,* p;
     while(1)
     {    if((p=(struct studen *)malloc(sizeof(struct student)))==NULL)
          {    printf("No space available. Creation failed.\n");
```

```
            exit(1);
        }
        printf("Student number(0 to exit):");
        scanf("%d",&p->num);
        if(p->num==0)
            break;
        printf("Student name:");
        scanf("%s",p->name);
        printf("Student score:");
        scanf("%f",&p->score);
        head=insert_Stu(head,p);          /* 在链表中插入结点 */
    }
    return head;
}
/* 插入结点 */
struct student * insert_Stu(struct student * head,struct student * new)
{   struct student * p=head,*q;
    if(head==NULL)                        /* 原链表为空 */
    {   new->next=NULL;
        return new;
    }
    else
    {   while(p->num<new->num)            /* 查找关键结点 */
        {   q=p;
            p=p->next;
            if(p==NULL)
                break;
        }
        if(p==head)                       /*把新结点插入到链表的开头*/
        {   new->next=head;
            return new;
        }
        else if(p==NULL)                  /*将新结点加入到链表的末尾*/
            {   q->next=new;
                new->next=NULL;
            }
        else                              /*将新结点插入到链表的中间*/
            {   q->next=new;
                new->next=p;
            }
    }
    return head;
}
/* 删除结点 */
struct student * delete_Stu(struct student * head,int num)
{   struct student * p1,* p2=head;
    if(head==NULL)                        /*空链表*/
        printf("List is null!\n");
    else
    {   while(p2->num!=num && p2->next!=NULL)
```

```
        {    p1=p2;
              p2=p2->next;
        }
        if(p2->num==num)                      /*找到了需要删除的结点*/
        {    if(p2==head)                      /*需要删除的是第一个结点*/
            {    p1=p2->next;
                 free(head);
                 return p1;
            }
            else
            {       p1->next=p2->next;
                    free(p2);
            }
        }
        else                             /*没有找到需要删除的结点*/
              printf("Student number %d not been found!\n",num);
    }
    return head;
}
void print_Stu(struct student * head)         /*输出链表*/
{    struct student * p=head;
     while(p!=NULL)
     {    printf("%d  %s  %.1f\n",p->num,p->name,p->score);
          p=p->next;
     }
     return;
}
```

程序说明：

在本程序中，分别使用四个函数实现链表的生成、插入、删除和遍历输出。与之前我们所讲述的各函数稍有不同的是，用来创建链表的 create_Stu 函数，是通过调用 insert_Stu 函数在链表中插入结点，实现了链表在创建时，各结点就是按照学号顺序排列。

11.2.7　链表的扩展应用

链表的概念对于很多抽象数据类型（如队列、栈和树）的建模很有用处。

如果规定一个链表只能从一端插入结点，从另一端删除结点，就得到了队列的模型。换句话说，队列只能从末端插入数据，从前端删除数据，所以最先加入的结点将最先被删除，这叫作"先进先出（FIFO）"原则。

如果规定一个链表只能从一端插入和删除结点，就得到了栈的模型。换句话说，栈只能从前端插入和删除数据，所以最后加入的结点将最先被删除，这叫作"后进先出（LIFO）"原则，因此栈也称为"下压"链表。

链表、队列和栈从本质上都是一维的链表。

树表示的则是二维链表，我们经常能够遇到有关树的典型例子，例如一个大型企业的组织结构图或体育比赛成绩表等。

有关上述内容，有兴趣的读者可以参阅相关资料。

11.3　小　　结

本章主要讲述的是指针的高级应用。

（1）动态内存分配是在程序执行的过程中动态地分配或回收存储空间的内存分配方法。C 语言本身并不具备对内存进行动态管理的能力，而是通过 4 个内存管理库函数（malloc、calloc、realloc 和 free）来实现内存的动态分配和释放的，这些函数被定义在 stdlib.h 头文件中。

（2）在使用 malloc、calloc 和 realloc 函数分配存储空间时，要考虑所申请的连续的存储空间有可能会分配失败，此时，malloc 函数返回空指针 NULL。因此在使用内存指针之前，应当检查内存分配是否成功。

（3）如果动态分配的内存不再需要时，应该用 free 来释放该空间。在内存释放后，如果还继续使用指向这片空间的指针是错误的。

（4）不要释放由 calloc 创建的数组的单个元素。

（5）对于数组元素的个数或元素排放经常变更的情况来讲，我们可以采用链表结构，可以对链表进行生成、插入或删除结点等操作。

（6）链表分为静态和动态两种结构：静态链表的所有的结点都是在程序中静态声明的，用完之后不能释放；动态链表是在程序的执行过程中，逐个生成结点，通过结点中的指针成员建立起一条"链"。

（7）在使用链表的时候，注意最后一个结点的 next 成员应当设置为指向空地址 NULL，否则会引起逻辑错误。

习 题 11

一、判断题

1. 动态分配的内存只能通过指针访问。

2. 动态分配的内存不需要释放，程序运行结束操作系统会自动回收。

3. 往链表中插入一个新结点，必须首先为该结点分配内存。

二、填空题

1. 动态分配内存的函数是_____和_____。

2. _____是释放内存函数。

3. _____是一个已经排序的数据集合，每个元素都包含后继元素的内存位置。

4. 指向函数的指针存放的是函数代码段的_____。

5. 调整分配内存的函数是_____。

6. 以下程序段的功能是统计链表中结点的个数，其中 first 为指向第一个结点的指针。请填空。

```
struct link
{   char data;
    struct link *next;
};
```

```
......
struct  link  * p,* first;
int c=0;
p=first;
while(_____)
{   _____;
    p=_____;
}
```

7. 已知 head 指向一个带头结点的单向链表，链表中每个结点包含数据域(data)和指针域(next)，数据域为整型。以下函数求出链表中所有链结点数据域的和值，作为函数值返回。请填空。

```
#include<stdio.h>
struct  link
{   int   data;
struct  link *next;
};
int sum(_____)
{   struct  link *p;
    int s=0;
    p=head->next;
    while(p)
    {   s+=_____;
        p=_____;
    }
    return(s);
}
void main( )
{   struct link  *head;
    ......
    sum(head);
    ......
}
```

8. 已知 head 指向单链表的第一个结点，以下函数完成往降序单向链表中插入一个结点，插入后链表仍有序。请填空。

```
# include<stdio.h>
struct  student
{    int  info;
    struct  student *link;
};
struct student * insert(struct student * head,struct student * stud)
{    struct  student * p0,* p1,* p2;
    p1=head;
    p0=stud;
    if(head==NULL)
    {   head=p0;
        p0->link=NULL;
    }
    else
```

```
        while(p0->info<p1->info)&&(p1->link!=NULL))
        {    p2=p1;
             p1=p1->link;
        }
    if(p0->info>=p1->info)
    {    if(head==p1)
        {    _____;
             head=p0;
        }
        else
        {    p2->link=p0;
             _____;
        }
    }
    else
    {    p1->link=p0;
         _____;
    }
    return(head);
}
```

三、编程题

1. 编写程序，首先输入职工总人数，再输入每个职工的工资，最后输出平均工资、最高工资和最低工资，要求使用动态内存分配实现。

2. 编写交互式程序，创建个人通讯录的线性链表，通讯录的每一项包含姓名，电话号码，E-mail 地址，工作单位等信息，要求能够实现添加、删除、修改、查询功能。

3. 编写函数，反向遍历线性列表，并按相反顺序打印。

第 12 章　文　　件

学习目标

理解什么是文件以及 C 文件是如何存储的；

理解什么是文本文件和二进制文件；

掌握如何打开文件、关闭文件；

掌握如何进行文件读/写操作；

掌握如何编写程序，进行外部数据处理。

前面章节中，C 程序处理的数据都保存到变量中，而变量是通过内存单元存储数据的。当程序运行完毕，内存中的变量将随之消失，变量值将不再保存。另外，一般的程序都会有数据的输入和输出，当数据量很大的时候，通过键盘输入和显示器输出是非常不方便的。文件可以有效解决上述问题，它可以将数据以文件的形式存放在硬盘上，程序运行时不再从键盘输入数据，而从指定的文件上读入；当有大量数据输出时，可以将其输出到指定文件，并可以随时进行修改和查看。

本章主要介绍文件的基本概念、文件的打开与关闭，以及文件的常用读/写操作函数。

12.1　文　件　概　述

12.1.1　将"I am a student!"写入文件

【例 12-1】　将"I am a student!"写入文件 f1.txt 中。

源程序：

```c
#include<stdio.h>
#include<stdlib.h>
void main( )
{    FILE *fp;
     if((fp=fopen("d:\\f1.txt","w"))==NULL)
     {    printf("File open error!\n");
          exit(0);
     }
     fprintf(fp,"%s","I am a student!");
     if(fclose(fp))
     {    printf("Can not close the file!\n");
          exit(0);
     }
}
```

程序说明：

运行上述程序后，在 D 盘根目录下，新建了一个 f1.txt 文件，可以打开查看其内容是："I am a student!"。本程序实现了把数据写入到文件的基本功能，包括：定义文件指针 fp、打开文件 fopen( )、向文件写入数据 fprintf( )和关闭文件 fopen( )等操作。相关的文件操作函数都定义在 stdio.h 中。

12.1.2 文件的概念

在 Windows 操作系统下，打开"资源管理器"或者其他目录，能够看到很多文件，每个文件都有其名字和属性。也可以用不同工具来查看文件，比如用 adobe reader 查看 PDF 格式的文件，用记事本查看.txt 格式的文件，等等。

那么，什么是文件呢？所谓文件是指一组相关数据的有序集合。这个数据集有一个名称，叫文件名。实际上，在前面的各章中我们已经多次使用了文件，例如源程序文件、目标文件、可执行文件、库文件（头文件）等。

文件通常驻留在外部介质（如磁盘等）上，在使用时才调入内存。从不同的角度可对文件做不同的分类。从用户的角度看，文件可分为普通文件和设备文件两种。

普通文件是指驻留在磁盘或其他外部介质上的一个有序数据集，可以是源文件、目标文件、可执行程序，也可以是一组待输入处理的原始数据，或者是一组输出的结果。源文件、目标文件、可执行程序可以称作程序文件，输入/输出数据可称作数据文件。

设备文件是指与主机相连的各种外部设备，如显示器、打印机、键盘等。在操作系统中，把外部设备也看作是一个文件来进行管理，把它们的输入、输出等同于对磁盘文件的读和写。通常把显示器定义为标准输出文件，一般情况下，在屏幕上显示有关信息就是向标准输出文件输出。如前面经常使用的 printf、putchar 函数，就是这类输出。键盘通常被指定为标准的输入文件，从键盘上输入就意味着从标准输入文件上输入数据。scanf、getchar 函数就属于这类输入。

从编码方式来看，文件可分为文本文件和二进制码文件两种。文本文件在硬盘中存放的是对应的字符编码（英文、数字存放对应的 ASCII 码，汉字存放对应的汉字编码等）。例如，字符 5678 的存储形式为其每个字符对应的 ASCII 码：

$$00110101 \quad 00110110 \quad 00110111 \quad 00111000$$

共占用 4 字节。

ASCII 码文件可在屏幕上按字符显示，例如源程序文件就是 ASCII 文件，用记事本可以显示文件的内容。由于是按字符显示，因此能读懂文件内容。

二进制文件是按二进制的编码方式来存放文件的。例如，整数 5678 的存储形式为

$$00000000 \quad 0000000 \quad 00010110 \quad 00101110$$

占 4 字节（有的编译系统中整型数据占 2 字节）。二进制文件虽然也可在屏幕上显示，但其内容无法读懂。C 系统在处理这些文件时，并不区分类型，都看成是字符流，按字节进行处理。

两种文件相比：

（1）文本文件占用字节多，把内存中的数据写入文本文件或者从文本文件读数据存放在内存中，需要进行转换，存取速度相对较慢；二进制文件占用字节少，读写操作不需要进行转换，存取速度相对较快。

（2）文本文件可以直接用记事本等查看，如：C 语言的源程序文件；二进制文件不能够直接查看，如 C 语言的可执行程序文件。

一般而言，读取原始数据和保存最终运行结果使用文本文件，以便查看修改；中间的运

行结果多用于作为另一程序的输入数据，对其采用二进制文件能够提高存取速度。

12.1.3　缓冲文件系统

由于磁盘的读写速度要比内存的读写速度慢很多，为了减少等待的时间，在文件的读写过程中，采用内存缓冲区技术。如果内存缓冲区是由用户自己申请的，则称为"非缓冲型文件系统"；如果缓冲区是由系统自动建立的，则称为"缓冲型文件系统"。C 语言使用的是缓冲型文件系统，这种方式要求程序与文件之间有一个内存缓冲区，程序与文件的数据交换通过该缓冲区来进行，处理过程如图12-1 所示。

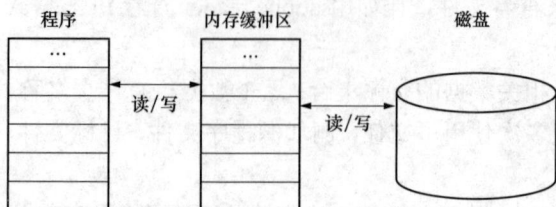

图 12-1　缓冲文件系统的数据交换示意图

缓冲型文件系统，在进行文件操作时，系统自动为每一个文件分配一块文件内存缓冲区（即内存单元），C 语言程序对文件的所有操作就通过对文件缓冲区的操作来完成。当程序要向磁盘文件写入数据时，先把数据存入缓冲区，待缓冲区装满或数据已经写完，再由操作系统把缓冲区的数据真正存入磁盘。若要从文件读入数据到内存，先由操作系统把数据写入缓冲区，待缓冲区装满或数据已经读完，然后程序把数据从缓冲区读入到内存。

使用缓冲文件系统可以大大提高文件操作的速度。文件是保存在磁盘上的，磁盘数据的组织方式按扇区进行，通常规定每个扇区大小为 512B。缓冲区的大小由具体的 C 语言版本决定，一般为 512B，与磁盘的一个扇区大小相同，从而保证了磁盘操作的高效率。

12.1.4　文件结构与文件指针

在［例 12-1］中，语句 FILE *fp 定义了一个 FILE 结构指针，这里的 FILE 是把与文件操作相关的信息定义成的结构类型，以方便实现对文件的操作。

C 语言规定，对文件的所有操作都必须先用文件指针建立与文件的联系。文件指针是指向与文件参数有关的结构体类型的指针变量。系统在头文件 "stdio.h" 中已经定义了与文件参数有关的结构体类型，用 FILE 来表示。具体定义如下：

```
typedef struct
{   short           level;          /*文件状态*/
    unsigned        flags;          /*文件状态的标识*/
    char            fd;             /*文件描述*/
    short           bsize;          /*缓冲区大小*/
    unsigned char   *buffer;        /*文件缓冲区位置*/
    unsigned char   *curp;          /*文件当前读写位置*/
    unsigned char   hold;           /*缓冲区剩下的字符*/
    unsigned        istemp;         /*临时文件标识*/
    short           token;          /*有效性检查*/
}FILE;
```

文件缓冲区是内存中用于数据存储的数据块，在文件处理过程中，程序需要访问该缓冲区实现数据的存取。因此，如何定位其中的具体数据，是文件操作程序解决的首要问题。为此，C 语言通过指针来指向文件缓冲区，即 FILE 文件指针。

定义文件类型指针的格式为

```
FILE *fp;
```

文件指针指向的是文件类型的结构体，每一个文件都有自己的 FILE 结构体和文件缓冲区。在 FILE 结构体中，有一个成员变量 curp 为文件缓冲区中数据的位置指针，通过 fp–>curp 可以指示文件缓冲区中数据的位置。文件一经打开，该指针便指向文件缓冲区的开始处。在读写文件的过程中，文件的位置指针随之顺序后移，总是指在刚刚读过或者刚刚写过的字节的下一个字节处。一个正在被使用的文件，文件指针 fp 始终指向该文件，而文件位置指针随着读写操作不断改变。

对于一般的编程人员，不必关心 FILE 结构体内部的具体内容，这些内容在文件打开时填入和使用，C 语言程序只使用文件指针 fp，用 fp 代表文件整体。

12.2 文件打开与关闭

12.2.1 电话号码文件显示

【例 12-2】 已知 D 盘根目录下有一个数据文件 f.dat 中保存了 4 个电话号码信息，每个信息包括姓名、座机、手机，文件内容如下所示：

王晓燕	51963578	13641346466
李明	51962543	13535779256
王华	51973325	13933625435
张一	80798222	13503456645

请将文件内容显示到屏幕中。

源程序：

```
#include<stdio.h>
#include<stdlib.h>
void main()
{    FILE *fp;
     char name[20];
     char tel[10];
     char mobile[20];
     if((fp=fopen("d:\\f.dat","r"))==NULL)
     {    printf("File open error!\n");
          exit(1);
     }
     while(!feof(fp))
     {    fscanf(fp,"%s%s%s",name,tel,mobile);
          printf("%s\t%s\t%s\n",name,tel,mobile);
     }
     if(fclose(fp))
     {    printf("Can not close the file!\n");
          exit(1);
     }
}
```

运行结果：

王晓燕　51963578　　　　13641346466

```
李明    51962543        13535779256
王华    51973325        13933625435
张一    80798222        13503456645
Press any key to continue
```

程序说明：

程序首先通过 fopen( )打开文件，然后调用 fscanf( )函数将文件中的数据读入到数组变量 name、tel 和 mobile 中，并通过 printf( )函数把结果输出到屏幕。最后通过 fclose( )函数关闭文件。

在 C 语言中，文件最基本的两个操作是：从磁盘文件中读取信息，以及把信息存放到磁盘文件中，也就是文件的读操作和写操作。为了实现读写操作，首先要定义文件指针，并确定被操作文件的具体文件名，请求系统分配文件缓冲区，即通过调用函数 fopen( )打开文件，文件操作完成后通过调用 fclose( )函数关闭文件。

下面介绍打开和关闭文件操作函数。

12.2.2 打开文件

在进行读文件和写文件操作之前，要先打开文件。所谓打开文件，实际上是建立文件的各种有关信息，并使文件指针指向该文件，以便进行其他操作。打开文件由标准函数 fopen( )实现，其调用的一般形式为

文件指针名=fopen("文件名","文件打开方式");

说明：

（1）文件指针名必须是被说明为 FILE 类型的指针变量；

（2）括号内的两个参数"文件名"和"文件打开方式"都是字符串。"文件名"指出要对哪个文件进行操作，必须指出文件的路径，默认为应用程序的当前路径；"文件打开方式"用来确定对所打开的文件进行何种操作。

（3）fopen( )函数具有返回值。如果执行成功，函数将返回包含文件缓冲区等信息的 FILE 结构体地址，赋给文件指针名。否则，返回一个 NULL 的 FILE 指针。例如：

```
FILE *fp;
fp=fopen("file_a","r");
```

该函数调用语句的作用是：在当前目录下打开文件 file_a，并使 fp 指向该文件；"r"表示只允许进行"读"操作。又如：

```
FILE  *fp;
fphzk=("c:\\f1","rb");
```

其作用是：打开 C 盘的根目录下的文件 f1；"rb"指定该文件是一个二进制文件，只允许按二进制方式进行读操作。两个反斜线"\\"是一个转义字符表示的是反斜杠字符'\'。

使用文件的方式共有 12 种，表 12-1 给出了文件使用方式的符号和意义。

表 12-1   文 件 打 开 方 式

文件使用方式	意　　　义
"rt"	只读打开一个文本文件，只允许读数据
"wt"	只写打开或建立一个文本文件，只允许写数据

续表

文件使用方式	意 义
"at"	追加打开一个文本文件，并在文件末尾写数据
"rb"	只读打开一个二进制文件，只允许读数据
"wb"	只写打开或建立一个二进制文件，只允许写数据
"ab"	追加打开一个二进制文件，并在文件末尾写数据
"rt+"	读写打开一个文本文件，允许读和写
"wt+"	读写打开或建立一个文本文件，允许读写
"at+"	读写打开一个文本文件，允许读或在文件末追加数据
"rb+"	读写打开一个二进制文件，允许读和写
"wb+"	读写打开或建立一个二进制文件，允许读和写
"ab+"	读写打开一个二进制文件，允许读或在文件末追加数据

对于文件使用方式有以下几点说明：

（1）文件使用方式由 r、w、a、t、b 和+六个字符拼成，各字符的含义如下。

```
r(read):      读
w(write):     写
a(append):    追加
t(text):      文本文件,可省略不写
b(banary):    二进制文件
+:            读和写
```

（2）用"r"打开一个文件时，该文件必须已经存在，且只能从该文件读出。

（3）用"w"打开的文件，只能向该文件写入。若打开的文件不存在，则以指定的文件名建立该文件；若打开的文件已经存在，则将该文件删去，重建一个新文件。

（4）若要向一个已存在的文件追加新的信息，只能用"a"方式打开文件。但此时该文件必须是存在的，否则将会出错。

（5）在打开一个文件时，如果出错，fopen 将返回一个空指针值 NULL。在程序中可以用这一信息来判别是否完成打开文件的工作，并做相应的处理。因此常用以下程序段打开文件：

```
if((fp=fopen("d:\\f.txt","rb"))==NULL)
{     printf("\nerror on open d:\\f1.txt");
      getchar();
      exit(1);
}
```

这段程序的意义是，如果返回的指针为空，表示不能打开 D 盘根目录下的 f1 文件，则给出提示信息"error on open d:\\f1.txt!"。getchar( )的功能是从键盘输入一个字符，但不在屏幕上显示。该行的作用是等待，只有当用户从键盘敲任一键时，程序才继续执行，因此用户可利用这个等待时间阅读出错提示。当用户敲任意键后，执行 exit(1)退出程序。

（6）C 语言允许同时打开多个文件，不同文件采用不同的文件指针指示，但不允许同一个文件在关闭前被再次打开。

12.2.3   关闭文件

当文件操作完成后，应及时关闭它，以防止文件数据丢失等错误。前面已经介绍，对于缓冲区文件系统来说，文件的读取操作是通过缓冲区进行的，如果把数据写入文件，首先是将其写入到文件缓冲区里，当缓冲区写满，再将缓冲区中的数据写入到磁盘中。如果缓冲区中数据没满，发生程序异常终止，那么缓冲区中的数据将会丢失。通过文件关闭操作，能够强制把缓冲区中的数据写入磁盘，确保数据不发生丢失错误。

关闭文件的一般函数调用格式为

```
fclose(文件指针);
```

正常完成关闭文件操作时，fclose 函数返回值为 0，如返回非零值则表示有错误发生。因此常用以下程序段关闭文件：

```
if(fclose(fp))
{    printf("Can not close file! \n");
     exit(1);
}
```

关闭文件操作除了强制把缓冲区中的数据写入磁盘，还将释放文件缓冲区和 FILE 结构，使文件指针与具体文件脱钩。但磁盘文件和文件指针变量仍然存在，只是指针不再指向原来的文件。

12.3   文本文件读/写

12.3.1   保存键盘读入字符及输出

【例 12-3】 将键盘键入的字符存入文件中，再将文件中的数据读出显示。

源程序：

```
#include<stdio.h>
#include<stdlib.h>
void main()
{    FILE *fp;
     char c;
     if((fp=fopen("f.txt","w+"))==NULL)
     {    printf("File open error!\n");
          exit(1);
     }
     while((c=getchar())!='#')
          fputc(c,fp);
     fclose(fp);
     fp=fopen("f.txt","r");
     while((c=fgetc(fp))!=EOF)
          printf("%c",c);
     fclose(fp);
}
```

运行结果：

```
China,I love you!
```

```
#
China,I love you!
Press any key to continue
```

程序说明：

（1）本程序通过调用 fputc( )函数将键盘键入的数据存入文件 f.txt，调用函数 fgetc( )读取该文件内容，并将其输出到显示器上。

（2）程序中两个 while 循环，第一个循环作用是：为当从键盘读入的字符不是"#"时，将其写入到 fp 所指文件中。(ch=getchar( ))=='#'作为循环结束条件。第二个 while 循环的循环条件是：(c=fgetc(fp))!=EOF，即只要还没有读到文件尾，就重复读入字符，并将其输出到显示器上。

（3）EOF 为文件结束标志，当读到文件的末尾 fgetc(fp)函数的返回值为 EOF，标志着文件结束。

（4）在文件操作完成之后，一定要关闭文件 fclose(fp)，结束文件操作。

请运行该程序，观察源程序所在目录下是否产生了新文件 f.txt，打开该文件看它的内容是否与键盘键入的内容相同。

在 C 语言中，scanf( )和 printf( )函数是针对键盘输入和屏幕输出的标准函数。C 语言为文件的读/写操作也定义了一系列标准函数，它们都在 stdio.h 中说明，需要通过#include<stdio.h>将其包含。

文本文件读/写函数有：

（1）字符读/写函数：fgetc( )和 fput( )。

（2）字符串读/写函数：fgets( )和 fputs( )。

（3）格式化读/写函数：fscanf( )和 fprintf( )。

12.3.2　字符读/写函数 fgetc( )和 fputc( )

字符读/写函数是以字符（字节）为单位的读/写函数，每次可从文件读出或向文件写入一个字符。

1. 读字符函数 fgetc( )

fgetc( )函数的功能是从指定的文件中读一个字符，函数调用的形式为

字符变量=fgetc(文件指针);

例如：

ch=fgetc(fp);

其作用是从打开的文件 fp 中读取一个字符并保存到变量 ch 中。

对于 fgetc 函数的使用有以下几点说明：

（1）在 fgetc( )函数调用中，读取的文件必须是以读或读写方式打开的。

（2）读取字符的结果也可以不向字符变量赋值，例如：

printf("%c",fgetc(fp));

此时读出的字符不能保存。

（3）在文件内部有一个位置指针，用来指向文件的当前读写字节。在文件打开时，该指针总是指向文件的第一个字节。使用 fgetc( )函数后，该位置指针将向后移动一个字节。因此可连续多次使用 fgetc( )函数，读取多个字符。应当注意的是，文件指针和文件内部的位置指

针是不同的。文件指针是指向整个文件的，必须在程序中定义说明，只要不重新赋值，文件指针的值是不变的。文件内部的位置指针用以指示文件内部的当前读写位置，每读写一次，该指针均向后移动，它不需在程序中定义说明，而是由系统自动设置的。

2. 写字符函数 fputc( )

fputc( )函数的功能是把一个字符写入指定的文件中，函数调用的形式为

> fputc(待写入字符,文件指针);

其中，待写入字符可以是字符常量或变量，例如：fputc('a'，fp)；其作用是把字符'a'写入 fp 所指向的文件中。

对于 fputc( )函数的使用有以下几点说明：

（1）被写入的文件可以用写、读写或追加方式打开。用写或读写方式打开一个已存在的文件时，将清除原有的文件内容，写入位置从文件首开始。如需保留原有文件内容，希望写入位置从文件末开始，则必须以追加方式打开文件。被写入的文件若不存在，则创建该文件。

（2）每写入一个字符，文件内部位置指针向后移动一个字节。

（3）fputc( )函数有一个返回值，如写入成功则返回写入的字符，否则返回一个 EOF。可用此来判断写入是否成功。

【例 12-4】 假设 D 盘根目录下有一个"f1.dat"文件，其内容为"I am a student"。编程完成：

（1）显示文件"f1.dat"的内容；

（2）把字符串"You are a worker"写入文件"f1.dat"；

（3）再次显示文件"f1.dat"的内容。

题目分析：

显示指定的文本文件内容，再写入新内容，必须打开文件并指定文件的使用方式为"r+"，表示对同一个文本文件先读后写。写入的新内容将覆盖原有的内容。

源程序：

```
#include<stdio.h>
#include<stdlib.h>
void main()
{    FILE *fp;
     char *str="You are a worker.",c;
     int k;
     char ch;
     if((fp=fopen("d:\\f1.dat","r+"))==NULL)
     {     printf("文件不存在\n");
           exit(0);
     }
     printf("原文件是:");
     while(!feof(fp))
     {    ch=fgetc(fp);
          putchar(ch);
     }
     printf("\n");
     rewind(fp);
     for(int i=0;str[i]!=0;i++)
```

```
        fputc(str[i],fp);
    rewind(fp);
    printf("新文件是:");
    while(!feof(fp))
    {   ch=fgetc(fp);
        putchar(ch);
    }
    printf("\n");
    fclose(fp);
}
```

运行结果:

原文件为:You are a student.
新文件是:You are a worker.
Press any key to continue

程序说明:

（1）第 1 个 while 循环，用于显示 f1.dat 文件的内容。每次循环从 f1.dat 文件中读一个字符，并将该字符显示到屏幕上。feof(fp)函数的功能为：判断是否读到了文件末尾，当读到了文件末尾 feof(fp)返回 1，否则返回 0。

（2）rewind(fp)函数的功能为，使指向文件内容的指针重新指向文件的开始位置。

（3）利用 for 循环将 str 字符串写入到 f1.dat 文件中，覆盖掉原文件的内容。

（4）再次利用 rewind(fp)函数使文件指针重新指向文件的开始位置。利用第 2 个 while 循环读入 f1.dat 文件的内容并显示。

读者自己上机运行程序，察看结果。如果将上题中写入的字符串接在已有字符串的后面，则可将程序中 fopen("d:\\f1.dat","r+") 修改为 fopen("d:\\f1.dat","a") 即可。

12.3.3　字符串读/写函数 fgets( )和 fputs( )

1. fgets( )函数

fgets( )函数从文本文件中读取字符串，其调用格式为

```
fgets(s,n,fp);
```

其中，s 可以是内存中存放字符串的首地址，n 表示从文件中一次读 n–1 个字符。如果读了 n–1 个字符或读到换行符，或者遇到文件结束标志，均表示一次读入结束。系统自动在读入的字符串最后加一个字符串结束标志'\0'。例如：

```
fgets(str,10,fp);
```

从与 fp 指向的文件中读不多于 9 个的字符，存放在数组 str 中。

2. fputs( )函数

用来向指定的文本文件写入一个字符串，调用格式为

```
fputs(s,fp);
```

其中，s 是要写入的字符串，可以是字符数组名、字符型指针变量或字符串常量，fp 是文件指针。该函数把 s 写入文件时，字符串 s 的结束符'\0'不写入文件。若函数执行成功，则函数返回所写的最后一个字符；否则，函数返回 EOF。例如：

```
char *str="hello world!"
```

```
                        fputs(str,fp);
```

其作用是把 str 指向的字符串写入 fp 所指的文件中。

【例 12-5】 建立一个文件，将 n 个字符串写入文件中，并读出文件内容。另外，用记事本打开文件，验证结果。

题目分析：

首先从键盘输入文件名，建立一个新文件，指定文件使用方式为"w"，然后将键盘读入的 n 个字符串写入该文件，关闭文件。重新打开该文件并指定文件的使用方式为"r"，用 fgets( ) 函数一次从文件中读一串字符并显示在终端上。

源程序：

```c
#include<stdio.h>
#include<stdlib.h>
void main( )
{    FILE *fp;
     char str[80];
     char str1[80];
     char filename[50];
     int i,n;
     printf("请输入文件名:");
     gets(filename);
     if((fp=fopen(filename,"w"))==NULL)
     {    printf("The file error!");
          exit(0);
     }
     printf("请输入 n:");
     scanf("%d",&n);
     getchar( );
     printf("请输入字符串:\n");
     for(i=0;i<n;i++)
     {    gets(str);
          fputs(str,fp);
          fputc('\n',fp);
     }
     fclose(fp);
     if((fp=fopen(filename,"r"))==NULL)
     {    printf("The file error!");
          exit(0);
     }
     printf("文件内容是:\n");
     fgets(str1,20,fp);
     while(!feof(fp))
     {   printf("%s",str1);
         fgets(str1,20,fp);
     }
}
```

运行结果：

请输入文件名:f1.txt

请输入 n:3
请输入字符串：
C programming.
I am a student.
Hello world!
文件内容是：
C programming.

I am a student.

Hello world!

Press any key to continue

12.3.4　格式化文件读/写函数 fscanf( )和 fprintf( )

fscanf( )函数和 fprintf( )函数与前面使用的 scanf( )和 printf( )函数的功能相似，都是格式化读/写函数。两者的区别在于 fscanf( )函数和 fprintf( )函数的读/写对象不是键盘和显示器，而是磁盘文件。

这两个函数的调用格式为

```
fscanf(文件指针,格式字符串,输入表列);
fprintf(文件指针,格式字符串,输出表列);
```

例如：

```
FILE *fp;  int n;float x;
fp=fopen("a.txt","r");
fscanf(fp,"%d%f",&n,&x);
fclose(fp);
```

表示从文件 a.txt 分别读取整型数到变量 n，读取浮点数到变量 x。

```
fp=fopen("b.txt","w");
fprintf(fp,"%d%f",n,x);
```

表示把变量 n 和 x 的数值写入文件 b.txt。

需要注意的是，a.txt 和 b.txt 是以文本方式打开的，但读/写操作的数据并不是字符类型，变量 n 和 x 的数据在内存中是以二进制形式存储的，两者间的不一致由系统自动处理。文本文件存储的是字符，当使用 fscanf( )进行输入时，系统会自动根据规定的格式，把输入的代表数值的字符串转换成数值。函数 fscanf( )的返回值是正确读取的数据个数。对于 fprintf( )输出，系统也会自动根据规定的格式，把二进制数值转换成字符串，写到文件中。文件中数据之间的分隔符由读/写格式决定，可以是空格，也可以是逗号，其意义与 printf( )和 scanf( )相同。

【例 12-6】从键盘输入如下两条学生基本信息,存放在文件"stu.dat"中,再将文件"stu.dat"的数据读出并显示。

```
10001   张艺  女  18
10002   丁丁  男  17
```

题目分析：

本题的关键是用正确的数据格式将数据写入磁盘文件，再用同样的格式从磁盘文件中读取数据。

源程序：

```c
#include<stdio.h>
#include<stdlib.h>
typedef struct
{    char sNo[10];
     char sName[10];
     char sex[5];
     int  age;
}STU;
void main( )
{    FILE *fp;
     STU  s[2];
     STU  stu;
     char filename[30];
     int n,i;
     printf("请输入文件名:");
     scanf("%s",filename);
     if((fp=fopen(filename,"w"))==NULL)
     {    printf("The file error!");
          exit(0);
     }
     printf("请输入学生人数:");
     scanf("%d",&n);
     for( i=0;i<n;i++)
     {    printf("请输入学生%d 的信息(学号/姓名/性别/年龄):",i+1);
          scanf("%s%s%s%d",s[i].sNo,s[i].sName,s[i].sex,&s[i].age);
     }
     for(i=0;i<n;i++)
          fprintf(fp,"%s\t%s\t%s\t%d\n",s[i].sNo,s[i].sName,s[i].sex,s[i].age);
     fclose(fp);
     if((fp=fopen(filename,"r"))==NULL)
     {    printf("The file error!");
          exit(0);
     }
     printf("文件内容:\n");
     fscanf(fp,"%s%s%s%d",stu.sNo,stu.sName,&stu.sex,&stu.age);
     printf("%s %s %s %d\n",stu.sNo,stu.sName,stu.sex,stu.age);
     fscanf(fp,"%s%s%s%d",stu.sNo,stu.sName,&stu.sex,&stu.age);
     printf("%s %s %s %d\n",stu.sNo,stu.sName,stu.sex,stu.age);
     fclose(fp);
}
```

运行结果：

```
请输入文件名:f.txt
请输入学生人数:2
请输入学生 1 的信息(学号/姓名/性别/年龄):1001 张文 女 17
请输入学生 2 的信息(学号/姓名/性别/年龄):1002 李冰 男 18
```

文件内容：
1001 张文 女 17
1002 李冰 男 18
Press any key to continue

12.4　二进制文件读/写

二进制读/写函数分别是 fread( )和 fwrite( )，其他相关函数有检测文件结束 feof( )、检测文件读/写错误 ferror( )，定位函数 rewind( )等。

下面介绍这些函数。

12.4.1　程序示例

【例 12-7】　从键盘输入两个学生数据，写入一个文件中，再读出这两个学生的数据并显示在屏幕上。

源程序：

```
#include<stdio.h>
#include<stdlib.h>
struct stu
{    char name[10];
     int num;
     int age;
     char addr[15];
}boya[2],boyb[2],*pp,*qq;

void main()
{    FILE *fp;
     char ch;
     int i;
     pp=boya;
     qq=boyb;
     if((fp=fopen("d:\\stu_list","wb+"))==NULL)
     {    printf("Cannot open file!");
          exit(0);
     }
     printf("请输入2个学生信息(姓名/学号/年龄/地址):\n");
     for(i=0;i<2;i++,pp++)
          scanf("%s%d%d%s",pp->name,&pp->num,&pp->age,pp->addr);
     pp=boya;
     fwrite(pp,sizeof(struct stu),2,fp);
     rewind(fp);
     fread(qq,sizeof(struct stu),2,fp);
     printf("姓名\t学号\t年龄\t地址\n");
     for(i=0;i<2;i++,qq++)
          printf("%s\t%d\t%d\t%s\n",qq->name,qq->num,qq->age,qq->addr);
     fclose(fp);
}
```

程序说明：

（1）本程序定义了一个结构 stu，说明了两个结构数组 boya 和 boyb 以及两个结构指针变量 pp 和 qq，pp 指向 boya，qq 指向 boyb。程序以读写方式打开二进制文件 "stu_list"，将键盘输入的两个学生数据写入该文件中，然后把文件内部位置指针移到文件首，将两个学生数据读入数组 boyb，在屏幕上显示数组内容。

（2）程序中读/写文件使用的是函数 fread( ) 和 fwrite( )，可用来读写一组数据，如一个数组元素、一个结构体变量的值等。

12.4.2　数据块读/写函数 fread( ) 和 fwrite( )

fread( ) 和 fwrite( ) 用于读/写数据块（指定字节的数量），这两个函数多用于读/写二进制文件。二进制文件中的数据流是非字符型的，它包含的是计算机内部的二进制形式。程序对二进制文件的处理与文本文件相似，只在文件打开的方式上有所不同，分别用"rb""wb"和"ab"表示二进制文件的读、写和添加。

读数据块函数调用的一般形式为

```
fread(buffer,size,count,fp);
```

其中，buffer 是一个指针，表示存放输入数据的首地址，size 表示数据块的字节数，count 表示要读取的数据块块数，fp 表示文件指针。

例如：从二进制文件 "test.dat" 中读取 10 个 float 型数据存放在数组 x 中。相应的程序段为

```
float x[10];
FILE *fp;
fp=fopen("d:\\test.dat","rb");
fread(x,sizeof(float),10,fp);
fclose(fp);
```

写数据块函数调用的一般形式为

```
fwrite(buffer,size,count,fp);
```

其中，buffer 表示存放输出数据的首地址，size 表示数据块的字节数，count 表示要写入的数据块块数，fp 表示文件指针。

例如：将 int 型数组 y 中的 5 个数写入二进制文件 "test6.dat"，相应的程序段如下：

```
int y[5]={1,2,3,4,5};
FILE *fp;
int j;
fp=fopen("d:\\test6.dat","rb");
for(j=0;j<5;j++)
    fwrite(&y[j],sizeof(int),1,fp);
fclose(fp);
```

需要注意的是，二进制文件无法用 "记事本" 等工具建立或者查看，它一般是其他程序或软件的处理结果。

12.4.3　文件的随机读写 fseek( )

前面介绍的文件读写方式都是顺序读写，即读写从文件头开始，顺序读写数据。但在实际问题中，常常要求只读写文件中某一指定的部分。为了解决这个问题，可移动文件内部的位置指针到需要读写的位置，再进行读写，这种读写称为随机读写。实现随机读写的关键是要按要求移动位置指针，这称为文件定位。

文件定位操作函数有两个：rewind( ) 和 fseek( )。前面已多次使用过 rewind( ) 函数，它的

功能是把文件内部的位置指针移到文件首。其调用形式为

```
rewind(文件指针);
```

下面重点介绍 fseek( )函数。

fseek( )的格式说明如下：

```
fseek(fp,offset,start);
```

其中，fp 为文件指针，offset 为位移量（long 型数据），start 为起始点。start 的值可以用 0、1、2 或者用符号常量 SEEK_SET、SEEK_CUR、SEEK_END 表示，其含义如下：

（1）0（SEEK_SET）：以文件的开始点为起点；

（2）1（SEEK_CUR）：以文件的当前位置为起始点；

（3）2（SEEK_END）：以文件的末尾为起始点。

offset 的值是从起始点开始偏移的字节数，如果 offset 的值为正，向后移；否则，向前移。例如：

`fseek(fp,100L,0);` 将文件的位置指针移到离文件开始 100 个字节处。

`fseek(fp,120L,1);` 将文件位置指针移到离文件当前位置 120 个字节处。

`fseek(fp,-20L,SEEK END);` 将文件的位置指针移到离文件末尾 20 个字节处。

函数 fseek( )适用于二进制文件，多数情况下与 fwrite( )和 fread( )配合使用。

【例 12-8】 显示［例 12-7］生成的文件"stu_list"中的第二个学生的数据，并将"stu_list"复制到另一个文件"stucopy"。

题目分析：

根据题意，先将文件 stu_list 的位置指针定位到存放第二个学生数据的开始处，读取相应大小的数据块；然后将文件"stu_list"的位置指针定位到文件开始处，一次读一个数据块，并将读取的数据写入文件"stucopy"，直到文件"stu_list"结束。

源程序：

```
#include<stdio.h>
#include<stdlib.h>
struct stu                         /* 学生结构定义 */
{    char name[10];
     int num;
     int age;
     char addr[15];
};
void main( )
{    struct stu a;
     int k;
     FILE *p1,*p2;
     long offset;
     p1=fopen("d:\\stu_list","rb");
     p2=fopen("d:\\stucopy","wb+");
     offset=sizeof(struct stu);
     fseek(p1,offset,0);   /* 将文件指针定位到存放第 2 个学生数据的开始处 */
     fread(&a,sizeof(struct stu),1,p1);
     printf("第 2 个学生的学号、姓名、年龄、地址:");
     printf("%d  %s  %d  %s\n",a.num,a.name,a.age,a.addr);
```

```
    rewind(p1);              /* 将文件位置指针定位到文件开始处 */
    while(!feof(p1))
        if(fread(&a,sizeof(struct stu),1,p1)==1)
            fwrite(&a,sizeof(struct stu),1,p2);
    fclose(p1);
    rewind(p2);
    printf("复制文件中的数据为:\n");
    printf("学号\t姓名\t\t年龄\t地址\n");
    for(k=1;k<3;k++)
    {   fread(&a,sizeof(struct stu),1,p2);
        printf("%d\t%s\t%d\t%s\n",a.num,a.name,a.age,a.addr);
    }
    fclose(p2);
}
```

运行结果：

第 2 个学生的学号、姓名、年龄、地址:1002　李冰　18　上海市
复制文件中的数据为：

学号	姓名	年龄	地址
1001	张文	17	北京市
1002	李冰	18	上海市

Press any key to continue

12.5　其 他 相 关 函 数

在文件读写操作中，除了前面介绍的读写函数之外，还有以下相关函数：

1. feof( )函数

用于判断文件是否结束。其调用格式：

feof(文件指针);

feof( )函数判断文件是否处于文件结束位置，如文件结束，则返回值为 1，否则为 0。前面例子中多次用到!feof(fp)作为循环条件，表示文件没有结束。

2. ftell( )函数

用于获取当前文件指针的位置，即相对于文件开头的位移量（字节数）。其调用形式为

ftell(文件指针);

文件指针是已经定义过的。此函数出错时，返回−1。

3. ferror( )函数

文件出错检测函数。其函数调用格式为

ferror(文件指针);

ferror( )函数检查文件在用各种输入/输出函数进行读写时是否出错。返回值为 0 表示未出错，否则表示有错。

4. clearer( )函数

用来清除出错标志和文件结束标志，使它们为 0 值。其调用形式为

```
clearer(文件指针);
```

12.6 文 件 程 序 设 计

当程序中需要输入数据量较大，或者需要将程序的运行结果数据永久保存的时候，就离不开文件的使用。使用文件时需要考虑以下问题：

（1）确定使用文件类型，即文本文件还是二进制文件；

（2）选择正确的文件打开方式；

（3）选用正确的文件读取函数。

12.6.1 文本文件应用

【例 12-9】 编程统计某班 30 名同学一学期 5 门课成绩的总分和平均分。

题目分析：

30 名同学的 5 门功课涉及 150 个数据，显然不能从键盘上输入；另外统计出来的每个同学的总分和平均分也可以放在文件中保存，以便随时查看。为此需要创建两个文件，一个存放成绩，用文本编辑器建立；另一个存放统计结果，用文本编辑器查看。这两个文件都是文本文件。

设学生信息文件名为 student.txt，数据格式为

学号	姓名	成绩1	成绩2	成绩3	成绩4	成绩5
10001	王义	98	90	99	88	65
10002	张方	100	99	90	69	78

设存放统计结果的文件名为 statis.txt，数据格式为

学号	姓名	总分	平均分
10001	王义	440	88
10002	张方	436	87

源程序：

```c
#include<string.h>
#include<stdio.h>
#include<stdlib.h>
typedef struct
{    char    sNo[5];
     char    sName[7];
     float   fScore[5];
}STU;
typedef struct
{    char    sNo[5];
     char    sName[7];
     float   total;
     float   aver;
}STATIS;
void main( )
{    STU a;
     STATIS b;
     FILE *p1,*p2;
     char str[80];
     p1=fopen("d:\\student.txt","r");
```

```c
        if(p1==NULL)
        {     printf("文件不存在\n");  exit(1);  }
        p2=fopen("d:\\statis.txt","w+");
        fprintf(p2,"编号\t 姓名\t 总分\t 平均分\n");
        fscanf(p1,"%s%s",a.sNo,a.sName);
        for(int i=0;i<5;i++)
            fscanf(p1,"%f",&a.fScore[i]);
        while(!feof(p1))
        {     strcpy(b.sNo,a.sNo);
            strcpy(b.sName,a.sName);
            b.total=0;
            for(int i=0;i<5;i++)
                b.total+=a.fScore[i];
            b.aver=b.total/5;
            fprintf(p2,"%6s%8s%9.2f%9.2f\n",b.sNo,b.sName,b.total,b.aver);
            fscanf(p1,"%s%s",a.sNo,a.sName);
            for(int i=0;i<5;i++)
                fscanf(p1,"%f",&a.fScore[i]);
        }
        fclose(p1);
        rewind(p2);
        fgets(str,80,p2);
        puts(str);
        fscanf(p2,"%s%s%f%f",b.sNo,b.sName,&b.total,&b.aver);
        while(!feof(p2))
        {     printf("%6s%8s%9.2f%9.2f\n",b.sNo,b.sName,b.total,b.aver);
            fscanf(p2,"%s%s%f%f",b.sNo,b.sName,&b.total,&b.aver);
        }
        fclose(p2);
}
```

请读者自己运行程序，分析结果。

12.6.2　二进制文件应用

如果不需要用编辑器打开文件查看，可以使用二进制文件加快文件读写速度。

【例 12-10】　将键盘输入的一些文本保存在二进制文件中，当用户需要打开该文件时，需要进行密码确认。

源程序：

```c
#include<string.h>
#include<stdio.h>
#include<stdlib.h>
typedef struct teacher                  /*教师结构体定义*/
{   char    name[8];
    int     age;
    float   salary;
}teach;
void  in(teach[ ],int *);               /*输入数据*/
void  save(FILE*,teach[ ],int,char*);   /*保存文件*/
int   open(FILE*,char*);                /*打开文件*/
void main()
{    FILE *p1=NULL;
```

```
    teach tlist[80];                    /*申请保存教师信息的数组空间*/
    char password [10];                 /*申请密码空间*/
    int n;
    char ch;
    while(1)
    {    printf("0:退出   1:输入信息    2:保存    3:打开\n");
         printf("请输入操作码:");
         ch=getchar();
         switch(ch)
         {    case '0':  exit(1);
              case '1':  in(tlist,&n);getchar();break;
              case '2':  save(p1,tlist,n,password);getchar();
                         break;
              case '3':  open(p1,password);getchar();
                         break;
         }
         if(ch=='0')
         {    if(p1!=NULL)
              fclose(p1);
              exit(0);
         }
    }
}
void in(teach tlist[ ],int *n)
{    int num;
     printf("请输入教师人数:");
     scanf("%d",&num);
     printf("请输入教师信息(姓名/年龄/工资):\n");
     for(int i=0;i<num;i++)
          scanf("%s%d%f",tlist[i].name,&tlist[i].age,&tlist[i].salary);
     *n=num;
}
void save(FILE *fp,teach tlist[ ],int num,char *password)
{    printf("请输入密码:\n");
     scanf("%s",password);
     fp=fopen("d:\\teacher.dat","wb");
     fwrite(tlist,sizeof(teach),num,fp);
     fclose(fp);
}

int open(FILE *fp,char *password)
{    char pw[10];
     teach tlist[10];
     int i=0;
     printf("请输入密码:\n");
     scanf("%s",pw);
     if((strcmp(pw,password)))
     {    printf("密码错误!\n");
          return 0;
     }
     fp=fopen("d:\\teacher.dat","r");
     fseek(fp,0,SEEK_SET);
     while(!feof(fp))
```

```
{    fread(&tlist[i],sizeof(teach),1,fp);
     i++;
}
for(int j=0;j<i-1;j++)
  printf("教师%d:%s %d  %f\n",j+1,tlist[j].name,tlist[j].age,tlist[j].salary);
fclose(fp);
return 1;
}
```

程序说明：

程序定义了 struct teacher 结构体类型，在主函数中定义了数组 tlist[80]，用于存放教师信息，最多可存放 80 个教师数据。函数 in( )的功能是：从键盘键入数据到 tlist 数组。函数 save( )类似于"存盘"功能，将 tlist 数组中的数据保存到 fp 所指文件中，同时设置密码保护，用参数 password 带回。函数 open( )类似于"打开文件"功能，在文件打开之前，需要输入密码并验证，只有密码正确，才能继续执行打开，否则将返回。

请读者自己运行程序，分析结果。

12.7 常见编程错误

1. 错例 1

```
#include<stdio.h>
void main()
{    FILE *fp;
     fp=fopen("d:\\file.txt","r");
     fputs("Hello world!",fp);
     fclose(fp);
}
```

错误：以只读方式打开文件时，不能写入。注意参数所指定的文件访问方式。

2. 错例 2

```
#include<stdio.h>
void main()
{    FILE *fp;
     fp=fopen("d:\\file.txt","w");
     fputs("Hello world!",fp);
}
```

错误：打开文件进行读取，操作完成之后必须关闭文件，避免数据丢失。

3. 错例 3

```
#include<stdio.h>
void main()
{    FILE *fp;
     int a;
     fp=fopen("file.txt","r");
     fread(a,sizeof(int),1,fp);
     fclose(fp);
}
```

错误：fread 函数中第一个参数为地址，应为&a。

4．错例 4

```
#include<stdio.h>
void main()
{    FILE *fp;
     int a;
     fp=fopen("file.txt","r");
     fread(a,sizeof(int),1,fp);
     if(fclose(fp)==NULL)
           printf("cannot close file!");
}
```

错误：关闭文件时应判断 if(fclose(fp)==EOF)。

12.8　小　　　结

本章主要讲述文件的基本概念、文件类型、文件的打开与关闭以及常用文件读/写操作函数。具体内容如下：

（1）C 语言系统把文件当作一个"流"，按字节进行处理。C 文件按编码方式分为二进制文件和 ASCII 文件。

（2）C 语言中，用文件指针标识文件，当一个文件被打开时，可取得该文件指针。

（3）文件在读/写之前必须打开，读/写结束必须关闭。

（4）文件可按只读、只写、读写、追加四种操作方式打开，同时还必须指定文件的类型是二进制文件还是文本文件。

（5）文件可按字节、字符串、数据块为单位读写，文件也可按指定的格式进行读写。

（6）文件内部的位置指针可指示当前的读写位置，移动该指针可以对文件实现随机读写。

习 题 12

一、填空题

1．C 语言中调用_____函数打开文件，调用_____函数关闭文件。

2．feof 函数可用于_____文件和_____文件，它用来判断_____。

3．调用 fopen 函数打开文件时，文件的位置指针在文件的___。随着文件的读/写操作，文件的位置指针向_____移动。若需要将文件中的位置指针重置于文件的开头位置，可调用_____函数；若需要将文件的位置指针指向文件中倒数第 20 个字节处，可调用_____函数。

4．从文件中读一个字符，可调用_____函数；从文件中读一个字符串，可调用_____函数；向文件写字符，可调用_____函数，向文件写字符串，可调用_____函数；从文件中读数据块，使用_____函数；向文件写数据块，使用_____函数。

二、编程题

1．从键盘输入一个字符串，将字符串的小写字母全部转换成大写字母，并将字符串写入到文件"string.txt"中保存。

2．从键盘输入一组学生的信息，包括：姓名、学号和成绩，直到输入的学号为 0 为止。将输入的信息保存到文件"student.txt"中。

3．根据第 2 题中生成的文件"student.txt"，从中读出学生的信息，按照学生的成绩排序，将排序后的结果重新写入文件"student.txt"中。

第13章 编译预处理

学习目标

理解编译预处理的功能和特点；
掌握宏定义、文件包含和条件编译的语法规则和用法；
能够使用编译预处理功能进行程序设计。

C 语言提供了编译预处理功能，这是其他高级语言所不具备的。在前面各章中，已多次使用过以"#"号开头的预处理命令。如包含命令#include，宏定义命令#define 等。在源程序中这些命令都放在函数之外，而且一般都放在源文件的前面，它们称为预处理部分。

C 语言提供的编译预处理功能主要有三种：宏定义、文件包含和条件编译。

13.1 预处理概述

所谓预处理是指在进行编译的第一遍扫描（词法扫描和语法分析）之前所做的工作。预处理是 C 语言的一个重要功能，它由预处理程序负责完成。当对一个源文件进行编译时，系统将自动引用预处理程序对源程序中的预处理部分做处理，处理完毕自动进入对源程序的编译。

C 语言提供的编译预处理功能主要有三种：宏定义、文件包含和条件编译。分别用宏定义命令、文件包含命令和条件编译命令来实现，具体如下所示。

<pre>
              ┌ 宏定义   #define、#undef
              │
预处理 ──────┤ 文件包含   #include
              │
              └ 条件编译   #if #ifdef #ifndef #else #elif #endif
</pre>

预处理命令的特点是：
（1）命令以#开头，表示与 C 语句的区别；
（2）每条命令独占一行；
（3）命令不以"；"为结束符。

合理地使用预处理功能编写的程序便于阅读、修改、移植和调试，也有利于模块化程序设计。本章介绍这三种常用的预处理功能。

13.2 宏 定 义

在 C 语言源程序中允许用一个标识符来表示一个字符串，称为"宏"。被定义为"宏"的标识符称为"宏名"。在编译预处理时，对程序中所有出现的宏名，都用宏定义中的字符串去代换，这称为"宏代换"或"宏展开"。

宏定义是由源程序中的宏定义命令完成的，宏代换则是由预处理程序自动完成的。

在C语言中，"宏"分为有参数和无参数两种。下面分别讨论这两种"宏"的定义和调用。

13.2.1 无参宏定义

无参宏定义用一个指定的名字代表一个字符串，一般形式为

```
#define  宏名  字符串
```

其中的"#"表示这是一条预处理命令，凡是以"#"开头的均为预处理命令。"define"为宏定义命令。"宏名"为用户定义的标识符，不能与程序中其他标识符同名。"字符串"可以是常数、表达式、格式串等。其功能是编译预处理时，将程序中所有的该宏名用该字符串替换。

在前面介绍过的符号常量的定义就是一种无参宏定义。此外，常对程序中反复使用的表达式进行宏定义。

例如：

```
#define  M (y*y+3*y)
```

它的作用是指定标识符 M 来代替表达式(y*y+3*y)。在编写源程序时，所有的(y*y+3*y)都可由 M 代替，而对源程序做编译时，将先由预处理程序进行宏代换，即用(y*y+3*y)表达式去置换所有的宏名 M，然后再进行编译。

【例 13-1】无参宏定义示例。

源程序：

```
#include<stdio.h>
#define M (y*y+3*y)
void main()
{    int s,y;
     printf("请输入 y 的值:");
     scanf("%d",&y);
     s=3*M+4*M+5*M;
     printf("s=%d\n",s);
}
```

运行结果：

```
请输入 y 的值:5
s=480
Press any key to continue
```

程序说明：

上例程序中首先进行宏定义，定义 M 来替代表达式(y*y+3*y)，在 s=3*M+4*M+5*M 中做了宏调用。在预处理时经宏展开后该语句变为

$$s=3*(y*y+3*y)+4*(y*y+3*y)+5*(y*y+3*y);$$

但要注意的是，在宏定义中表达式(y*y+3*y)两边的括号不能少。否则会发生错误。如改作以下定义：

```
#define M y*y+3*y
```

在宏展开时将得到下述语句：

$$s=3*y*y+3*y+4*y*y+3*y+5*y*y+3*y;$$

这相当于：

$$3y^2+3y+4y^2+3y+5y^2+3y;$$

显然与原题意要求不符。计算结果当然是错误的。因此在做宏定义时必须十分注意。应保证在宏代换之后不发生错误。

对于宏定义有以下几点说明：

（1）宏定义是用宏名来表示一个字符串，在宏展开时又以该字符串取代宏名，这只是一种简单的代换，字符串中可以包含任何字符，可以是常数，也可以是表达式，预处理程序对它不做任何检查。如有错误，只能在编译已被宏展开后的源程序时发现。

（2）宏定义不是说明或语句，在行末不必加分号，如加上分号则连分号也一起置换。

（3）宏定义必须写在函数之外，其作用域为宏定义命令起到源程序结束。如要终止其作用域可使用#undef命令。

例如：

```
#define PI 3.14159
void main()
{
    ……
}
#undef PI
f1()
{
    ……
}
```

表示 PI 只在 main 函数中有效，在 f1 中无效。

（4）宏名在源程序中若用引号括起来，则预处理程序不对其做宏代换。例如程序：

```
#include<stdio.h>
#define OK 100
void main( )
{
    printf("OK");
}
```

该程序定义宏名 OK 表示 100，但在 printf 语句中 OK 被引号括起来，因此不做宏代换，而只作为"OK"字符串处理。程序运行后输出：

```
OK
```

（5）宏定义允许嵌套，在宏定义的字符串中可以使用已经定义的宏名。在宏展开时由预处理程序层层代换。例如：

```
#define PI 3.1415926
#define S PI*y*y          /* PI 是已定义的宏名*/
```

对语句：

```
printf("%f",S);
```

在宏代换后变为

```
printf("%f",3.1415926*y*y);
```

（6）习惯上宏名用大写字母表示，以便于与变量区别。但也允许用小写字母。

（7）可用宏定义表示数据类型，使书写方便。例如：

```
#define STU struct stu
```

在程序中可用 STU 作变量说明：

```
STU body[5],*p;
#define INTEGER int
```

在程序中即可用 INTEGER 做整型变量说明：

```
INTEGER a,b;
```

应注意用宏定义表示数据类型和用 typedef 定义数据说明符的区别：宏定义只是简单的字符串代换，是在预处理完成的；而 typedef 是在编译时处理的，它不是做简单的代换，而是对类型说明符重新命名。被命名的标识符具有类型定义说明的功能。请看下面的例子：

```
#define PIN1 int *
typedef(int *)PIN2;
```

从形式上看这两者相似，但在实际使用中却不相同。 下面用 PIN1，PIN2 说明变量时就可以看出它们的区别。例如：

```
PIN1 a, b;
```

在宏代换后变成"int *a,b;"，表示 a 是指向整型的指针变量，而 b 是整型变量。然而：

```
PIN2 a,b;
```

表示 a，b 都是指向整型的指针变量。相当于：int *a,*b;。因为 PIN2 是一个类型说明符。由这个例子可见，宏定义虽然也可表示数据类型，但毕竟是做字符代换。在使用时要分外小心，以避出错。

（8）对"输出格式"做宏定义，可以减少书写麻烦。例如：

```
#include<stdio.h>
#define P printf
#define D "%d\n"
#define F "%f\n"
void main()
{    int a=5,c=8,e=11;
     float b=3.8,d=9.7,f=21.08;
     P(D F,a,b);
     P(D F,c,d);
     P(D F,e,f);
}
```

请读者分析程序的运行结果，并运行程序验证。

13.2.2 带参宏定义

C 语言允许宏带有参数。在宏定义中的参数称为形式参数，在宏调用中的参数称为实际参数。

对带参数的宏，在调用中，不仅要宏展开，而且要用实参去代换形参。带参宏定义的一般形式为

> #difine 宏名(形参表)字符串

在字符串中含有各个形参。

带参宏调用的一般形式为

> 宏名(实参表)

例如：

```
#define M(y) y*y+3*y              /*宏定义*/
……
k=M(5);                          /*宏调用*/
……
```

在宏调用时，用实参 5 去代替形参 y，经预处理宏展开后的语句为

$$k=5*5+3*5$$

【例 13-2】 带参宏定义示例。

源程序：

```
#include<stdio.h>
#define MAX(a,b)(a>b)?a:b
void main()
{   int x,y,max;
    printf("请输入两个整数:");
    scanf("%d%d",&x,&y);
    max=MAX(x,y);
    printf("较大数是:%d\n",max);
}
```

运行结果：

```
请输入两个整数:5   6
较大数是:6
Press any key to continue
```

程序说明：

上例程序的第一行进行带参宏定义，用宏名 MAX 表示条件表达式(a>b)?a:b，形参 a，b 均出现在条件表达式中。程序第 7 行 max=MAX(x,y)为宏调用，实参 x，y，将代换形参 a，b。宏展开后该语句为

$$max=(x>y)?x:y;$$

用于计算 x，y 中的大数。

对于带参的宏定义有以下问题需要说明：

（1）带参宏定义中，宏名和形参表之间不能有空格出现。例如将

> #define MAX(a,b) (a>b)?a:b

改写为

> #define MAX (a,b) (a>b)?a:b

将被认为是无参宏定义，宏名 MAX 代表字符串(a,b)(a>b)?a:b。宏展开时，宏调用语句：

> max=MAX(x,y);

将被代换为

$$max=(a,b)(a>b)?a:b(x,y);$$

这显然是错误的。

（2）在带参宏定义中，形式参数不分配内存单元，因此不必做类型定义。而宏调用中的实参有具体的值，要用它们去代换形参，因此必须做类型说明。这是与函数中的情况不同的。在函数中，形参和实参是两个不同的量，各有自己的作用域，调用时要把实参值赋予形参，进行"值传递"。而在带参宏中，只是符号代换，不存在值传递的问题。

（3）在宏定义中的形参是标识符，而宏调用中的实参可以是表达式。

【例 13-3】 带参宏定义示例。

源程序：

```
#include<stdio.h>
#define SQ(y) (y)*(y)
void main()
{    int a,sq;
     printf("请输入一个整数:");
     scanf("%d",&a);
     sq=SQ(a+1);
     printf("sq=%d\n",sq);
}
```

运行结果：

```
请输入一个整数:5
sq=36
Press any key to continue
```

程序说明：

（1）程序中第 1 行为宏定义，形参为 y。第 7 行的宏调用语句：

$$sq=SQ(a+1);$$

中的实参为 a+1，是一个表达式，在宏展开时，用 a+1 代换 y，再用(y)*(y)代换 SQ，得到如下语句：

$$sq=(a+1)*(a+1);$$

因此当我们输入 5 时，sq 的值是 36。

这与函数的调用是不同的，函数调用时要把实参表达式的值求出来再赋予形参。而宏代换中对实参表达式不做计算直接地照原样代换。

（2）在宏定义中，字符串内的形参通常要用括号括起来以避免出错。在上例中的宏定义中(y)*(y)表达式的 y 都用括号括起来，因此结果是正确的。如果去掉括号，把上例程序改为以下形式：

源程序：

```
#include<stdio.h>
#define SQ(y) y*y          /*修改宏定义*/
void main()
{    int a,sq;
```

```
        printf("请输入一个整数:");
        scanf("%d",&a);
        sq=SQ(a+1);
        printf("sq=%d\n",sq);
}
```

运行结果:

请输入一个整数:5
sq=11
Press any key to continue

程序说明:

很明显,同样输入 5,但是这两个程序运行的结果很不相同。这是由于代换只做符号代换而不做其他处理而造成的。宏代换后将得到以下语句:

$$sq=a+1*a+1;$$

由于 a 为 5 故 sq 的值为 11。这显然与题意相连,因此参数两边的括号是不能少的。

即使在参数两边加括号还是不够的,我们将本例第 7 行的宏调用语句稍做修改:

源程序:

```
#include<stdio.h>
#define SQ(y)(y)*(y)
void main()
{   int a,sq;
    printf("请输入一个整数:");
    scanf("%d",&a);
    sq=160/SQ(a+1);             /*本语句稍做修改*/
    printf("sq=%d\n",sq);
}
```

运行结果:

请输入一个整数:5
sq=156
Press any key to continue

程序说明:

为什么会得这样的结果呢?分析宏调用语句,在宏代换之后变为

$$sq=160/(a+1)*(a+1);$$

a 为 3 时,由于"/"和"*"运算符优先级和结合性相同,则先做 160/(3+1)得 40,再做 40*(3+1)最后得 160。

为了得到正确答案应在宏定义中的整个字符串外加括号,程序修改如下:

源程序:

```
#include<stdio.h>
#define SQ(y)((y)*(y))          /*修改宏定义*/
void main()
{   int a,sq;
    printf("请输入一个整数:");
    scanf("%d",&a);
```

```
        sq=160/SQ(a+1);
        printf("sq=%d\n",sq);
}
```

运行结果：

```
请输入一个整数:5
sq=4
Press any key to continue
```

程序说明：

第 7 行经过宏代换后，变为

$$sq=160/((a+1)*(a+1));$$

以上讨论说明，对于宏定义不仅应在参数两侧加括号，也应在整个字符串外加括号。

带参的宏和带参函数很相似，但有本质上的不同，除上面已谈到的各点外，把同一表达式用函数处理与用宏处理两者的结果有可能是不同的。

【例 13-4】 使用函数 SQ 与使用带参宏定义 SQ 的比较。

源程序 1：

```
#include<stdio.h>
void main()
{    int i=1;
     while(i<=5)
     printf("%d\n",SQ(i++));
}
SQ(int y)
{
     return((y)*(y));
}
```

运行结果 1：

```
1
4
9
16
25
Press any key to continue
```

源程序 2：

```
#include<stdio.h>
#define SQ(y)((y)*(y))
void main()
{    int i=1;
     while(i<=5)
     printf("%d\n",SQ(i++));
}
```

运行结果 2：

```
1
9
```

```
25
Press any key to continue
```

程序说明：

在程序 1 中函数名为 SQ，形参为 y，函数体表达式为((y)*(y))。在程序 2 中宏名为 SQ，形参也为 y，字符串表达式为(y)*(y))。程序 1 中的函数调用为 SQ(i++)，程序 2 中的宏调用为 SQ(i++)，实参也是相同的。从输出结果来看，却大不相同。原因分析如下：

在程序 1 中，函数调用是把实参 i 值传给形参 y 后自增 1。然后输出函数值。因而要循环 5 次，输出 1～5 的平方值。

而在程序 2 中宏调用时，只做代换。SQ(i++)被代换为((i++)*(i++))。在第一次循环时，由于 i 等于 1，其计算过程为：表达式中前一个 i 初值为 1，然后 i 自增 1 变为 2，因此表达式中第 2 个 i 初值为 2，两相乘的结果也为 2，然后 i 值再自增 1，得 3。在第二次循环时，i 值已有初值为 3，因此表达式中前一个 i 为 3，后一个 i 为 4，乘积为 12，然后 i 再自增 1 变为 5。进入第三次循环，由于 i 值已为 5，所以这将是最后一次循环。计算表达式的值为 5*6 等于 30。i 值再自增 1 变为 6，不再满足循环条件，停止循环。

从以上分析可以看出函数调用和宏调用二者在形式上相似，在本质上是完全不同的。

宏定义也可用来定义多个语句，在宏调用时，把这些语句又代换到源程序内。看下面的例子。

【例 13-5】 用宏定义多个语句。

源程序：

```
#include<stdio.h>
#define SSSV(s1,s2,s3,v)  s1=l*w;s2=l*h;s3=w*h;v=w*l*h;
void main()
{    int l=3,w=4,h=5,sa,sb,sc,vv;
     SSSV(sa,sb,sc,vv);
     printf("sa=%d\nsb=%d\nsc=%d\nvv=%d\n",sa,sb,sc,vv);
}
```

运行结果：

```
sa=12
sb=15
sc=20
vv=60
Press any key to continue
```

程序说明：

程序第 1 行为宏定义，用宏名 SSSV 表示 4 个赋值语句，4 个形参分别为 4 个赋值符左部的变量。在宏调用时，把 4 个语句展开并用实参代替形参。使计算结果送入实参之中。

13.3 文 件 包 含

文件包含是 C 预处理程序的另一个重要功能。

文件包含命令的一般形式为

```
#include"文件名"
```

或

```
#include<文件名>
```

在前面我们已多次用此命令包含过库函数的头文件。例如：

```
#include"stdio.h"
#include<math.h>
```

文件包含命令的功能是把指定的文件插入该命令行位置取代该命令行，从而把指定的文件和当前的源程序文件连成一个源文件。

在程序设计中，文件包含是很有用的。一个大的程序可以分为多个模块，由多个程序员分别编程。有些公用的符号常量或宏定义等可单独组成一个文件，在其他文件的开头用包含命令包含该文件即可使用。这样，可避免在每个文件开头都去书写那些公用量，从而节省时间，并减少出错。

对文件包含命令还要说明以下几点：

（1）包含命令中的文件名可以用双引号括起来，也可以用尖括号括起来。但是这两种形式是有区别的：使用尖括号表示在包含文件目录中去查找（包含目录是由用户在设置环境时设置的），而不在源文件目录去查找；使用双引号则表示首先在当前的源文件目录中查找，若未找到才到包含目录中去查找。用户编程时可根据自己文件所在的目录来选择某一种命令形式。

（2）一个 include 命令只能指定一个被包含文件，若有多个文件要包含，则需用多个 include 命令。

文件包含允许嵌套，即在一个被包含的文件中又可以包含另一个文件。

13.4 条件编译

预处理程序提供了条件编译的功能。可以按不同的条件去编译不同的程序部分，因而产生不同的目标代码文件。这对于程序的移植和调试是很有用的。

条件编译有三种形式，下面分别介绍：

1. 第一种形式

```
#ifdef  标识符
        程序段 1
#else
        程序段 2
#endif
```

它的功能是，如果标识符已被 #define 命令定义过则对程序段 1 进行编译；否则对程序段 2 进行编译。如果没有程序段 2（为空），本格式中的#else 可以没有，即可以写为

```
#ifdef  标识符
        程序段
#endif
```

【例 13-6】　条件编译示例。

源程序：

```
#include<stdio.h>
#include<stdlib.h>
#define NUM ok
void main()
{    struct stu
     {    int num;
          char *name;
          char sex;
          float score;
     }*ps;
     ps=(struct stu*)malloc(sizeof(struct stu));
     ps->num=102;
     ps->name="Zhang ping";
     ps->sex='M';
     ps->score=62.5;
     #ifdef NUM
          printf("学号是:%d\n 成绩是:%.2f\n",ps->num,ps->score);
     #else
          printf("Name=%s\nSex=%c\n",ps->name,ps->sex);
     #endif
     free(ps);
}
```

运行结果：

```
学号是:102
成绩是:62.50
Press any key to continue
```

程序说明：

由于在程序的第 16 行插入了条件编译预处理命令，因此要根据 NUM 是否被定义来决定编译哪一个 printf 语句。而在程序的第一行已对 NUM 做过宏定义，因此应对第一个 printf 语句做编译，故运行结果是输出学号和成绩。

在程序的第一行宏定义中，定义 NUM 表示字符串 **OK**，其实也可以为任何字符串，甚至不给出任何字符串，写为

```
#define NUM
```

也具有同样的意义。只有取消程序的第一行的宏定义，才会去编译第二个 printf 语句。读者可上机试做。

2. 第二种形式

```
#ifndef  标识符
      程序段 1
#else
      程序段 2
#endif
```

与第一种形式的区别是将"ifdef"改为"ifndef"。它的功能是，如果标识符未被#define命令定义过则对程序段 1 进行编译，否则对程序段 2 进行编译。这与第一种形式的功能正相反。

3. 第三种形式

```
#if 常量表达式
        程序段 1
#else
        程序段 2
#endif
```

它的功能是，如常量表达式的值为真（非0），则对程序段1进行编译，否则对程序段2进行编译。因此可以使程序在不同条件下，完成不同的功能。

【例13-7】 条件编译示例。

源程序：

```
#include<stdio.h>
#define R 1
void main()
{    float c,r,s;
     printf("请输入半径:");
     scanf("%f",&c);
     #if R
         r=3.14159*c*c;
         printf("圆的面积是:%f\n",r);
     #else
         s=c*c;
         printf("正方形的面积是:%f\n",s);
     #endif
}
```

运行结果：

```
请输入半径:5
圆的面积是:78.539749
Press any key to continue
```

程序说明：

本例中采用了第三种形式的条件编译。在程序第一行的宏定义中，定义R为1，因此在条件编译时，常量表达式的值为真，故计算并输出圆面积。

读者可以将R定义为0，运行程序，验证结果。

上面介绍的条件编译当然也可以用条件语句来实现。但是用条件语句将会对整个源程序进行编译，生成的目标代码程序很长，而采用条件编译，则根据条件只编译其中的程序段 1 或程序段 2，生成的目标程序较短。如果条件选择的程序段很长，采用条件编译的方法是十分必要的。

13.5 小　　结

（1）预处理功能是 C 语言特有的功能，它是在对源程序正式编译前由预处理程序完成的。程序员在程序中用预处理命令来调用这些功能。

（2）宏定义是用一个标识符来表示一个字符串，这个字符串可以是常量、变量或表达式。

在宏调用中将用该字符串代换宏名。

（3）宏定义可以带有参数，宏调用时是以实参代换形参，而不是"值传送"。

（4）为了避免宏代换时发生错误，宏定义中的字符串应加括号，字符串中出现的形式参数两边也应加括号。

（5）文件包含是预处理的一个重要功能，它可用来把多个源文件连接成一个源文件进行编译，结果将生成一个目标文件。

（6）条件编译允许只编译源程序中满足条件的程序段，使生成的目标程序较短，从而减少了内存的开销并提高了程序的效率。

（7）使用预处理功能便于程序的修改、阅读、移植和调试，也便于实现模块化程序设计。

习题 13

一、填空题

1. 带参数的宏和函数的主要区别在于＿＿＿＿＿＿＿＿＿＿＿＿＿＿。

2. 设有以下宏定义：

```
#define WIDTH 80
#define LENGTH WIDTH+40
```

则执行赋值语句：v=LENGTH * 20；（v 为 int 型变量）后，v 的值是＿＿＿＿＿＿。

3. 设有以下宏定义：

```
#define WIDTH  80
#define LENGTH (WIDTH+40)
```

则执行赋值语句：k=LENGTH * 20；（k 为 int 型变量）后，k 的值是＿＿＿＿＿＿。

4. 设有以下宏定义：

```
#define SQ(x)((x)*(x))
#define CUBE(x)(SQ(x)*(x))
#define FIFH(x)(SQ(x)* CUBE(x))
```

则表达式 n+SQ(n)+CUBE(n)+FIFH(n)将替换成＿＿＿＿＿＿＿＿＿＿＿＿。

5. 下面程序运行的结果是＿＿＿＿＿＿＿＿＿＿＿＿。

```
#include<stdio.h>
# define MAX(a,b)(a>b ? a:b)+1
void main()
{    int i=6,j=8,k;
     printf("%d\n",MAX(i,j));
}
```

6. 下面程序运行的结果是＿＿＿＿＿＿＿＿＿＿＿＿。

```
#include<stdio.h>
# define SELECT(a,b) a<b ? a:b
void main()
{    int m=2,n=4;
     printf("%d\n",SELECT(m,n));
}
```

7. 下面程序运行的结果是_____。

```c
#include<stdio.h>
#define EXCH(a,b) {int t;t=a;a=b;b=t;}
void main()
{    int x=5,y=9;
     EXCH(x,y);
     printf("x=%d,y=%d\n",x,y);
}
```

8. 以下程序运行的结果是_____。

```c
#include<stdio.h>
#define  sw(x,y){x^=y;y^=x;x^=y;}
void main()
{    int a=10,b=01;
     sw(a,b);
     printf("%d,%d\n",a,b);
}
```

9. 以下程序运行的结果是_____。

```c
#include<stdio.h>
#define  A 4
#define  B(x)  A * x/2
void main()
{    float c,a=4.5;
     c=B(a);
     printf("%5.1f\n",c);
}
```

10. 以下程序运行的结果是_____。

```c
#include<stdio.h>
#define  DEBUG
void main()
{    float a=20,b=10,c;
     c=a/b;
     # ifndef DEBUG
        printf("a=%o,b=%o,",a,b);
     # endif
        printf("c=%d\n",c);
}
```

二、选择题

1. 以下关于编译预处理的叙述中错误的是_____。

   A. 预处理命令行必须以#开始

   B. 一条有效的预处理命令必须单独占据一行

   C. 预处理命令行只能位于源程序中所有语句之前

   D. 预处理命令不是 C 语言本身的组成部分

2. 以下关于宏的叙述中正确的是_____。

   A. 宏名必须用大写字母表示   B. 宏替换时要进行语法检查

C．宏替换不占用运行时间　　　　　　D．宏定义中不允许引用已有的宏名

3．以下叙述中正确的是＿＿＿＿。

A．在程序的一行上可以出现多个有效的预处理命令行

B．使用带参的宏时，参数的类型应与宏定义时的一致

C．宏替换不占用运行时间，只占用编译时间

D．在以下定义中，C　R 是称为"宏名"的标识符

```
                          # define  C  R    045
```

4．在宏定义 # define PI 3.14159 中，宏名 PI 代替的是一个＿＿＿＿。

A．常量　　　　　　B．单精度数　　　　　C．双精度数　　　　　D．字符串

5．下面程序的运行结果是＿＿＿＿。

```
#include<stdio.h>
# define ADD(x)x+x
void main()
{    int m=1,n=2,k=3;
     int sum=ADD(m+n)*k;
     printf("sum=%d\n",sum);
}
```

A．sum=9　　　　　B．sum=10　　　　　C．sum=12　　　　　D．sum=18

6．下面程序运行的结果是＿＿＿＿。

```
# include<stdio.h>
# define FUDGE(y) 2.84+y
# define PR(a) printf("%d",(int)(a))
# define PRINT1(a) PR(a);putchar('\n')
void main()
{    int x=2;
     PRINT1(FUDGE(5)* x);
}
```

A．11　　　　　　B．12　　　　　　C．13　　　　　　D．15

7．以下有关宏替换的叙述中不正确的是＿＿＿＿。

A．宏替换不占用运行时间　　　　　　B．宏名无类型

C．宏替换只是字符替换　　　　　　　D．宏名必须用大写字母表示

8．C 语言的编译系统对宏命令的处理是＿＿＿＿。

A．在程序运行时进行的

B．和 C 程序中的其他语句同时进行编译的

C．在程序连接时进行的

D．在对源程序中其他成分正式编译之前进行的

9．若有以下宏定义：

```
                     # define  N  2
                     # define  Y(n)((N+1)* n)
```

则执行语句 z=2 *(N+Y(5));后的结果是＿＿＿＿。

A．语句有错误　　　B．z=34　　　　　C．z=70　　　　　D．z 无定值

10. 以下叙述正确的是_____。

A．C语言的预处理功能是指完成宏替换和包含文件的调用

B．预处理指令只能位于C源程序文件的首部

C．凡是C源程序中行首以#标识的控制行都是预处理命令

D．C语言的编译预处理就是对源程序进行初步的语法检查

三、编程题

1．定义一个带参数的宏，使两个参数的值互换，并编写程序。任意输入两个数，进行宏替换，并输出互换结果。

2．输入两个整数，求它们相除的余数。用带参宏定义编程实现。

3．三角形的面积为 $area = \sqrt{s(s-a)(s-b)(s-c)}$ 。其中 $s = \frac{1}{2}(a+b+c)$ 。 a、b、c 为三角形的三边。定义两个带参数的宏，一个用来求 s，另一个宏用来求 $area$ 。写程序，在程序中用带实参宏名来求面积 $area$ 。

4．定义一个宏，它给出三个参数中的最小值，并写一个程序来调用该宏定义。

5．定义一个宏，它给出三个参数中的最大值，并写一个程序来调用该宏定义。

6．定义一个带参数的宏，用来判断一个字符是否为字母。编写主函数，从键盘输入一个字符，调用上述宏输出判断结果。

7．定义一个带参的宏，用以判断整数 n 是否能被 x 整除。编写程序，从键盘输入一个整数，调用宏验证其是否能同时被 3 和 7 整除。

8．定义一个宏 LEAP–YEAR(x)，它给出参数 x 表示的年号是否闰年。

9．编写一个名为 for.h 的格式文件，并将其用文件包含命令，包含到你的文件中使用。

10．用条件编译方法实现以下功能：

输入一行电报文字，可以任选两种输出：一为原文输出；一为将字母变成其下一字母（如'a'变成'b'，'b'变成'c'，……，'y'变成'z'，'z'变成'a'），其他非字母字符不变。用#define 命令来控制是否要译成密码。例如：

```
# define CHANGE    1
```

则输出密码。若

```
# define CHANGE    0
```

则不译成密码，按原码输出。

附录 A　C 语言运算符

优先级	运 算 符	运算对象个数	含 义	结合性
1	[ ]	单目	数组下标	左结合
	( )		函数调用	
	->		指向结构体成员	
	.		结构和联合的成员	
2	++	单目	自增	右结合
	--		自减	
	&		取地址	
	*		间接寻址	
	+		一元正号	
	−		一元负号	
	~		按位求反	
	!		逻辑非	
	sizeof		计算内存长度	
3	( )	单目	强制类型转换	右结合
4	*	双目	乘	左结合
	/		除	
	%		取余	
5	+	双目	加	左结合
	−		减	
6	<<	双目	按位左移	左结合
	>>		按位右移	
7	<	双目	小于	左结合
	>		大于	
	<=		小于等于	
	>=		大于等于	
8	==	双目	等于	左结合
	!=		不等于	
9	&	双目	按位与	左结合
10	^	双目	按位异或	左结合
11	|	双目	按位或	左结合
12	&&	双目	逻辑与	左结合
13	||	双目	逻辑或	左结合
14	?:	三目	条件	右结合
15	= *= /= %= += −= <<= >>= &= ^= |=	双目	赋值	右结合
16	,	双目	逗号	左结合

附录 B　ASCII 表

ASCII 表

ASCII 值	字符	ASCII 值	字符	ASCII 值	字符	ASCII 值	字符
0	NUT	32	(space)	64	@	96	、
1	SOH	33	!	65	A	97	a
2	STX	34	"	66	B	98	b
3	ETX	35	#	67	C	99	c
4	EOT	36	$	68	D	100	d
5	ENQ	37	%	69	E	101	e
6	ACK	38	&	70	F	102	f
7	BEL	39	'	71	G	103	g
8	BS	40	(	72	H	104	h
9	HT	41	)	73	I	105	i
10	LF	42	*	74	J	106	j
11	VT	43	+	75	K	107	k
12	FF	44	,	76	L	108	l
13	CR	45	–	77	M	109	m
14	SO	46	.	78	N	110	n
15	SI	47	/	79	O	111	o
16	DLE	48	0	80	P	112	p
17	DCI	49	1	81	Q	113	q
18	DC2	50	2	82	R	114	r
19	DC3	51	3	83	X	115	s
20	DC4	52	4	84	T	116	t
21	NAK	53	5	85	U	117	u
22	SYN	54	6	86	V	118	v
23	TB	55	7	87	W	119	w
24	CAN	56	8	88	X	120	x
25	EM	57	9	89	Y	121	y
26	SUB	58	:	90	Z	122	z
27	ESC	59	;	91	[	123	{
28	FS	60	<	92	\	124		
29	GS	61	=	93	]	125	}
30	RS	62	>	94	^	126	~
31	US	63	?	95	_	127	DEL

控 制 字 符 含 义

NUL 空字符	VT 垂直制表符	SYN 同步空闲
SOH 标题开始	FF 换页键	ETB 传输块结束
STX 正文开始	CR 回车键	CAN 取消
ETX 正文结束	SO(shift out)	EM 介质中断
EOY 传输结束	SI(shift in)	SUB 换置
ENQ 请求	DLE 数据链路转义	ESC 换码
ACK 承认	DC1 设备控制 1	FS 文字分隔符
BEL 报警	DC2 设备控制 2	GS 组分隔符
BS 退格	DC3 设备控制 3	RS 记录分隔符
HT 水平制表符	DC4 设备控制 4	US 单元分隔符
LF 换行键	NAK 拒绝接收	DEL 删除

附录C　C语言常用库函数

1. 数学函数

ANSI C 标准要求在使用数学函数时要包含头文件"math.h"（使用：#include<math.h>）。

函数名	函数类型和形参类型	功　　能	返回值	说　　明
acos	double acos(x) double x;	计算 $\sin^{-1}(x)$ 的值	计算结果	$-1 \leq x \leq 1$
asin	double asin(x) double x;	计算 $\cos^{-1}(x)$ 的值	计算结果	$-1 \leq x \leq 1$
atan	double atan(x) double x;	计算 $\tan^{-1}(x)$ 的值	计算结果	
cos	double cos(x) double x;	计算 $\cos(x)$ 的值	计算结果	x 的单位为弧度
cosh	double cosh(x) double x;	计算双曲余弦 $\cosh(x)$ 的值	计算结果	
exp	double exp(x) double x;	求 e^x 的值	计算结果	
fabs	double fabs(x) double x;	求 x 的绝对值	计算结果	
floor	double floor(x) double x;	求出不大于 x 的最大整数	以双精度型 返回该整数	
fmod	double fmod(x,y) double x,y;	求整数 x/y 的余数	以双精度数型 返回余数	
frexp	double frexp(val,eptr) double val; int *eptr;	把 val 分解为数字部分（尾数）x 和以 2 为底的指数 n，即 $val=x \times 2^n$，n 存放在 eptr 指向的变量中	返回数字部分 x	$0.5 \leq x < 1$
log	double log(x) double x;	求 $\log_e x$，即 ln x	计算结果	
log10	double log10(x) double x;	求 $\log_{10} x$	计算结果	
modf	double modf(val,iptr) double val; double *iptr;	把双精度数 val 分解为整数部分和小数部分，把整数部分存到 iptr 指向的单元	val 的小数部分	
pow	double pow(x,y) double x,y;	计算 x^y 的值	计算结果	
sin	double sin(x) double x;	计算 $\sin(x)$ 的值	计算结果计	x 单位为弧度
sinh	double sinh(x) double x;	计算 x 的双曲正弦函数 $\sinh(x)$ 的值	计算结果	
sqrt	double sqrt(x) double x;	计算 $\sqrt{x}$ 的值	计算结果	x 应大于等于 0
tan	double tan(x) double x;	计算 $\tan(x)$ 的值	计算结果	x 单位为弧度
tanh	double tanh(x) double x;	计算 x 的双曲正切函数 $\tanh(x)$ 的值	计算结果	

2.　字符函数和字符串函数

在使用字符串函数时要包含头文件"string.h"，使用字符函数时要包含"ctype.h"。

函数名	函数类型和形参类型	功　　能	返回值	包含文件
isdight	int isdight(ch) int ch	检查 ch 是否是数字 0～9	是，返回 1； 不是，返回 0	ctype.h
islower	int islower(ch) int ch	检查 ch 是否小写字母 a～z	是，返回 1； 不是，返回 0	ctype.h
isupper	int isupper(ch) int ch	检查 ch 是否大写字母 A～Z	是，返回 1； 不是，返回 0	ctype.h
strcat	char * trcat(str1,str2) char *str1,*str2	把字符串 str2 接到 str1 的后面，原 str1 最后的'\0'被去掉	str1	string.h
strchr	char * strchr(str,ch) char *str char ch	查找字符串 str 中首次出现字符 ch 的位置	返回首次出现 ch 的位置的指针，如果 str 中不存在 ch 则返回 NULL	string.h
strcmp	int strcmp(str1,str2) char *str1,*str2	比较两个字符串	str1<str2 返回负数； str1=str2 返回 0； str1>str2 返回正数	string.h
strcpy	char * trcpy(str1,Str2) char *str1,*str2	拷贝 str2 串到 str1 中	str1	string.h
strlen	int strlen(str) char *str	计算字符串 str 的长度	返回 str 的长度	string.h
strstr	char * strstr(str1,str2); char *str1 char *str2	从字符串 str1 中寻找 str2 第一次出现的位置	返回指向在 str1 中第一次出现 str2 位置的指针，如果没找到则返回 NULL	string.h
tolower	int tolower(ch) int ch	将 ch 字符转换为小写字母	返回小写字母	ctype.h
toupper	int toupper(ch) int ch	将 ch 字符转换为大写字母	返回大写字母	ctype.h

3.　输入/输出函数

使用输入/输出函数时要包含头文件"stdio.h"。

函数名	函数类型和形参类型	功　　能	返回值
fclose	int fclose(fp) FILE *fp	关闭 fp 所指文件，释放文件缓冲区	有错，返回非 0； 无错，返回 0
fgetc	int fgetc(fp) FILE *fp	从 fp 所指文件中读取一个字符	无错，返回所得字符； 有错，返回 EOF
fgets	char * fgets(buf,n,fp) FILE *fp;char *buf;int n	从 fp 所指文件中读取一个长度为 (n-1)的字符串，存入 buf 中。	返回地址 buf； 若遇文件结束或出错，返回 NULL
fopen	FILE *fopen(filename,mode) char *filename,*mode	以 mode 方式打开名为 filename 文件	成功，返回一个文件指针，失败，返回 0
fprintf	int fprintf(fp,format,arg_list) FILE *fp;char *format	把 arg_list 的值以 format 指定的格式输出到文件中	输出字符的个数
sputc	int fputc(ch,fp) char ch;FILE　*fp	将字符 ch 输出到 fp 所指的文件	成功，返回该字符； 失败，返回 EOF
fputs	int fputs(str,fp) char *str;FILE * fp	将字符串 str 写到 fp 所指的文件中	成功，返回 0 失败，返回非 0

函数名	函数类型和形参类型	功　　　能	返回值
fread	int fread(buf,size,n,fp) char *buf;int size,n;FILE *fp	从 fp 指向的文件中读取 n 个长度为 size 的数据项，存到 buf 中	返回实际读取的数据项个数；读到文件结束或出错返回 0
fscanf	int fscanf(fp,format,arg_list) FILE *fp;char *format;	从 fp 所指的文件中按 format 给定的格式输入数据到 arg_list 所指的内存	实际输入的数据个数
fwrite	int fwrite(buf,size,n,fp) char *buf;int size; int n;FILE *fp	将 buf 所指向的 n*size 个字节输出到 fp 所指的文件中	实际写入的数据项的个数
getchar	int getchar( )	从键盘输入一个字符	所读字符
printf	int printf(format,arg_list) char *format	将输出项 arg_list 的值输出到标准输出设备上	输出字符的个数
putchar	int putchar(ch) char ch	输出字符 ch 到标准输出设备上	输出字符 ch
puts	int puts(str) char *str	输出字符串 str 到标准输出设备上	成功，返回换行符；失败，返回 EOF
scanf	int scanf(format,arg_list) char *format	从标准输入设备上按 format 格式输入数据到 arg_list 所指内存	读入并赋给 arg_list 的数据个数。遇文件结束，返回 EOF，出错返回 0

4. 动态存储分配

ANSI 标准建议在头文件"stdlib.h"中包含动态存储分配库函数，但有许多的 C 编译器用"malloc.h"包含。使用时，请查阅。

函数名	函数类型和形参类型	功　　　能	返回值
calloc	void * calloc(n,size) unsigned n,size	分配 n*size 字节的内存区	被分配的内存区的地址，如内存不够，返回 0
free	void free(p) void *p;	释放 p 所占的内存区	
malloc	void * malloc(size) unsigned size	分配 size 字节的内存区	被分配的内存区的地址，如内存不够，返回 0
ralloc	void * ralloc(p,size) unsigned size void *p	将 p 所指向的已分配内存区的大小改为 size，size 可以比原来分配的空间大或小	指向该内存区的指针

5. 类型转换函数

使用类型转换函数要包含头文件"stdio.h"。

函数名	函数类型和形参类型	功　　　能	返回值
atof	float atof(str) char *str	把由 str 指向的字符串转换为 float 型的数	返回 float 型的数值
atoi	int atoi(str) char *str	把由 str 指向的字符串转换为 int 型的数	返回 int 型的数值
atol	long atol(char *str)	把由 str 指向的字符串转换为 long 型数	返回 long 型的数值
rand	int rand( )	产生一个伪随机数	返回 0 到 0x7fff 之间的随机数

参 考 文 献

［1］K.N.King．吕秀峰，译．C 语言程序设计现代方法．北京：人民邮电出版社，2007．

［2］Eric S.Roberts．翁惠玉，等，译．C 语言的科学和艺术．北京：机械工业出版社，2007．

［3］E Balagurusamy．金名，等，译．标准 C 程序设计．4 版．北京：清华大学出版社，2008．

［4］苏小红，陈惠鹏，孙志岗．C 语言大学实用教程．北京：电子工业出版社，2008．

［5］谭浩强．C 语言程序设计．2 版．北京：清华大学出版社，1999．

［6］林碧英．新编 C 语言程序设计教程。北京：中国电力出版社，2006．

［7］何钦铭，颜晖．C 语言程序设计．北京：高等教育出版社，2008．